森・人・生き物の多様なかかわり

日本森林学会
［編］

朝倉書店

『図説 日本の森林』の刊行にあたって

日本は森林率が67％と森林に恵まれた国ですが，その40％を人工林が占め，人間活動の影響を強く受けた森林も多く存在します．森林は，木材の供給だけではなく，水源涵養や土砂災害防止などの公益的機能などの多面的機能を有しています．近年では，生物多様性保全機能や地球温暖化対策としての二酸化炭素の吸収源機能に対する注目が高まっています．森林の多面的機能は，森林が健全であることによって発揮されます．日本列島が北海道から沖縄まで南北に長く，海に囲まれていて降水量も多いことから，全国各地に多様な森林が分布しています．日本の各地の天然林の樹種構成は，氷期と間氷期にそれぞれの樹種が分布の縮小・拡大を繰り返す変遷の結果を反映しています．過去の気候変動では1万年以上かかっていた温度変化が，現在進行している地球温暖化では100年程度で起きてしまう可能性も予測されています．このような急激な環境変化では，逃避地（レフュージア）を形成できた過去の氷期・間氷期周期よりも多くの樹種が絶滅のリスクに曝されます．人々の日々の生活や生業の森林への依存度が低下するに伴って，人と森林の関わりも少なくなり，享受している森林の恵みに対する認識も希薄になりました．森林が生産する木材は，再生産可能でカーボンニュートラルな資源として利用していくことが，持続可能な社会の実現には必要です．生態系の頑強性を維持するための生物多様性の保全も，全世界で取り組むべき課題となっています．森林資源利用と森林生態系の健全性維持の両立への科学的な貢献が，人と森林のよりよい関係を追究する森林科学の役割です．

本書は3部構成となっています．『図説 日本の森林』という名前ですが，「第1部　森林を読み解く136景」では，美しい森林や貴重な森林を紹介するだけではなく，木材生産を目的とした人工林や海岸砂防林，寺社林など様々な目的で造成された人工林も紹介しています．「第2部　生き物たちの森林」では，動物や微生物の棲み処としての森林を紹介しています．「第3部　森林と人」では，日本人がこれまでどのように森林に関わり，森林を造り利用してきたかを紹介し，将来どのようにつきあっていくべきなのかについて論じています．日本の森林を守っていくためには，まず森林生態系の仕組みや人間活動との関わりを知ることが必要です．

本書は，森林科学の専門学会である日本森林学会の多くの会員の協力を得てできあがっています．たくさんの写真が掲載されていて見るだけでも楽しいページ作りとなっています．本書が，多くの方々に森林を知っていただき，森林とともに生きることについて考えるきっかけとなれば幸いです．

最後に本書の刊行にあたり，そのきっかけを作っていただき，刊行に至るまで多大なご支援を賜りました朝倉書店編集部の皆様に心より感謝申し上げます．

2024年9月

一般社団法人 日本森林学会前会長　丹下　健

編集委員・執筆者一覧

編集

日本森林学会

編集委員（カッコ内は編集担当部）

正木　　隆　森林総合研究所（第1部）
伊藤　　哲　宮崎大学（第1部）
小池伸介　東京農工大学（第2部）
太田祐子　日本大学（第2部）
石崎涼子　森林総合研究所（第3部）

執筆者（五十音順）

相場慎一郎　北海道大学
青木大輔　森林総合研究所
赤池慎吾　高知大学
明石信廣　北海道立総合研究機構
安部哲人　日本大学
安藤裕萌　森林総合研究所
石井弘明　神戸大学
石崎涼子　森林総合研究所
石原正恵　京都大学
泉　　桂子　岩手県立大学
伊藤　　哲　宮崎大学
伊藤哲治　酪農学園大学
伊東宏樹　伊東生態統計研究室
井上真理子　森林総合研究所
岩田隆太郎　前 日本大学
上野　　満　東北農林専門職大学
大久保達弘　東北農林専門職大学
大住克博　大阪市立自然史博物館
太田敬之　森林総合研究所
大谷達也　森林総合研究所
大橋春香　森林総合研究所
岡野哲郎　信州大学
小倉　　晃　石川県農林総合研究センター
小田龍聖　森林総合研究所
尾張敏章　東京大学
勝木俊雄　森林総合研究所
金谷整一　森林総合研究所
鎌田磨人　徳島大学
上條隆志　筑波大学
川西基博　鹿児島大学
木佐貫博光　三重大学
木俣知大　東京学芸大explayground推進機構
久保田康裕　株式会社シンク・ネイチャー／琉球大学
小池伸介　東京農工大学
小嶋宏亮　前 北海道大学
小谷二郎　石川県農林総合研究センター
小林久高　島根大学
五味高志　名古屋大学
小柳賢太　ボーゼン・ボルツァーノ自由大学
小山泰弘　長野県林業総合センター
斉藤正一　山形大学
齋藤暖生　東京大学
坂本知己　前 森林総合研究所
崎尾　　均　新潟大学
作田耕太郎　九州大学
笹岡達男　東京環境工科専門学校

佐藤　淳　福山大学
佐藤　保　森林総合研究所
佐橋憲生　日本大学
澤田佳美　森林総合研究所
志知幸治　森林総合研究所
柴田銃江　森林総合研究所
渋谷正人　北海道大学
島田博匡　三重県林業研究所
島野光司　大阪産業大学
清水　一　前 北海道立総合研究機構
杉田久志　富山県立山カルデラ砂防博物館
鈴木智之　北海道大学
高嶋敦史　琉球大学
高橋絵里奈　島根大学
高山範理　森林総合研究所
滝　久智　森林総合研究所
竹本太郎　東京農工大学
田中　求　高知大学
田村典江　事業構想大学院大学
坪田博美　広島大学
津村義彦　筑波大学
津山幾太郎　森林総合研究所
當山啓介　岩手大学
栃木香帆子　東京大学
直江将司　森林総合研究所
長池卓男　山梨県森林総合研究所
中尾勝洋　森林総合研究所
中川弥智子　名古屋大学
中野陽介　只見町ブナセンター
仲間勇栄　琉球大学名誉教授
永松　大　鳥取大学
永光輝義　森林総合研究所
中村克典　森林総合研究所
中村太士　北海道大学名誉教授
名波　哲　大阪公立大学
並川寛司　北海道教育大学名誉教授
新山　馨　前 森林総合研究所
萩野裕章　森林総合研究所
橋本啓史　名城大学
長谷川元洋　同志社大学
服部　力　森林総合研究所
濱野周泰　前 東京農業大学
比嘉基紀　高知大学
久本洋子　東京大学
櫃間　岳　森林総合研究所
平野悠一郎　森林総合研究所
深町加津枝　京都大学
富士田裕子　北海道大学
星崎和彦　秋田県立大学
細矢　剛　国立科学博物館
正木　隆　森林総合研究所
増井洋介　東日本旅客鉄道株式会社
升屋勇人　森林総合研究所
松井哲哉　森林総合研究所
松浦俊也　森林総合研究所
松倉君予　日本大学
松田陽介　三重大学
真鍋　徹　北九州市立自然史・歴史博物館
峰尾恵人　京都大学
宮本和樹　森林総合研究所
宗岡寛子　森林総合研究所
森　章　東京大学
森田香菜子　慶應義塾大学
森本幸裕　京都大学名誉教授
山浦悠一　森林総合研究所
山川博美　森林総合研究所
八巻一成　森林総合研究所
山口広子　筑波大学
山下詠子　東京農業大学
山中　聡　森林総合研究所
湯本貴和　京都大学名誉教授
横井秀一　造林技術研究所
吉川徹朗　大阪公立大学
吉川正人　東京農工大学
吉田俊也　北海道大学
渡辺　信　琉球大学

目　次

第2部 生き物たちの森林 …… 107

哺乳類

鳥　類

菌　類

昆　虫

第3部 森林と人

本書に掲載している森林位置図

・第１部の各項目で取り上げている全国136地点の森林についての位置を示す．番号と色は解説のある項目のものと揃え，項目内で複数の森林を取り上げている場合は「6-1」のように枝番を付した．そのため，地図上では順不同となっている．なお，「K5」は「解説5」を示す．
各森林の緯度・経度・標高などの数値データは巻末の「森林基本情報」を参照されたい．
・地図データについて：国土地理院の地理院タイル（https://maps.gsi.go.jp/development/ichiran.html）より「色別表高図」（海域部は海上保安庁海洋情報部の資料を使用して作成）を利用して作成した．

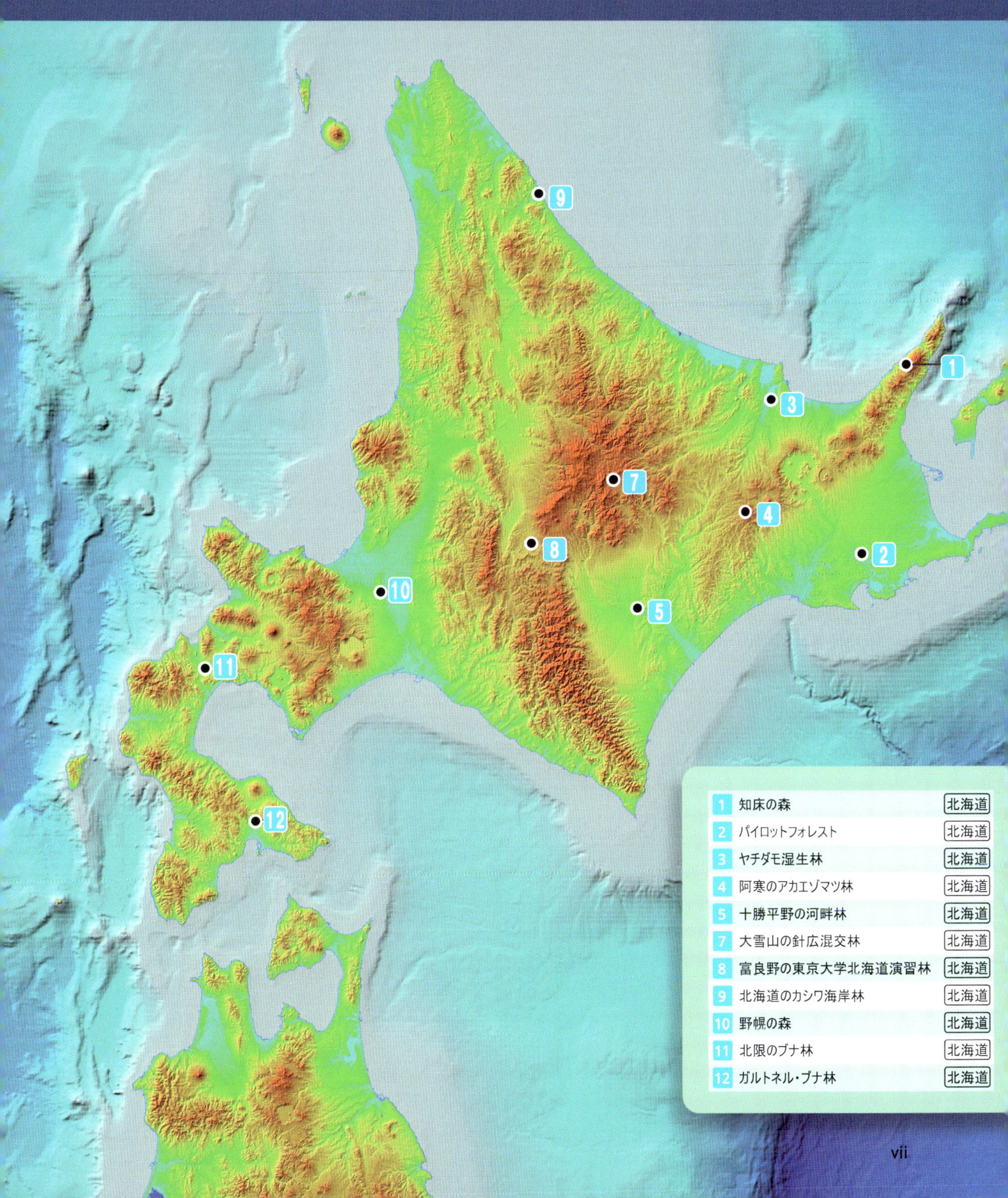

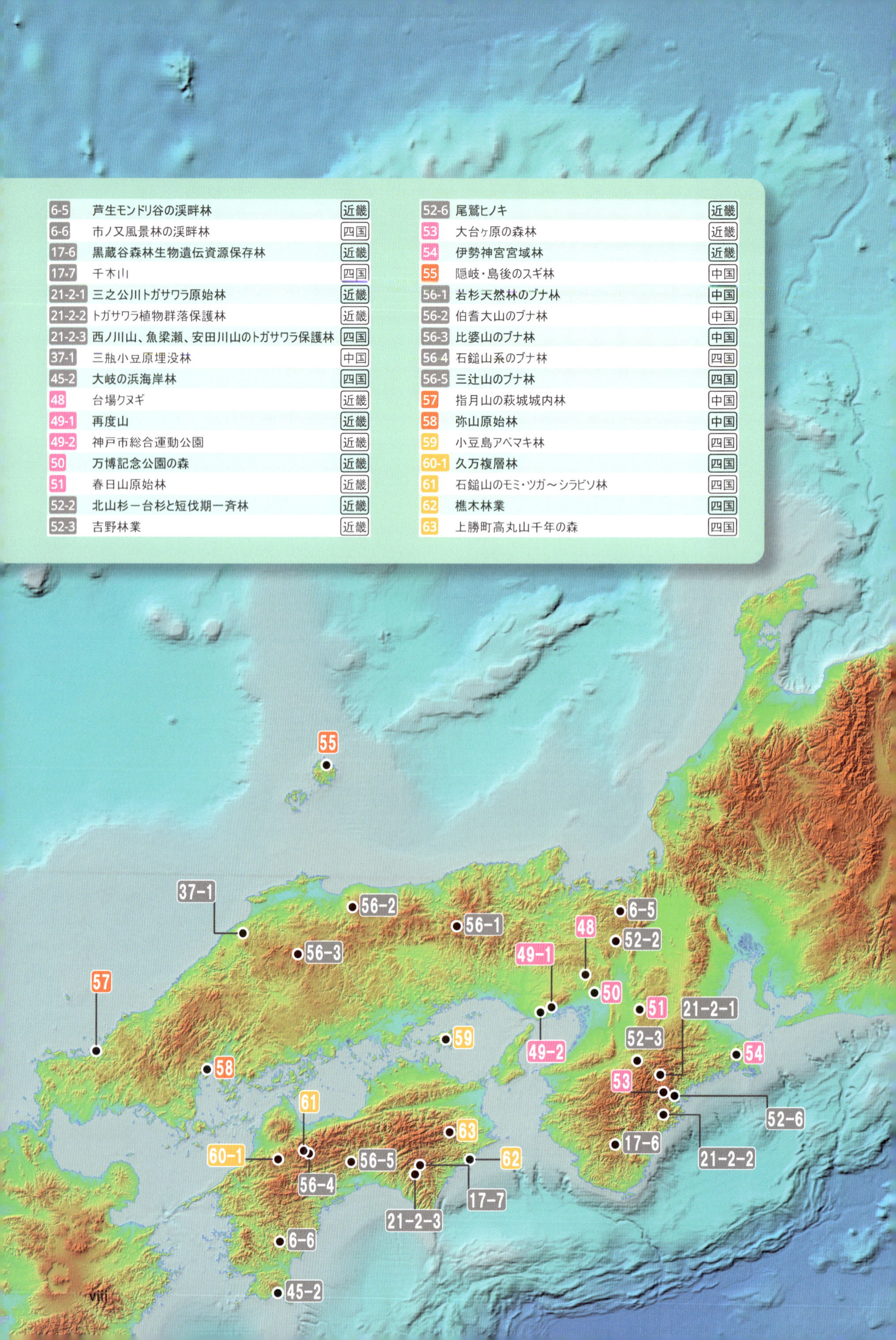

番号	名称	地域
6-5	芦生モンドリ谷の渓畔林	近畿
6-6	市ノ又風景林の渓畔林	四国
17-6	黒蔵谷森林生物遺伝資源保存林	近畿
17-7	千本山	四国
21-2-1	三之公川トガサワラ原始林	近畿
21-2-2	トガサワラ植物群落保護林	近畿
21-2-3	西ノ川山、魚梁瀬、安田川山のトガサワラ保護林	四国
37-1	三瓶小豆原埋没林	中国
45-2	大岐の浜海岸林	四国
48	台場クヌギ	近畿
49-1	再度山	近畿
49-2	神戸市総合運動公園	近畿
50	万博記念公園の森	近畿
51	春日山原始林	近畿
52-2	北山杉一台杉と短伐期一斉林	近畿
52-3	吉野林業	近畿
52-6	尾鷲ヒノキ	近畿
53	大台ヶ原の森林	近畿
54	伊勢神宮宮域林	近畿
55	隠岐・島後のスギ林	中国
56-1	若杉天然林のブナ林	中国
56-2	伯耆大山のブナ林	中国
56-3	比婆山のブナ林	中国
56-4	石鎚山系のブナ林	四国
56-5	三辻山のブナ林	四国
57	指月山の萩城城内林	中国
58	弥山原始林	中国
59	小豆島アベマキ林	四国
60-1	久万複層林	四国
61	石鎚山のモミ・ツガ～シラビソ林	四国
62	樵木林業	四国
63	上勝町高丸山千年の森	四国

6-1 奥入瀬渓谷の渓畔林 東北
6-2 カヌマ沢渓畔林 東北
6-3 日光千手ヶ原の山地河畔林 関東
6-4 秩父山地の大山沢渓畔林 関東
13-1 眺望山自然休養林 東北
13-2 大畑実験林 東北
14 野辺地防雪原林 東北
15-1 白神山地のブナ林 東北
15-2-1 森吉山のブナ林 東北
15-2-2 カヤの平のブナ林 中部
15-3 金目川のブナ原生林 東北
15-4 美人林 中部
15-5 国上山のブナ林 中部
15-6 小谷村のあがりこ 中部
15-7 森宮野原駅前のブナ林 中部
15-8 牛伏寺のブナ林 中部
16 秋田スギの天然林 東北
17-1 矢倉山スギ遺伝資源希少個体群保護林 東北
17-2 山之内スギ「幻想の森」 東北
17-3 牧の崎スギ遺伝資源希少個体群保護林 東北
17-4 愛鷹山ブナ・スギ群落林木遺伝資源保存林 中部
17-5 青木ヶ原のスギ天然林 中部
18-1 八幡平・秋田駒ケ岳のオオシラビソ林 東北
18-2 立山のオオシラビソ林 中部
19 北上山地のシラカンバ林、ミズナラ林、ブナ・ウダイカンバ林 東北
20-1 横沢山甲地松 東北
20-2 侍浜松 東北
20-3 北上山御堂松 東北
20-4 松森山御堂松 東北
20-5 東山松 東北
21-1 早池峰山のアカエゾマツ林 東北
22-1 山形県の落葉広葉樹林 東北
22-2 阿武隈山地のコナラ林 東北
22-3 多摩丘陵の里山二次林 関東
23 青葉山の森 東北
24 只見生物圏保存地域 東北
25-1 苗場山ブナ天然更新試験地 中部
25-2 黒沢尻ブナ総合試験地 東北
26 足尾荒廃地 関東
27 高原山のイヌブナ自然林 関東
28 小川試験地 関東
29-1 八溝山のブナ林 関東
29-2 三頭山のブナ林 関東
29-3 加入道山のブナ林 関東
29-4 天城山のブナ林 関東
29-5 筑波山のブナ林 関東
30 明治神宮の森 関東
31 真鶴半島のお林 関東
32 東京大学千葉演習林 関東
33-1 三宅島の溶岩上の森林 関東
34 御蔵島のスダジイ林 関東
35-2 小笠原の低木林 関東
36 佐渡島の森 中部
37-2 魚津埋没林 中部
37-3 杉沢の沢スギ 中部
38 上高地のケショウヤナギ林 中部
39-1 豊口山亜高山針葉樹林 中部
39-2 西岳フウキ沢ヤツガタケトウヒ希少個体群保護林 中部
40 木曽のヒノキ林 中部
41 東京都水道水源林 中部
42 富士山をとりまく森林 中部
43 函南原生林 中部
44 能登半島のアテ林 中部
45-1 加賀海岸国有林 中部
45-3 湘南海岸砂防林 関東
46 熱田神宮社叢 中部
47 海上の森 中部
52-1 金山杉 東北
52-5 佐白山の高齢ヒノキ人工林 関東
K5 上高地徳沢の森 中部
60-2 今須択伐林 中部
伊豆諸島
小笠原諸島

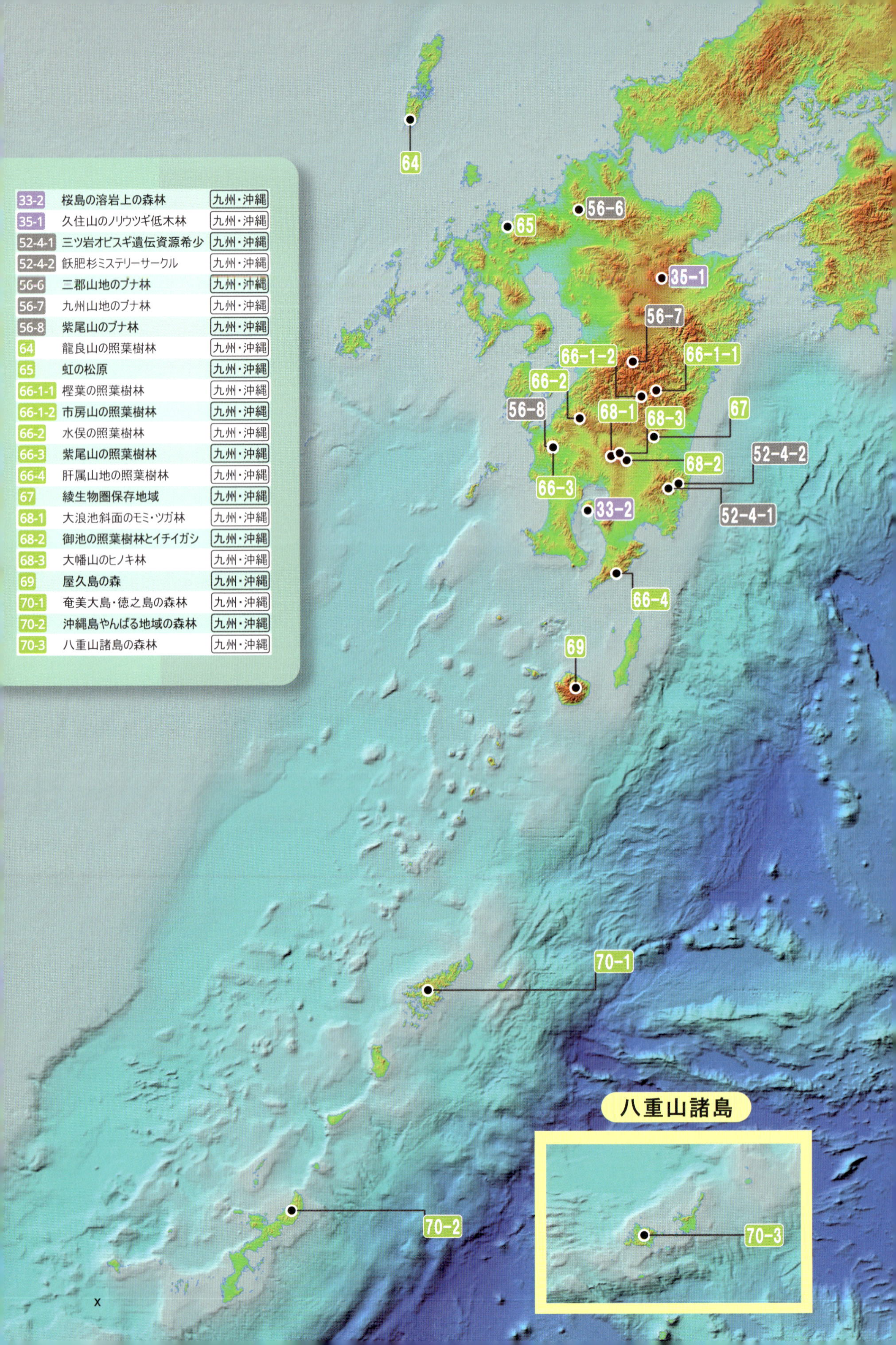

33-2 桜島の溶岩上の森林 九州・沖縄
35-1 久住山のノリウツギ低木林 九州・沖縄
52-4-1 三ツ岩オビスギ遺伝資源希少 九州・沖縄
52-4-2 飫肥杉ミステリーサークル 九州・沖縄
56-6 二郡山地のブナ林 九州・沖縄
56-7 九州山地のブナ林 九州・沖縄
56-8 紫尾山のブナ林 九州・沖縄
64 龍良山の照葉樹林 九州・沖縄
65 虹の松原 九州・沖縄
66-1-1 樫葉の照葉樹林 九州・沖縄
66-1-2 市房山の照葉樹林 九州・沖縄
66-2 水俣の照葉樹林 九州・沖縄
66-3 紫尾山の照葉樹林 九州・沖縄
66-4 肝属山地の照葉樹林 九州・沖縄
67 綾生物圏保存地域 九州・沖縄
68-1 大浪池斜面のモミ・ツガ林 九州・沖縄
68-2 御池の照葉樹林とイチイガシ 九州・沖縄
68-3 大幡山のヒノキ林 九州・沖縄
69 屋久島の森 九州・沖縄
70-1 奄美大島・徳之島の森林 九州・沖縄
70-2 沖縄島やんばる地域の森林 九州・沖縄
70-3 八重山諸島の森林 九州・沖縄
64
56-6
65
35-1
56-7
66-1-2
66-1-1
66-2
56-8
68-1
68-3
67
52-4-2
68-2
66-3
33-2
52-4-1
66-4
69
70-1
70-2
八重山諸島
70-3

第 1 部

森林を読み解く 136景

1 知床の森

—陸と海のつながりがもたらす世界遺産の価値

知床(しれとこ)半島は，北海道の北東部に位置し，オホーツク海と太平洋の境界に位置する．半島の頂端部側を中心に，半島の大半部が国立公園，原生自然環境保全地域，森林生態系保護地域などに指定されており，複数の生態系保護の網がかかっている．特に，ユネスコ（国際連合教育科学文化機関）の世界遺産条約の下，2005年には世界自然遺産として登録されている．流氷が育む豊かな海洋生態系と原生的な陸域生態系の相互関係に特徴があること，シマフクロウ，シレトコスミレなどの希少種，サケ科魚類，海棲哺乳類などの重要な生息地を有することなど，生態系と生物多様性に普遍的な価値を有すると評価されている．陸と海とのつながりが，豊かな森林を支えている．

知床連山の森林

知床半島に近づくとひときわ目立つ存在が，知床連山の主峰，羅臼岳(らうすだけ)（標高 1661 m）である．斜里(しゃり)町と羅臼町の両側から登山道が延びており，山を登っていくと，低地の針広混交林からハイマツ帯までの植生変化をみることができる[1]．

低標高では，トドマツとミズナラをはじめ（①），イタヤカエデ，ハリギリ，ホオノキなどの樹種が優占する混交林が広がる．林床には，エゾユズリハ，ツルアジサイ，イワガラミ，マイヅルソウ，オシダ，シラネワラビが多くみられる．標高が上がるにつれてトドマツが少なくなるとともに，残るナナカマドなどの落葉樹も風衝の影響で樹高が著しく低くなる．さらに標高を上がると，ウラジロナナカマド，オガラバナ，ミネカエデの低木，地を這うような太く低い樹形のダケカンバからなる森林となる（②）．そして，その上部には，広大なハイマツ帯が広がる．

羅臼岳で特徴的であるのは，亜高山帯針葉樹林を欠くことである．ミズナラ帯とハイマツ帯の間には，上述したダケカンバ帯が存在する．海に突き出た半島ゆえの冬季の強風，積雪，地形，低温などが針葉樹帯を欠く理由である．そのために，森林の高さや樹木の太さなどの構造性が，標高傾度に沿って急激に変化する[2]．

幌別・岩尾別台地の天然林と森林再生

知床国立公園の陸域面積の約 9 割に原生的な植生が広がるとされる．キンメフクロウのような希少な種の生息地でもある（②）．しかしながら，原生林とも評される森林（例えば，①）でも，イチイの伐根がみられるなど，人の痕跡が散見される．かつては択伐が繰り返し実施されてきた場所もある．さらには，20世紀末頃からのエゾシカ（ニホンジカの亜種とされる）の急増は，シカ嗜好種をはじめとする多くの樹種に壊滅的な影響をもたらした．知床の森林は，多くの環境変動にさらされてきたのである．

① 岩尾別台地上の国有林の様子（森 章）

② 矮小化した亜高山帯林の様子（森 章）

特に，幌別(ほろべつ)・岩尾別(いわおべつ)台地の森林では，昭和 40 年代（1965 年～）までは土地開拓が行われ，人の営みがあった．その場所は，今は「しれとこ 100 平方運動の森・トラスト」として，森林再生の場となっている[3]．そこでは現在，科学的な知見に基づいた森林再生の試みが実践されており，今や知床は自然再生の先駆地としても知られるようになった[4]．〔森　章〕

【文献】

1) 知床の植物 I および II. 斜里町立知床博物館
2) Mori et al. (2013) Global Ecology and Biogeography 22: 878–888
3) Fujii et al. (2017) Journal of Applied Ecology 54: 80–90
4) 鈴木ほか (2022) 保全生態学研究 27: 283–296

2 パイロットフォレスト

―原野を森に戻す壮大な試み

パイロットフォレストは，北海道釧路市の北東約50 km，厚岸湖に注ぐ別寒辺牛川の中流域に位置する国有林内にあり，厚岸町と標茶町に所在する．地形は緩傾斜の丘陵地で，低地は泥炭からなる湿原となっている．面積は1万778 haで，そのうち人工林は約7000 haで，人工林率は64%である．

パイロットフォレストの造成は1956年から始まったが，もともとはミズナラなどの広葉樹やトドマツ，エゾマツなどの針葉樹からなる天然林があった地域とされる．大正時代以降の開拓の火入れによる失火などから山火事が多発し，森林が消滅し，原野のまま放置された状態であった．1956年にこの地域を対象に林野庁が「特別造林計画」を立案し，森林造成が開始された．10年間で1万haを造林する計画であり，カラマツが主要種とされた．計画開始当初は路網もないような状態であったが，地拵，植付，下刈作業などの機械化を進め[1]，効率化が図られた．事業の目的は，木材生産力の増大，民有林造林意欲の高揚，下流にある厚岸湖のカキ養殖環境の改善などであった．厚岸湖では，1970年頃から顕著に水質改善が進んだとされ，現在は北海道有数のカキ産地となっている．

林　況

パイロットフォレストでは，1971年から間伐が実施されている．現在天然林も含め総蓄積は94万m^3であり，年間1万2000 m^3程度の伐採量となっている（①）．

最近の林況は「令和2年度パイロットフォレストカラマツ人工林の200年伐期化と齢級構成平準化に向けた検討業務委託事業報告書」[2]に詳しい．カラマツが人工林の81%の5636 haあり，トドマツ（719 ha），アカエゾマツ（153 ha）の3種で94%を占めている．林齢別では，一般に主伐対象とされる50年生以上の林分が81%となっている．間伐回数の多い林分では4~5回間伐が実施されていて，カラマツの間伐後にアカエゾマツやトドマツが植栽されている林分も多い（②）．カラマツ人工林では平均樹高は18～30 mで，22～28 mの林分が多い．平均直径は20～50 cmの幅があり，ピークは30～35 cmである．カラマツの密度は300本/ha以下の林分が多く，本数減少が進んだ林分が多い．カラマツの蓄積は100～400 m^3/haの林分が多くなっている．地位の高い林分（I～特等）が73%あり，カラマツの成長はよい地域である．

② 上層カラマツ，下層アカエゾマツの複層林（渋谷正人）

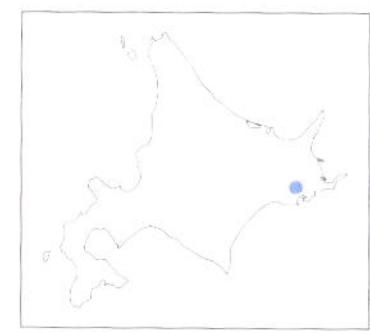

① パイロットフォレストの位置と遠景（渋谷正人）

今後の管理

パイロットフォレストは10年間に集中的に造成が行われたため，林齢構成に偏りが大きく，全体を持続的に維持するためには主伐時期を分散させる必要がある．そのため2021年に長伐期化に関する検討が行われ[2]，形状比，収量比数，被害木率などから100年以上の伐期に適した林分が選定されている．また複層林化についても検討，実施されているが，荒廃した原野を森林に戻し，河川下流の環境改善にも寄与している林分群であり，長期にわたる適切な管理が強く望まれる．

〔渋谷正人〕

【文献】

1）北海道森林管理局（2007）パイロットフォレスト造成50周年記念誌

2）北海道森林管理局（2021）令和2年度パイロットフォレストカラマツ人工林の200年伐期化と齢級構成平準化に向けた検討業務委託事業報告書

3 ヤチダモ湿生林

―北海道東部・網走湖畔に残された天然記念物の湿生林

ヤチダモは本州から北海道の冷温帯域の湿性な立地を中心に自生する広葉樹で，沢沿いや谷底の湿潤地，河畔などに生育する．雌雄異株で，時には高さ30 m，直径 1 m にも成長する．有用材として野球のバットや家具などに利用され，植林も行われている．

北海道では，かつて，沖積低地の湿潤な場所に主要樹種がハルニレ，ヤチダモ，ハンノキの湿生落葉広葉樹林が広範囲に分布していた．だが湿生林を含む低地の落葉広葉樹林は，開拓の進展とともに次々と伐採され，姿を消していった[1]．

網走湖畔に残された湿生林

このような状況下，舘脇操が「奇跡的に残った天然林」と呼んだのが，網走（あばしり）湖東岸の女満別（めまんべつ）から呼人（よびと）間の樹高 30 m にも達するハンノキ，ヤチダモから構成される湿生落葉広葉樹林である[2]．この林は網走湖とJR 石北本線の間に全長約 5 km，幅は広いところで 400 m，狭いところは 100 m ほどで，帯状に分布している．湿生林の林床にはミズバショウ群落が広範囲に分布しており，国内最大級の自生地としても有名である（①）．この湿生林のうち，JR 女満別駅近くの野営場から山下岬にかけての約 2 km, 面積約 56 ha は，1972 年に国の天然記念物「女満別湿生植物群落」に指定され，天然の湿生落葉広葉樹林として原生の姿を今に残している（②）．指定エリア外の呼人半島北部の湿生林には呼人探鳥遊歩道が設置され，バードウォッチングのポイントにもなっている．開拓以前の低地湿生林の景観を残すこの林が現在も存続しているのは，天然記念物指定によるところが大きい[3]．

どのような林分なのか

2013 年に典型的なハンノキ・ヤチダモ林で実施した 200 × 50 m の範囲の毎木調査では，樹高 20 m 以上の樹木はハンノキ 73 本，ヤチダモ 36 本，ハルニレ 1 本，15 m 以上 20 m 未満ではハンノキ 32 本，ヤチダモ 38 本であった．樹高 18 m 以上の階級ではハンノキの本数が多いが，それ以下ではヤチダモの本数が勝り，10 m 未満では圧倒的に多かった．他の場所でもヤチダモの若木が多くみられるが，ハンノキの新しい個体は極めて少ない．

この湿生林は JR 石北本線側の標高がやや高く，網走湖に向かって緩やかに傾斜している．地下水位の観測により，鉄道線路に隣接する台地のたもとから湿生林に一定の湧水が供給され続け，一方で湖へと排水されていることがわかっている．大雨の際も湿地林内では水位の大幅な上昇は生じず，雨の少ない夏季を除き地下水位は大きな上下変動がなく一定に保たれている．地下水位が高く最も過湿な立地はハンノキ林が占め，地下水位は高いが水の停滞しにくい場所はヤチダモ林となる．地下水位変動の違いによって，過湿な立地での両種の林分形成場所が異なることが知られている[4]．

〔冨士田裕子〕

① 女満別湿生植物群落（冨士田裕子）

② ハンノキ・ヤチダモ林（冨士田裕子）
調査中の人（赤丸）のサイズから巨樹であることがわかる

【文献】

1) 舘脇ほか（1967）北大農邦文紀要 6：284-324
2) 舘脇（1961）日本森林植生図譜（VI）オホーック沿岸の落葉広葉樹林植生．北見営林局
3) 冨士田・倉（2022）保全生態学研究 27：305-313
4) 冨士田（2017）地下水位の高さと変動パターン（湿原の植物誌，東京大学出版会）．120-124

4 阿寒のアカエゾマツ林

—火山の噴火によって成立した森

北海道東部に位置する阿寒摩周国立公園には，3つの巨大なカルデラ地形（阿寒・屈斜路湖・摩周湖）の周囲に広大な森林が分布しており，原生的な特徴をとどめる天然林が多く賦存する．明治末期（1900年代）に始まる開拓期には，この地でも原生林の伐採が急速に進められたが，多くの森林が保全された要因としては，卓越した山岳・湖沼・森林景観を保つために，1934年にいち早く国立公園に指定されるなど早い時期から森林保護の動きがみられたことがあげられる[1]．

国立公園内で面積的に最も多くの面積を占めるのは天然生針広混交林であり，トドマツ，エゾマツが中心の常緑針葉樹と，ハルニレ，ミズナラ，イタヤカエデ，シナノキなどの落葉広葉樹が混交している[2]．一方で，火山の噴火活動によって礫・灰が集積した箇所に，アカエゾマツ主体の群落が形成されている．アカエゾマツは，生育立地の幅が広く，湿地，蛇紋岩，砂丘，岩礫地などと並んで，こうした火山灰礫地に局所的に純林を形成する．特に大きな群落は，雌阿寒岳（標高1499 m），雄阿寒岳（1370 m）の山麓から山腹に分布している（①）．その垂直分布は，ダケカンバ帯またはハイマツ帯と接する標高800～1000 mに達する[2]．

アカエゾマツ林の成立は，火山活動に伴う溶岩流や泥流など大規模な地表攪乱，および火山灰の降下によって形成された裸地に，稚樹が定着したことに起因すると考えられる．森林のタイプとしては，アカエゾマツの一斉・純林のほか，トドマツ，広葉樹（ナナカマド，イタヤカエデ，ダケカンバなど）との混交林がみられる．林床はミヤコザサ，クマイザサなどササ型の箇所のほか，ハクサンシャクナゲ，エゾクロウスゴ，コヨウラクツツジなどからなるツツジ科低木型の箇所が岩礫地に多くみられる[2]．

① 雌阿寒岳山麓のアカエゾマツ林の遠望（吉田俊也）

② 雌阿寒山麓アカエゾマツ林分試験地（吉田俊也）

1965年から継続調査が行われている「雌阿寒山麓アカエゾマツ林分試験地」は，約250年前の雌阿寒岳の噴火に伴う火山噴出物上に天然更新した一斉林である[3,4]（②）．胸高直径の頻度分布は，1965年には直径30 cm程度に緩やかなピークを持つ一山型であったものが，50年後の2015年にはピークが50 cm程まで移動するとともに，小径木（直径8 cmのクラス）が多数進階している[4]．小径木のほとんどはトドマツ，およびナナカマドを主体とした広葉樹であり，アカエゾマツの更新は倒木上または幹周辺の稚樹サイズのものに限られている．この森林は遷移の途上にあり，アカエゾマツの一斉林から，次第にトドマツの優占度が高まり，やがては混交林へと推移していくと考えられる[3,4]．

〔吉田俊也〕

【文献】

1) 石井編著（2002）復元の森—前田一歩園の姿と歩み．財団法人前田一歩園財団
2) 五十嵐（1986）北海道大学農学部演習林研究報告 43：335-494
3) Takahashi et al.（2006）Ecological Research 21：35-42
4) 石橋（2016）北方林業 67：74-75

5 十勝平野の河畔林

―融雪洪水と川のダイナミズムによる多様なヤナギ類の共存

十勝（とかち）平野は，北海道の南東部に位置し，西は日高山脈，北は石狩山地，東は白糠丘陵に囲まれ，南北約80 km，東西約40 kmにわたる広大な平野を形成している．その平野を流れる大河が十勝川（流域面積9010 km²）であり，西には歴舟川などの河川が流れ，すべての河川は太平洋に注ぐ．

十勝地方帯広市の年平均気温は6.8℃，年平均降水量は887.8 mm（1981~2010年）であり，年間を通じてよく晴れる．冬は-20℃まで下がることもあれば，夏は30℃以上になることもあり，寒暖の差が大きい．平野の積雪量は少ないが，山岳部では多く，融雪期には雪解けの洪水が発生する．

下流部を除いて中流部扇状地河川の多くは礫床の網状河川で，河床勾配も1/300～1/200程度の急勾配である．河畔林を特徴づける種はヤナギ科木本で，札内川や歴舟川に分布するケショウヤナギは，北海道東部と長野県上高地に隔離分布する．ほかにも樹高25~30 mに達するオオバヤナギやドロヤナギの大径木がみられる（①）．

融雪洪水とヤナギ科木本の種子散布時期

ヤナギ科の樹木種は，融雪洪水の減水期に合わせて種子を散布する．時期は種によって少しずつ異なるが，全体としては5月中旬~9月上旬に種子を散布する．ヤナギ科木本の種子は極めて軽く，風や流水によって長距離運搬される．発芽定着できる場所は，河川が運搬してきた砂礫で構成される裸地（鉱質土壌）であり，定着には光や水分が良好な立地を必要とする．林床植生下のリター上などでは発芽定着できない．早く散布するエゾノキヌヤナギやオノエヤナギは，出水によって形成された裸地にいち早く侵入することができるが，その後の小規模な出水によって冠水や流出の被害を受けやすい．一方，散布時期の遅いドロヤナギやオオバヤナギは，水位がほぼ低水位に収まった7月以降に侵入するため，洪水攪乱を受けにくいが，他のヤナギ属が侵入していない立地は水際の砂礫堆に限られる．

主要な樹種と立地環境のつながり

網状流路では，複数の流路が頻繁に変動を繰り返すため，洪水攪乱の頻度が高く，ケショウヤナギ，オオバヤナギなどの先駆性の樹種が，比高の低い広大な砂礫堆を含む氾濫原中央部を占有する．こうした立地は，直径10 cm程度の大径の礫で覆われている．一方，氾濫原の端に位置し，比高が高く洪水攪乱を受けにくい立地には，表層に細粒の砂が堆積し，ヤチダモやハルニレなど，遷移中後期の樹種が生育する[1]．

シフティングモザイク

河畔林樹種について，稚樹と母樹（種子をつけている個体）の分布範囲を調べると，同所的に生育する樹種もあるが，多くは分布域が異なっている．相対的に攪乱頻度の高い立地に稚樹が分布し，より安定した立地に母樹が分布している[2]．網状河川の特徴は，複数の流路が側方方向に頻繁に変動することであり，多くの稚樹群落は流水によって流されてしまうが，流路が大きく変動したことによりまれに安定した地形面が形成されると，種子を散布できる母樹まで成長できる．すなわち，網状流路を形成する河川のダイナミズムそのものによって，河畔林構成樹種の各発達段階で必要な生育場環境がセットとして形成されるといえる．また，林分を破壊するような強い洪水攪乱頻度は，ケショウヤナギの寿命と同程度であり，本種が網状河川で優占できる理由の1つと考えられる．〔中村太士〕

① 十勝平野の河畔林（北海道開発局）

【文献】

1) Shin and Nakamura (2005) Plant Ecology 178 : 15-28
2) Nakamura et al. (2007) For Ecol Manag 241 : 28-38

6 水辺林

―多様な水辺攪乱に適応した樹木の集まり

河川や渓流沿いには，独特の景観や樹種で構成された水辺林が分布している．上流から下流に向かって河川の特徴が変わるとともに水辺林も渓畔林，山地河畔林，河畔林と樹種や森林構造が変わっていく．また，河川の後背湿地には湿地林がみられ，亜熱帯の河口の汽水域にはマングローブ林が広がっている．

水辺林の構造，機能と更新動態

水辺林は，陸域と水域の移行帯（水辺）に成立する森林植生を意味する．河川などの直接的な影響によって形成された地形上に分布し，水辺の優占樹種によって構成され，生態学的機能を通じて河川に物理・化学・生物学的影響を与えている．

水辺林は日射遮断，落下性昆虫，リターや倒流木の供給，水質浄化，生物多様性の維持など多くの生態学的機能を有している（①）．そのために，河川生物が利用するエネルギーの供給や，水質の維持に重要な役割を果たしている．また，景観形成，水産業，飲料水，アクティビティなど様々な生態系サービスを提供してくれる．

水辺林の更新は，自然攪乱と大きく関わっている．上流の渓流域では，土石流や山腹崩壊などの地形変動を伴い，中下流域では流路変動などがみられる．洪水などの際には湿地においては湛水が樹木に生理的な影響を与えている．また，攪乱のサイズ，強度，頻度の多様性も高く，それによって複雑な地形が形成される．そこでは光，基質，水分などが不均質なモザイク状の環境を生み出し，多様な植物の定着場所を生み出している．

水辺林は本書の第1部2，5，37，38，68などで紹介されているが，以下では日本の他の代表的な水辺林をいくつか紹介する．

① 水辺林の生態学的機能[1]

代表的な水辺林

奥入瀬渓谷の渓畔林　青森県にある奥入瀬渓谷は十和田八幡平国立公園の特別保護地区や国指定天然記念物に指定されている．上流域はトチノキ，サワグルミ，カツラなどの巨樹で形成された渓畔林が分布している[2]．下流域では川幅が広くなり，水際から比高1mまではケヤマハンノキの同齢一斉林によって占められている．河畔より一段高い河岸段丘にはブナやミズナラ林が分布している．

カヌマ沢渓畔林　岩手県胆沢川流域に位置する冷温帯落葉広葉樹から構成される渓畔林である[3]．渓畔域，テラス，崩積斜面，侵食斜面など多様な自然攪乱によって形成された地形がモザイク状に分布している．トチノキ，カツラ，サワグルミ，オヒョウなどの渓畔樹種のほかに，ブナやミズナラが混じり種多様性に富んでいる．林床には，積雪地帯をハビタットとするユキツバキが広がり，リョウメンシダやジュウモンジシダが優占する．

日光千手ヶ原の山地河畔林　栃木県西部中禅寺湖の西端に位置する山地河畔林で，ハルニレやミズナラが林冠木である[3]．しばしば洪水の影響を受ける水際の低い段丘には先駆樹種のケヤマハンノキやオノエヤナギが，数百年に一度の洪水によって強度の攪乱を受ける高い段丘にはミズナラ，ハルニレやドロノキが分布している．林床はスズタケやチマキザサが優占していたが，ニホンジカに採食されほとんどみられなくなった．

秩父山地の大山沢渓畔林　埼玉県の秩父市にある大山沢渓畔林は，シオジ，サワグルミ，カツラの樹高30mを超える林冠木を優占種とする冷温帯落葉広葉樹の渓畔林が広がっている[4]（②）．胸高直径1mを超える個体も多く，樹齢はシオジで300年，サワグルミでは100年を超える．亜高木層にはオオイタヤメイゲツ，ウラゲエンコウカエデ，低木層にはチドリノキやアサノハカエデが分布している．カエデ属が多いのも特徴である．林床植生はオシダやミヤマクマワ

② 秩父大山沢渓畔林（崎尾 均）

③ 市ノ又風景林の谷底（比嘉基紀）
右手前はホソバタブ，中央右の大径木はモミ，中央左はホオノキ．

ラビなどのシダ類や高茎草本によって90％以上の被度があったが，2000年頃からニホンジカの個体数の増加によって現在では5％以下になり，ハシリドコロ，サンヨウブシ，コバイケイソウなどの毒草以外はほとんどみられない．樹木も大きな被害を受けて，オヒョウは直径1mを超える個体を含めて大部分の個体が剝皮によって枯死してしまった．

芦生モンドリ谷の渓畔林　京都府北東部の京都大学芦生（あしう）演習林には，約2000haに及ぶ原生的な天然林が保存されている．その中のモンドリ谷には，東北地方から日本海側の積雪地帯を代表するトチノキ・サワグルミを優占樹種とする渓畔林が分布している[3]．トチノキとサワグルミの樹齢はそれぞれ450年と150年でサワグルミの方が先駆的な性質を持っている．この2種の生育立地は異なっており，サワグルミは，渓流攪乱頻度の高い河川部に，トチノキは比較的長期間立地が安定する斜面部から段丘部にかけて分布している．

市ノ又風景林の渓畔林　高知県四万十川流域の市ノ又（いちのまた）風景林の渓畔域ではホソバタブやサカキ，イヌガシが多く，個体数は少ないもののイイギリやイヌシデ，ミズメ，キハダなどの落葉樹の生育地としても機能している[5]（③）．冷温帯の渓畔では斜面林とは種組成が異なり，渓畔域に特徴的な優占種が生育し，種多様性が高い．しかし，市ノ又の渓畔では斜面域と渓畔域では樹種組成に大きな違いはなく，温帯性針葉樹のヒノキ，モミ，イヌガヤと常緑広葉樹のイスノキ，ウラジロガシ，ヤブツバキ，カゴノキなどが混生する．また，立木密度が斜面に比べて低いので，渓畔域の樹種数は斜面林よりも少ない．

沖縄西表島のマングローブ林　西表島（いりおもてじま）の浦内川や仲間川の河口周辺の汽水域にはオヒルギ，メヒルギ，ヤエヤマヒルギなどを構成種とするマングローブ林が形成されている（④）．独特な根系を持っており，板根や膝状になって地表に現れる．満潮時には，その林床は塩水の影響を受けている．これらの植物の種子は胎生種子と呼ばれ，果実が枝についている状態で根を伸ばし始める（第1部70参照）．〔崎尾　均〕

【文献】

1) 崎尾（2002）水辺林とはなにか（水辺林の生態学．崎尾・山本編，東京大学出版会）．1-19
2) Kikuchi（1968）Ecol Rev 17：87-94
3) 崎尾（2017）水辺の樹木誌．東京大学出版会
4) Sakio(ed)（2020）Long-Term Ecosystem Changes in Riparian Forests. Springer
5) Akiyama et al.（2022）Landsc Ecol Eng 18：263-276

④ 西表島浦内川のマングローブ林[3]（崎尾 均）

7 大雪山の針広混交林

―北海道における大規模攪乱とその後の遷移

北海道の大雪山国立公園の東部には，エゾマツ，トドマツ，アカエゾマツなどの針葉樹に，ダケカンバ，ナナカマド，オガラバナなどの広葉樹が共存する針広混交林が分布している．景観的には針葉樹が優占した均一な森林が広がっているようにみえる．しかし，森の中に入って調査をすると，森林構造（サイズ分布，年齢構成，種組成）が場所によって変異していることがわかる．例えば，針葉樹が密生した鬱蒼とした針葉樹林，林冠個体の密度が低くダケカンバが混交し林床がササに覆われた明るい針広混交林など様々である．このような多様な林分が存在する要因の１つに，自然攪乱に対応した森林の更新動態があげられる．

台風攪乱と更新動態

この地域の主要な自然攪乱は，台風による樹木倒壊である．特に，1954（昭和 29）年の洞爺丸台風は大規模な風害をもたらし，その後の森林構造に大きな影響を与えた．大雪山国立公園東部の針葉樹林で樹木の年輪成長を調べてみると，特定の年齢の樹木がパッチ状に生育していることや，個体の年輪成長が特定の年代から急激によくなっていることがある．このような森林の年齢構造や個々の樹木の成長履歴は，台風によって森林の林冠構造が破壊されたことに対応している．つまり，台風攪乱によって，森林の光環境が改善したことで，若木（稚樹）が一斉に更新したことを反映している（①）．前述した，針葉樹が密生して鬱蒼とした林分は，洞爺丸台風などの攪乱後に一斉更新した場所である．一方，台風攪乱の後，針葉樹が一斉更新しなかった場所は，林冠の樹木密度が低く，ダケカンバが混交し，林床がササに覆われた森になっている．台風攪乱によって，針葉樹が一斉更新する条件には，林床で待機する針葉樹の稚樹の密度が関係している．針葉樹の林冠個体が高密度で分布すると，林内が暗く湿った環境になりササの繁茂が抑制される．すると，林床の地表に針葉樹の稚樹が高い密度で生育でき，同時に，林床の倒木（林冠個体が倒壊した枯死木）も過度に乾燥することなくコケに覆われて，針葉樹の稚樹の生育適地として機能する．したがって，このような場所では，針葉樹の稚樹が十分に蓄えられるため，台風による風害後に一斉更新しやすく，同時に，風害で発生した倒木は次々世代を担う稚樹の更新も可能にし，長期的な針葉樹林の再生可能性を高めることになる．洞爺丸台風の風害跡の森林動態を観察すると，台風攪乱と更新動態の組み合わせによって多様な森林構造が生み出されていることが理解できる．

このような大雪山の森林を 1989 年以来（約 30 年間）モニタリングした結果を最後に紹介する．樹木の個体数は 2010 年から大幅に減少し，森林の現存量の指標である胸高断面積合計（BA）は増加している（②）．この傾向は，樹種ごとにみても共通しており，大規模な台風攪乱がない期間は，安定した森林として維持されていることがわかる．〔久保田康裕〕

【文献】

1) Kubota (1995) Ecol Res 10: 135–142
2) Kubota (1997) Ecol Res 12: 1–9
3) Kubota and Hara (1995) Ann Bot 76: 503–512

① 2007 年にギャップで更新しつつあった若木（上）が成長し，2022 年には林冠が修復されつつある（下）

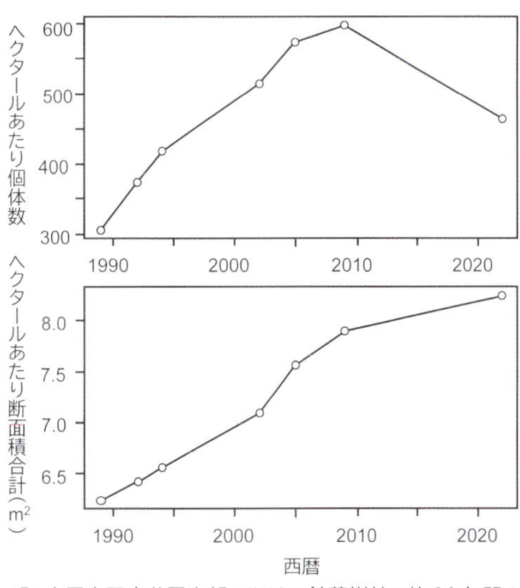

② 大雪山国立公園東部における針葉樹林の約 30 年間の長期変動

8 富良野の東京大学北海道演習林

―北方針広混交林と天然林施業の長期的研究拠点

① 東京大学北海道演習林の針広混交林（東京大学北海道演習林）

東京大学北海道演習林は富良野市にあり，北海道のほぼ中心に位置する．十勝岳連峰の南端に位置する大麓山の西側斜面とその山麓部が中央から東部を占め，南側に日高山地系，西側に夕張山地系の隆起地帯を含めた標高 190～1459 m の範囲に広がる面積 2 万 2708 ha の森林である．

東京大学北海道演習林は，富良野地域の開拓が始まってから 2 年後の 1899 年に，手つかずの山林 2 万 3597 ha が東京帝国大学農科大学（現東京大学農学部）の試験地として北海道庁より移管されたのが始まりである．本多静六が現地を視察して場所の選定を行ったとされる．その後，約 3 万 ha まで拡張されたが，平坦地は農地として開拓され，戦後に民間に移譲された結果，およそ現在の面積・形状となっている．

東京大学北海道演習林の森林とその垂直分布

北海道の内陸部は，冷温帯林から亜寒帯林への移行域に位置しており，トドマツ，エゾマツ，アカエゾマツなどの亜寒帯性常緑針葉樹とシナノキ，ミズナラ，カエデ類などの冷温帯性落葉広葉樹が混交した針広混交林が成立する（①）．

この混交割合は，標高に伴って連続的に変化する．低標高では，冷温帯性落葉広葉樹を主体にトドマツが混生する程度であるが，標高が上がるに従って冷温帯性落葉広葉樹の割合は減り，エゾマツ，アカエゾマツを含む常緑針葉樹の割合が増加する．同時に，亜寒帯性の落葉広葉樹であるダケカンバも増加する．さらに高標高になるとダケカンバが優占するようになり，常緑針葉樹の割合も低下するため，標高 800～900 m 程度で常緑針葉樹の割合は最も高くなる．亜高山帯の上部で樹高の低いダケカンバの疎林となり，それを超えるとハイマツ林もしくは高山性草本群落となる．東京大学北海道演習林内では，このハイマツ林の下限は標高 1250 m 前後にあるが，この標高は大雪山系のものよりも 350 m ほど低くなっている．これは山体上部であるために冬季の強風・高積雪，土壌発達が乏しいことなどが影響していると考えられる[1]．

林床の大半はササ類（標高 700～800 m 程度まではクマイザサ，それ以上はチシマザサとされる）が覆っている．樹木の更新はササに大きく制限されるため，適度に被陰されてササが薄い場所や倒木上での更新が天然更新にとって重要となる．

低地には，ヤチダモ，ハンノキ，ハルニレなどを主体とする湿生林の残る場所もあり（平沢保存林），クロミサンザシやエゾノウワミズザクラなどの湿地性の低木・亜高木類などもみられる．開拓前は，富良野盆地や旧演習林敷地内の平坦地にハンノキが優占するような湿生林が多く分布していたと考えられるが，面積が大きいものは演習林内に残存するのみとなっており，地域の原生的植生の貴重な保全地となっている．標高の高い湿地には，アカエゾマツの湿地林が成立している．

林分施業法に基づく天然林施業

東京大学北海道演習林では，開設以来，天然林の択伐を主体とした森林管理が行われている．特に，1958 年より，高橋延清林長（当時）が提唱した「林分施業法」に基づく木材生産を行っている[2]．林分施業法では，生育する樹木の種類やサイズ構成，天然更新の多寡などにより，森林をいくつかのタイプ（林種）に区分し，各々の林分状況に応じて伐採や植栽といった施業を行う方法である．森林の多面的機能を持続的に発揮し，諸害に対する抵抗性を高めるために，多様な樹種・階層構造からなる針広混交複層林の育成を目

② 定期的に択伐されている天然林（鈴木智之）

指す，各々の林分の構造に応じて林分全体がより発展するように順応的な管理を行う，生態系を強度かつ広く破壊するような施業を避ける，といった原則に基づいた施業を行っている[3]．天然林の大規模な皆伐は基本的には行われておらず，階層的なサイズ分布や，老齢木・枯死木が存在するなどの老齢林的な林分構造が維持されている（②）．100年以上にわたって持続的に木材生産を行っているにもかかわらず，老齢林的構造を残した天然林が大規模に残っていることが，東京大学北海道演習林の特徴であるといえる．

長期的観測データの蓄積

東京大学北海道演習林では，天然林の施業過程における林分の量的・質的推移を記録するために，演習林内に天然林施業試験地（固定標準地，2023年現在は100か所）を設置し（面積は0.25 haが標準），胸高直径5 cm以上の毎木調査をほぼ5年間隔で行ってきた．また，樹高1.3 m以上で胸高直径5 cm未満の幹の樹種別本数も記録している．最も初期に設置されたものは1955年で，多くは1960〜1970年代に設置されている．一部は施業を行っていない保存林内にも設置されている．これらは，天然林を対象に定期計測されているものとしては，日本で最も長期に観測されている毎木調査区群の1つと考えられる．これらの試験地のデータから，林分施業法によって，安定的に木材生産を行いながら高蓄積の林分が維持されていることが示されている（③）．一方で，長期的な択伐施業の繰り返しによって，徐々に針葉樹の蓄積割合が減少しつつあることもわかってきている．

さらに1990年代に36.75 haの前山（まえやま）大面積長期生態系プロット（④），18.25 haの岩魚沢（いわなざわ）大面積長期生態系プロットが保存林内に設置され，5年または10年間隔で毎木調査が行われている．前山大面積長期生態系プロットは胸高直径5 cm以上の毎木調査が行われている調査区としては日本最大である．

〔鈴木智之・尾張敏章〕

【文献】
1) 中田ほか（1994）日本生態学会誌 44：33-47．
2) 高橋（2001）林分施業法 その考えと実践 改訂版．ログ・ビー
3) 東京大学大学院農学生命科学研究科附属演習林（2022）演習林（東大）64：103-190
4) 東京大学北海道演習林．河内十郎寄附金，東京大学北海道演習林−王子木材緑化（株）共同研究費，日本学術振興会科研費 No.16H04946によって取得されたデータセット

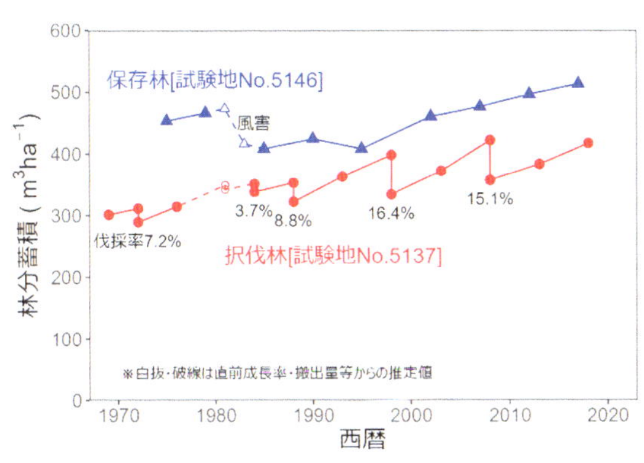

③ 択伐林と保存林の試験地の蓄積変化（データ提供：東京大学北海道演習林）
択伐林は約50年間で5回の択伐が入りつつも，保存林（伐採なし）よりやや少ない程度の蓄積が維持されている．

④ 前山大面積長期生態系プロット（データ提供：東京大学北海道演習林）
プロットの範囲をUAV撮影写真によって作成したデジタル表層モデル（写真を合成）で示す．背景は航空機LiDAR計測によって作成したデジタル標高モデル[4]．

解説1 研究のための森林
—巨大な時空間スケールの現象解明に挑む場

大学や森林総合研究所（以下，森林総研）などの教育・研究機関は，研究のための森林（以下，研究林）を組織的に維持・管理している．

研究林の特色と役割

国有林・県有林・民有林などに個人研究者・林野庁・地方自治体の研究機関が設置している調査区と比べ，研究林は維持・管理体制が相対的に安定しており，森林所有者の一存で，突然調査中の森林が伐採されてしまうような事態が起こりにくい．こうした安定的な場で長期観測を行い，長寿命の樹木群集の変化を捉え，数十年に一回，数百年に一回のまれな現象が森林に与える影響を明らかにすることができる（例えば第1部67での大規模台風攪乱や筑波大学井川演習林での土石流）．

長期データが蓄積され，多様な研究が行われていることも特色である．約100年前に設立され（①），昔のデータを継承している研究林もある．例えば東京大学千葉演習林では1916年に計測開始された人工林調査区が現在でも調査されている（第1部32）．植物，動物，微生物，物質循環，水文など様々な分野の研究者が関わり，多様な研究が相乗的に発展している研究林もある（第1部28など）．

また研究林は広大な面積を管理しており（最大は北海道大学の約7万ha），流域スケールでの物質循環，森と川のつながり，大型野生動物など，大きな空間スケールの事象も研究できる．例えば，京都大学芦生（あしう）研究林では，集水域全体を囲う大規模防鹿柵が設置され，シカの過採食が植物多様性だけでなく，物質循環や水質，水生昆虫にまで影響を与えていることが明らかになった．北海道大学の研究林では，森林伐採や植林が集水域の水・炭素・窒素循環に与える影響が明らかにされた．

こうした時空間スケールの大きな研究や多様な研究が展開できるのは，宿泊・実験施設や観測設備があることが大きい（例えば透過型電子顕微鏡（筑波大学菅平高原実験所），林冠観測ゴンドラ（北海道大学苫小牧研究林），炭素循環・フェノロジー観測用林冠タワー（岐阜大学高山試験地））．常駐の教職員が施設や林道の維持，研究面のサポート，長期モニタリングを行っている．さらに教職員は学生への野外調査ノウハウの提供，安全管理，メンタルケアなども担い，次世代研究者の育成に寄与している．また研究者の交流会など，共同研究の促進を図っている研究林もある．さらに地域づくりや社会教育などで地域との協働が進み，それ自体が人文社会学系の研究対象となっている研究林もある（例えば京都大学芦生研究林）．

研究林の課題と展望

研究林は組織的に維持・管理されているとはいえ，決して安泰とはいえない．京都大学芦生研究林，京都府立大学の一部の演習林，琉球大学与那フィールド演習林などは借地となっており，大学の方針や地権者の意向に左右されやすい．多くの研究林は，予算・人員削減に直面しており，長期観測の継続だけでなく，宿泊・研究・実験施設の維持も難しくなってきている．また教職員の異動によって研究林の方向性が転換されることもある．

脱炭素・生物多様性保全が喫緊の課題となるなか，長期データの提供，研究の発展，若手研究者の育成に関し，研究林の役割はますます重要になるであろう．全国大学演習林協議会，日本長期生態学研究ネットワーク，Phenological Eyes Network，JapanFlux，環境省モニタリングサイト1000，生物多様性観測ネットワークなどを通じた国内外の連携，データ公開，研究成果の発信と政策への活用，企業なども含めた様々な主体との連携や超学際研究などが進められてきている．

〔石原正恵〕

① 国の登録有形文化財に登録されている北海道大学和歌山研究林の庁舎（1927年築）（北海道大学和歌山研究林）

9 北海道のカシワ海岸林
—種間交雑がもたらした進化の舞台

カシワは，ブナ科コナラ属の落葉広葉樹で，冷温帯から暖温帯にかけて分布する[1]．日本では，北海道から九州まで広く生育するが，カシワが優占する森林は限られた環境に立地している．例えば，火入れをしている半自然草原や，土壌が貧栄養な火山灰地や蛇紋岩地，そして強い潮風にさらされる海岸である．カシワは，東北地方から北海道の海岸の砂丘や段丘に成立する森林の重要な構成種である．これらの海岸林は，強風や塩分により梢端の芽が枯死し，枝の根元から萌芽を繰り返して株立し，伸長成長が抑えられるため，汀線から内陸に向けて次第に樹高が高くなる風衝林形を呈する（①）．

カシワとミズナラからなる帯状構造

カシワは，このような海岸林の最前部に生育している．北海道の石狩地域に成立する海岸林は，内陸に向かうにつれ，カシワの純林から，ミズナラ，イタヤカエデ，ハリギリなどが混成した広葉樹林へと変わる帯状構造を示す．カシワとミズナラの生育帯の境界付近では両種の雑種がみられ，交雑帯が形成される．コナラ属の種は交雑しやすく，開花期が重なると交配し，繁殖能力のある雑種第１世代ができる．石狩地域では，カシワはミズナラより遅く咲くが，開花期がわずかに重複するため，まれに種間交配する．雑種第１世代は親種より成長がよいが（雑種強勢），第２世代以降は生存・繁殖能力が低下すると考えられる（雑種崩壊）．このような仕組みによって交雑帯が維持されている．

カシワ北限以北のカシワ・ミズナラ雑種の林

カシワの分布の地理的な北限は北海道北部にある．その北限より北に位置する海岸林の前縁には，カシワは生育せず，カシワから遺伝子を受け取ったミズナラ，すなわち雑種が生育することがわかった[2]．この雑種は，ミズナラのように枝が無毛だが，カシワのように，枝の基部に腋芽が多く，葉が厚くて裏面に星状毛が多く，果実の殻斗の鱗片が長い（②）．これらの形質におけるカシワに似た表現型は，ミズナラのゲノムに浸透したカシワの遺伝子がもたらしていると考えられる．

高緯度地域では，春が遅いためミズナラの開花が遅れて両種の開花期が重複しやすく，雑種ができやすい[3]．北海道北部の寒冷な気候条件はカシワの生育に適さず，海岸の厳しい環境条件はミズナラの生育に適さないため，カシワ北限以北の海岸では親種よりも雑種が相対的に生き残りやすい．そのような自然選択を受けながら雑種が世代を重ねるうちに，ミズナラのゲノムにカシワの遺伝子が浸透してきたと考えられる[2]．

強風や塩分などのストレスが高い海岸に生育できる植物種は限られている．海岸に生育できるカシワとの種間交雑は，内陸に生育するミズナラの海岸環境への適応進化をもたらしたといえる．〔永光輝義・清水　一〕

① 北海道稚内市の海岸林の風衝林形（永光輝義）

② 北海道の内陸のミズナラ（左）と海岸のカシワ（右）および北海道北部海岸に分布するそれらの雑種（中）の形態（永光輝義）

【文献】

1) 生方（2009）カシワ（日本樹木誌 1. 日本樹木誌編集委員会編，日本林業調査会），195-213
2) 永光（2020）北海道の林木育種 62：31-35
3) 清水（1995）光珠内季報 99：16-19

10 野幌の森
―北の大都市の近郊に残る原始の森

野幌(のっぽろ)の森は，北海道の札幌中心部から 15 km 程度の近郊に位置し，樹木 110 種，草本類 400 種以上，野鳥類 140 種以上，昆虫 1300 種以上，きのこ類 200 種以上がみられ，エゾリス，ユキウサギなどの動物類も生息している．この森は，現在は北海道立自然公園野幌森林公園の一部となっている．この公園は，1968 年に北海道百年を記念して指定され，面積 2053 ha で，札幌市・江別市・北広島市にまたがる野幌丘陵に広がる原始の北海道の面影が残る地域とされている．札幌という大都市近郊ながら，まとまった面積の平地林であり，公園面積の約 8 割が国有林で，昭和の森自然休養林や鳥獣保護区となっている．

① 大径木が残る天然林（渋谷正人）

② クリの記念樹（森の巨人たち百選）（北海道森林管理局）
胸高直径 145 cm，樹高 18 m，推定樹齢 500 年．

丘陵の高所に位置し，環境保全上あるいは多面的機能上重要であるため，明治初期の 1873 年に官林に指定され，1890 年に御料林となり，さらに 1908 年に国有林となっている．また 1921 年に国の天然記念物に，1952 年に特別天然記念物に指定された．その後大部分の指定が解除されたが，現在も森林公園外の 40 ha が特別天然記念物として残っている．林相は約 6 割が天然林で，それ以外が人工林や草地・川・池などとなっている．1908 年には林業振興を目的に野幌林業試験場が設置され，外国種を含む様々な樹種の植栽試験が行われた．また第二次世界大戦後一部が農地として開墾され，草地化している．

森林の現況

森林帯上の位置づけとしては，冷温帯から亜寒帯への移行帯に位置し，天然林は，常緑性針葉樹と落葉性広葉樹が混生する針広混交林が主である．天然記念物指定当時は，石狩平野に残された唯一の広大な原生林であり，トドマツが最優占種であり，純林状の林分もみられたが，その後トドマツの衰退が進んでいる．現在の主な樹種はトドマツ，エゾマツ，イタヤカエデ，シナノキ，ミズナラ，ハルニレ，ヤチダモなどである．人工林はトドマツ，カラマツ，アカエゾマツが主である．地形などにより針葉樹林，広葉樹林，針広混交林の様々な林相の林分が分布している．良好な林相が残る天然林としては，ヤチダモ–ハルニレ–シナノキ林，エゾマツ–広葉樹林，トドマツ林，ヤチダモ–ハンノキ林，トドマツ–広葉樹林などがあげられる[1]．

大きな立木は直径 1 m 以上，樹高 25～30 m 以上にもなっており（①），カツラやクリの巨木（②）もみられる．さらに高木類ではコナラ，クリ，エゾエノキの分布北限に近く，植物分布上も重要な地域となっている．

森林公園の利用

17 本の遊歩道があり，ビジターセンターや博物館などの展示施設も整備されていて，自然観察会やガイドツアーが行われている．そのため年間 30 万人以上の利用者がある．また自然・環境保護活動が活発で，森林管理側と民間団体間に軋轢が生じることもある[2]．一方で，2004 年に生じた風倒被害跡の森林再生は市民との協働で進められている[1]．野幌の森は，都市近郊に残された原生的な森林を，一般市民と協議・協力しながら，環境保全を図り，如何に維持・管理するのが適当なのかを考えることができる重要な場所であるといえる．〔渋谷正人〕

【文献】
1) 北海道森林管理局（2020）平成 31 年度野幌自然環境モニタリング調査等業務報告書
2) 奥谷（2004）札幌学院大学人文学紀要 75：27-60

11 北限のブナ林

—樹木が分布を広げる最前線の様子

北限のブナ林の謎

日本の冷温帯森林を代表するブナの天然分布の北限は，北海道渡島(おしま)半島の黒松内低地帯とその周辺である．このことは明治時代から植物学者や林学者に知られていた．しかし同時に，どうしてブナの分布北限はクリやコナラ，ミズナラといった同じブナ科の落葉広葉樹の分布北限よりもずっと南の，黒松内低地帯付近にあるのか？　その合理的な理由は謎のままであった．

その謎に答えるべく，様々な学説が提唱されてきた．例えば，山火事や火山活動がブナの北進を妨げてきたという説，ブナの種子が広がる速度が遅いためという説，降水量や夏の気温など複数の気候条件を要因とする説，樹木種同士の種間競争の結果という説，などである[1]．

分布最前線のブナ林

ブナ属の花粉化石を調査した報告によれば，最終氷期以後，ブナは約5000年かけて渡島半島を北上し，約1000年前に黒松内低地帯に到達した[2]．同低地帯では，農家の裏山などにもブナが普通に生育している．その中でも象徴的なブナ林は，1928（昭和3）年に国の天然記念物に指定された歌才(うたさい)ブナ林である（①）．ここはブナを優占種として，ミズナラ，イタヤカエデ，シナノキ，ハリギリなどの巨木が立ち並ぶ原生林である．第二次世界大戦中には，資源不足解消のために伐採計画が持ち上がったが，地元住民や有識者らの反対によって伐採を免れた過去を持つ．

黒松内低地帯の北側には幌別岳(ほろべつだけ)（標高892 m）山系がそびえており，山中にはブナ林の存在が数か所知られている．これらのブナ林こそ，北限のブナ林の中でも最前線の個体群である（②）．このうち三之助沢ブナ林でブナの年輪を調べた結果，最高樹齢は200年程度であり，多くは樹齢80年前後のブナであることが指摘されている[3]．

近年，幌別山系から北に約10 km離れたニセコ山系で，150個体からなるブナの群落が発見された．遺伝学的な解析によれば，近隣のブナ林からの種子散布を起源とする新規個体群である可能性があるという[4]．北限のブナ林は，現在も増殖しながら少しずつ北方へと分布域を拡大しているのかもしれない．謎の答えは「ブナの広がる速度が遅いため」ということかもしれない

北限のブナと温暖化

地球温暖化により，ブナの生育に適した気候条件は将来，北海道の北部にまで拡大する可能性がある．しかしブナの分布移動速度は非常に遅いため温暖化のペースについて行けない可能性が高い．将来を見据えた生態系の保全管理指針などを策定するためには，今後も注意深く北限のブナ林のモニタリングを継続する必要がある．　〔松井哲哉〕

【文献】

1) Kitamura et al . (2023) Ecol Res 38: 724-739
2) 紀藤 (2008) ブナの分布の史的変遷（ブナ林再生の応用生態学．寺澤・小山編，文一総合出版）．163-186
3) Aiba et al. (2023) Ecol Res 38: 740-752
4) Kitamura and Nakanishi (2021) Plant Species Biol: 1-14

① 国の天然記念物である歌才ブナ林の林内（松井哲哉）

② 上空からみた新緑の三之助沢ブナ林（松井哲哉）

⑫ ガルトネル・ブナ林

―日本最古のブナ人工林

ガルトネル・ブナ林は，北海道の函館（はこだて）で貿易商を営んでいたプロシア（ドイツ）のR.ガルトネル（Gärtner）が，故郷の風景をしのび1869（明治2）年から1870（明治3）年にかけて，付近の山林にあった山引き苗を植栽した日本最古のブナ人工林である．日本では，ブナ人工林に関する研究事例が少なく，その成功例としても貴重な存在であり，1974年，林野庁が「植物群落保護林」に指定し保護・育成してきた．

位置と立地

函館市の隣，七飯町桜町，国道5号線沿い東側に位置している．扇状地上の平坦地（標高30 m）にあり，土壌は湿性褐色森林土（B_F型）に分類される[1)]．また，林内および周囲に生育している植物の種類組成から，ブナ林の本来の立地ではなく，植栽以前はハルニレの湿生林が発達していたと考えられ，やや湿性の立地を好むブナにとっては好ましい立地であったと考えられる[2)]．

林分の履歴および特徴

ガルトネル・ブナ林は，当初数ha規模であったが，現在はわずか0.38 haが残るのみである．作業履歴をみると[3, 4)]，1949年（林齢79〜80年）に間伐（0.2 ha）が行われた．林齢が増すに従い風倒木や幹の腐朽による折損が発生し，隣接する民家に被害が及ぶようになった．1991年（林齢121〜122年），民家に近い部分0.12 haで危険木伐採作業（皆伐）が行われ，その跡地に付近の山林からの山引き苗が植栽された（①）．結果，当初から残存する林分の面積は0.26 haとなり現在に至っている．

この森に入ってまず気づくのは，幹が通直で枝下高が高いことである（①）．洞爺丸台風時（1954年）に発生したブナ風倒木の樹幹解析の結果によれば，樹高成長は北海道のブナ天然林のそれを大きく上回っていた[3)]．当初，haあたり1万本程度植栽されたと推定されていることから，高密度ですくすくと育った結果ではと合点がいく．

また，その通直な幹にコケや地衣類がほとんどみられず，樹皮が灰色でつるつるしていることも印象的である．世界には12種類のブナ属の種が分布しているが，いずれの種も樹皮は地衣類が付着し独特の斑紋がみられるのが普通である[2)]．遺伝的な系統の違いとも考えられるが，マイクロサテライト遺伝子12座の分析では，渡島半島のブナ保護林（4集団）と比較して特に特徴はみられなかった[5)]．また，葉緑体DNAからも日本海側系統のハプロタイプAが検出され，最寄りの城岱の集団と同じタイプであった（北村未発表資料）．

現　状

既述したように，30年前から風倒木や幹の腐朽が目立つようになっており，林分として成熟期を過ぎ過熟期を迎えていると考えられる．2002年の残存部分での林分調査によれば，本数133本，材積176 m^3，平均胸高直径36（範囲12〜72）cm，平均樹高22（6〜35）mであった（入り口説明看板より）．林床では高さ1 m程のクマイザサが優占するが，植被率は高い部分でも50%程で植被を通して地表面を見ることができる．しかし，林床に稚樹はほとんどみられない．2010年の調査によれば[1)]，稚樹（樹高10 cm程）の密度は0.167本/m^2で，自然状態での更新は難しい状況であった．〔並川寛司〕

【文献】

1) 斎藤ほか（2011）北の国・森林づくり技術交流発表集2010：11-14
2) 福嶋（2005）いつまでも残しておきたい日本の森．リヨン社
3) 函館営林局・計画課（1985）北方林業 37：332-334
4) 石橋ほか（2018）北方林業 69：128-129
5) 北村ほか（2009）北海道の林木育種 52：16-18

① 歩道左側奥の小径木が目立つ部分が皆伐部分（並川寛司）
手前の径の大きいブナの幹は通直で，樹皮にコケや地衣類がほとんどみられない．

⑬ 青森ヒバの森

―三大美林の1つは択伐施業林

眺望山自然休養林の青森ヒバ純林

ヒノキアスナロは，ヒノキ科アスナロ属アスナロの変種であり，北東北ではヒバと呼ばれる．ヒバの分布範囲は北海道渡島半島以南から本州の北部で，生育環境は冷温帯の湿潤な低地から亜寒帯の高山地帯まで幅広い．しかし，分布面積が最も大きいヒバ林は，冷温帯の海抜 200～400 m 程度の標高域においてブナ・ミズナラに代表される落葉広葉樹と混交する林であり，青森県を中心とする東北地方北部にみられる．

青森のヒバは，秋田スギ，木曽ヒノキとともに日本の天然生三大美林を構成する樹種として知られる．高齢で大径・通直な幹を持つヒバが高密度で純林状に並び立つ，青森ヒバ美林の代表例は青森市内真部(うちまんべ)の眺望山(ちょうぼうざん)自然休養林にある．

大畑ヒバ施業実験林

ヒバがスギ・ヒノキと異なる点の1つに，ヒバ林が主に択伐施業によって管理され，天然更新によって天然生林を形成することがあげられる．この天然生林は上記の美林とは様相が異なるものの，ヒバの生態や特性をより具体的に表している．青森県むつ市大畑町にある大畑(おおはた)ヒバ施業実験林は，ヒバ択伐施業の理念を理解するのに適した場所である．

大畑施業実験林は 1931（昭和 6）年に設定され，設定当時の状態のまま人為を加えず維持されてきた非施業区と，森林の成長量を目安に伐採量を制限して約10 年ごとに択伐を繰り返してきた施業区とに分かれている．非施業区は，ヒバと落葉広葉樹（ブナ，ミズナラ，トチノキなど）の大径木が混交して林冠を形成しており，極相に近い様相を呈している（①）．林床には稚樹がほとんどみられず，林内は暗いが見通しはよい．一方，施業区では，択伐によって生じた林冠ギャップの下にヒバと落葉広葉樹の稚樹が天然更新している（②）．択伐施業は，抜き伐りによって林内の明るさが不均一になり，それに応じて更新する稚樹の樹種や数，および樹高や成長速度が場所により異なる．ヒバは，種子が実生として定着するのがスギ・ヒノキより容易で，稚樹の耐陰性も高い．このためヒバは，林冠ギャップ下で同所に定着した落葉広葉樹に被陰されてもその下で緩やかに成長するし，ギャップが閉じて落葉広葉樹が枯死するような暗い林床でも，樹高 50 cm 前後の稚樹として数十年生存できる．さらに，ヒバ稚樹は伏条（枝が接地発根すること）によって無性繁殖し，ラメット（同じ遺伝子を持つ複数の幹の集団）を形成することもある．このような稚樹の特性により，ヒバは択伐林の多様な光環境の下で更新稚樹の分布範囲を広げ，生育している．

ヒバ択伐施業の研究の意義

日本では，植栽されたスギ・ヒノキなどの単一樹種・同齢の人工林はありふれているが，ヒバのような針葉樹を主体にした異種・異齢の天然生の施業林は多くない．一方，世界の全森林面積の 9 割以上が天然生林であり，伐採後の資源回復はほとんど天然更新に委ねられている．過度な伐採など不適切な管理による森林劣化をいかに抑制するかは，世界的な森林研究テーマの 1 つである．大畑ヒバ択伐施業実験林は，天然更新を利用した森林管理手法の実証試験の場として，世界に通じる重要な意義を持っている．〔櫃間　岳〕

① 早春（広葉樹開葉前）の大畑施業実験林・非施業区（櫃間 岳）

② 異種・異齢構造の大畑施業実験林・施業区（櫃間 岳）

⑭ 野辺地防雪原林

―100年以上受け継がれた営林技術を今に伝える記念碑

災害から鉄道を守る鉄道林

1893年，地吹雪により線路上に出現する吹溜りを抑制することを目的に，鉄道林の造営が東北地方で始まった．その効果が認められ，その後，なだれ防止林や砂浜からの飛砂による吹溜り防止を期待した飛砂防止林，土砂崩壊防止林や落石防止林，変わり種として蒸気機関車の水源確保を目的とした水源かん養林など，様々な鉄道林が日本各地に整備され，最盛期の1969年には鉄道林の面積が全国で約1万7000 haとなるに至った．

日本で最初の鉄道林

本項で紹介する青森県の「野辺地（のへじ）防雪原林」（野辺地2号林）は，上述の1893年に水沢～小湊間に設置された38か所の鉄道林のうちの1つであり，国内に現存する鉄道林としては最も古いものとなる．野辺地付近は西側が平坦な原野で冬は線路上に雪の吹溜りが生じやすい．当初は板塀や土塁などで対応していたがその防雪効果は不完全で，しかも蒸気機関車の火の粉で板塀が焼損するなど維持管理に多大な経費を要していた．そのとき森林の防雪機能の利用を提案したのが，帝国大学の助教授だった本多静六である．日本鉄道（高崎線や東北本線などを建設した私鉄）の役員だった渋沢栄一はその意見を採用し，鉄道林の造成を強力に推進した．

野辺地2号林は，1.7 haの面積にスギ2万1190本，カラマツ1000本が植栽されたといわれている．これは，通常の吹雪防止林の植栽密度（3000～5000本/ha）を大きく上回り，植栽後5年程度で顕著な防雪機能を発揮するようになったと推察される．当初は，線路に平行に帯状に2分割された区画を交互に伐採・収穫する計画で，その伐期は収穫量よりも防災機能の確保が優先され，残存する残り半分の林分が防雪機能を果たす生育状況となっているかどうかが基準とされた．林分の生育に伴い板塀などの防雪設備は撤去され，以来約130年にわたり，野辺地2号林は東北本線（2010年から野辺地周辺は青い森鉄道に移管）を地吹雪から守り続けてきた．この防雪林は，自然資源を有効利用した貴重な土木遺産であることが評価され，2004年に土木学会により選奨土木遺産に選出されている（①）．

現在の野辺地防雪原林

この森林は今も野辺地駅のすぐ横にある．1893年に植栽を開始して以降拡大・伐採を繰り返した林分が，線路延長方向450 m×幅50 mのエリアに広がり，一部散策用の遊歩道が整備されている（②）．林内には排水用の浅い溝が何本か切られており，また，蒸気機関車からの火の粉による延焼を防ぐために設置されたとおぼしき深い溝も線路と平行に切られている．現在の林況は，平均直径40.2 cm，平均樹高21.3 m，立木密度は620本/haとなっており（2010年筆者測定），樹高はその直径から期待される値よりも低い水準といえる．排水を促す必要があったことからも，植栽された林木にとっては成長しづらい場所といえるだろう．また，大半の個体は，幹の地上14 m付近で枝が叢生し鳥の巣状を呈している．これはおそらく，線路への倒木によって運行に支障が出ることがないよう樹高を縮めるために幹を切断（高伐り）した名残と思われ，それも現在の樹高が低い一因かもしれない．だとすれば，それもまた鉄道林ならではの管理といえるだろう．

〔正木　隆・増井洋介〕

【文献】

1）上善（1982）日本国有鉄道の鉄道林
2）鉄道林研究会（2015）鉄道林―その歴史と管理技術

① 野辺地防雪原林の入口に立つ2つの記念碑（増井洋介）
左は鉄道記念物並びに選奨土木遺産の碑，右は本多静六の揮毫による碑である．

② 冬の林内の遊歩道（増井洋介）

⑮ 本州中部以北のブナ林

—日本の冷温帯を代表する森林

千葉県と沖縄県を除く北海道から鹿児島県まで全国45都道府県に分布するブナは，山地帯の天然林を代表する樹種である．中でもここで紹介する本州中部以北の日本海側では，海岸近くから標高2000 m近くの山岳地帯までブナが広く分布しており，地域を代表する森林といえる．その分布は天然林が広がる奥山にとどまらず，人家近くまで広がっている．

ここでは，本州中部以北にみられる多様な形態のブナ林を紹介する．

日本で最も有名なブナ林（白神山地）

日本で最も有名なブナ林といえば，青森県と秋田県の県境に位置する白神（しらかみ）山地ではないだろうか．

白神山地は，秋田県の北西部から青森県の南西部にまたがる約13万haの山岳地帯の総称で，うち人為的な影響が少ない1万6971 haが1993年にユネスコの世界自然遺産として登録されている．このうちの1万139 haは，広大なブナ林が広くみられるとして，核心地域に指定され，原則として人の立ち入りができない場所にある．核心地域のうち青森県側の登山道については入山することも不可能ではないが，秋田県側は入山できない．核心地域でみられるブナ林は，林分密度が300〜500本/haと比較的多く，胸高直径1 mを超える巨木はあまり多くない[1]．とはいえ，ブナの優占度は70%以上あり伐採の痕跡はみられない．このため，核心地域は原生的な環境とされるが，地すべりなどによる大規模な土砂移動や炭焼きなどの影響も示唆されており，人為的な攪乱は少ないといわれているものの，核心地域であっても攪乱は受けている．

こうしたことから，核心地域と同様のブナ林は，入山可能な緩衝地域や，世界遺産に指定されていない周辺区域でも十分に観察することが可能で，白神山地を訪れる利用者のほとんどは周辺の観察ルートを巡ることになる．核心地域と同様のブナ林が観察できるアクセスが容易な場所をあげるのであれば，青森県側では津軽峠周辺や奥赤石（おくあかいし）遺伝資源保存林（①），秋田県側では岳岱自然観察教育林などが有名である．

気候変動シナリオを用いたブナ林への影響予測研究では，2100年頃には白神山地の大部分がブナの分布適域から外れるという予測もあり，世界遺産地域を保護して次世代に伝えていくため，関係者の努力により，継続的なモニタリングが続けられている．

大径の著名ブナ林（森吉山ほか）

本州中部以北の各県，特に日本海側の多雪地域には

① 青森県白神山地奥赤石遺伝資源保存林（小山泰弘）

② 秋田県森吉山（小山泰弘）

③ 森林セラピー基地の１つに認定されている長野県木島平村カヤの平（小山泰弘）

④ 金目川のブナ原生林（渡辺隆一）

著名なブナ林がみられ，各県を代表する森林となっている．それぞれの県ごとに特徴的な森林があるため，すべてを紹介することは紙幅上難しいが，白神山地以外では，青森県の十和田湖，岩手県の栗駒高原，秋田県の森吉山（②），山形県の温見平，福島県の只見（第１部 24 参照），新潟県の苗場山（第１部 25 参照），長野県のカヤの平（③），富山県の立山，石川県と岐阜県にまたがる白山などがある．当然，これ以外にも良質のブナ林が多いが，ここで紹介したブナ林の多くは，先に紹介した白神山地と同様に，人手の影響は多少受けているものの，原生的な状態を残した森林として評価されている．それぞれのブナ林における詳細なデータは示さないが，林分密度は概ね 200～300 本/ha 程度で，胸高直径１m を超える大径木が点在するという点ではどこも共通している．その一方で，上層林冠を枝下高の高いブナが覆うことが多く，光環境に恵まれないため，林床の見通しがある程度利くことが多く，実際の相対照度と比べると明るい印象を受ける．こうしたことが影響して，青森県白神山地の十二湖，秋田県の十和田八幡平，山形県の温見平，新潟県の津南，長野県の鍋倉山，カヤの平（③），小谷村などは，森林浴に適した森林と位置づけられる森林セラピー基地に認定されており，人々にとっても評価の高い森林といえる．

金目川のブナ林（数少ない原生林）

では，人手が入っていないブナ林とはどのような森林であろうか．これまでに紹介したブナ林は現状で人為的な影響をほとんど受けていないと考えられることから原生林と呼ばれることが多い．しかし，文書がある程度残る江戸時代の記録をたどるだけでも白神山地の周辺で鉱山開発が行われていたことや，津南町の奥にある秋山郷では温泉利用が盛んであったなど，かなり古い時代から奥山まで人が入り込んできたことは明らかである．その意味で，本当に人が入っていないといえる場所は少ないが，ここで紹介する金目川のブナ林（④）は，山形県西部の小国町にあり，祝瓶山（標高 1417 m）の西麓標高 500～800 m に位置する．ブナ林の下部に大きな魚止めの滝があり，林道も整備されていないことから，伐採できなかったと考えられている．

この場所を訪れると，これまでのブナ林とは異なり，中小径木から巨木までが点在し，大径木の直下を除けば見通しが利かず，歩くのも困難である．金目川のブナ林は，最大径が 110 cm ではあるが，胸高直径 10 cm 以上の立木密度が 113 本/ha と少なく，巨木が点在する状況となっている[2]．とはいえ，ブナの大木には明らかに人が傷をつけた「水」の文字が残るなど，伐採痕跡はないとしても多少人の往来があったことはわかっている．このようなことから考えると，人跡未踏のブナ原生林というのは日本には存在しないと思われる．

美人林（新潟県十日町市松之山）

ウェブでブナ林と検索して，白神山地とともに上位でヒットするブナ林が新潟県十日町市にある「美人林（⑤）」である．この林は，伐採後に再生したブナ二次林で，家庭用の燃料として使用するための間伐利用が

⑤ 新潟県十日町市松之山の美人林（小山泰弘）

行われた後，不良木や下層木を伐採したことで，1980年代後半には直径が揃った枝下高の高いブナ林となったものである．100年生とされる美人林のブナ林は，上層樹高20 m，平均直径20 cm程度のブナが1000本/ha程度成立している[3]．成立個体をみると単木の林冠は小さく，枝下高が高いため，林分としては過密であるが，その結果，林床まで光が届かず，林床植生が欠落して見通しがよい森林となっている．

年間を通じて多くの観光客が訪れ，踏圧による樹勢の衰退が危惧されたことから，ウッドチップによるマルチングも行われているが，この影響で土壌動物の多様性が低下している[4]との課題も指摘されている．

海岸近くのブナ林（新潟県弥彦山）

山地帯を代表する樹種というイメージが多いブナであるが，新潟県中部の海岸沿いにある標高634 mの弥彦山（やひこやま）には，山頂付近だけでなく山麓部にもブナがみられる．弥彦山の南に位置する国上山（くにがみやま）の中腹，標高180 m付近には，アカガシやヤブツバキなどと混生する2 haのブナ林（⑥）がみられる．ここは，暖温帯の常緑樹と混生するブナ林として新潟県の天然記念物に指定されている．

ブナは冷温帯の代表樹種で，吉良竜夫が示した温量指数では45～85の範囲に成立するとされるが，多雪地域では105まで拡大することが確かめられており，多雪地帯を抱える本州中部では，海岸近くの暖温帯地域までブナが拡大して分布しているため，本来は確認できない海岸近くにブナが残されている．

しかし，暖温帯域のブナを調べてみると，クワカミキリによる食害を受けている個体が多いことに気づく．温量指数85を超える地域までブナが分布する長野県栄村で調査を行ったところ，温量指数85を超えた地域でのみクワカミキリの被害が確認[5]されており，ブナの分布域を制限している要因の1つにクワカミキリの存在があるのかもしれない．

人為利用のブナ「あがりこ」

「あがりこ」とは，地上2～3 mで主幹を失い，その部分で幹がこぶ状となって肥大化し，そこから多数の枝が上方に向かって発生した樹形を指す．

こうした樹形は，積雪期に雪上で立木を伐採したことによる人為的な樹形[6]とされる．有名な「あがりこ」といえば，秋田県にかほ市にある「あがりこ大王」と呼ばれる巨木が有名で，ほかにも福島県只見（第1部

⑥ 国上山新潟県分水町（小山泰弘）

⑦ 長野県小谷村のあがりこ（小山泰弘）

⑧ 森宮野原駅前のブナ林（小山泰弘）

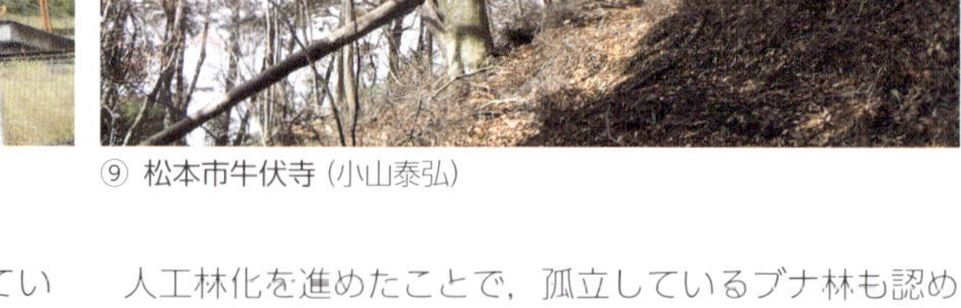
⑨ 松本市牛伏寺（小山泰弘）

24 参照）などで多くの個体群の存在が確認されている．あがりこの分布は，東北地方にとどまらず長野県小谷村（⑦）など本州中部以北に点在し，その多くが奥地の集落周りにあることから，集落周辺の燃料材を有効活用する手段だったと考えられる．

村の中心にもブナがある（長野県栄村）

ここまで紹介してきたように，本州中部のブナは奥山に特有な樹種ではなく，海岸沿いを含めた広い範囲でごく当たり前に自生していた種である．

しかし萌芽力の弱さから伐採圧が高かった地域では一気に衰退し，奥山に追いやられてしまった樹種でもある．

とはいえ，この地域でブナをみていると，わざわざ奥山に行かなくても，集落周辺でブナをみることはごく当たり前の光景となる．原生的な環境でみられるブナではなく，二次林として成立しているブナの多くは，人家に近いところにも普通に成立しており，ブナを観察するだけであれば，鉄道の駅を降りれば，目の前の林で普通に観察することが可能である．

その一例としてここで紹介するのは，長野県の最北部にある栄（さかえ）村の中心に位置する森宮野原（もりみやのはら）駅前のブナ林（⑧）である．このブナは薪炭利用を繰り返したとみられる二次林で，35 年生時には 2000 本/ha が成立していた．

ちなみに，列車の手前にある標柱は，1945（昭和 20）年 2 月 12 日に 7.85 m という積雪を観測し，当時の日本最高記録とされたものである．気象庁の観測ではもっと多いものもあるが，人の居住している場所での記録として考えると，現在もなお日本最高記録といえそうである．

孤立したブナ林（長野県牛伏寺）

本州中部以北のブナ林の中には，伐採に伴う影響や人工林化を進めたことで，孤立しているブナ林も認められる．

広域でブナが分布している地域では，孤立ブナ林がみられたとしても，花粉が風で散布されるために，遺伝的多様性が担保されていることが多いが，長野県の内陸部ではブナ個体群が少なく，点在していることが多い．ここで紹介する牛伏寺（ごふくじ）のブナ（⑨）は，長野県のほぼ中央に位置する松本市街地から南東の里山にあり，ブナ林の面積は 1 ha と小さい．全数調査の結果，樹高 1.2 m 以上のブナは 87 株 106 幹にとどまり，周囲 5 km 圏内にブナが全く存在しない孤立群である．林分の遺伝的多様性は大面積集団で生育しているブナ林より明らかに低下していた．この林分で種子を採取し，発生した実生の遺伝子を調べた[7]ところ，全体の 96% が特定個体の遺伝子を保有しており，種子にせよ花粉にせよ特定個体のみが優占し始めており，子世代の遺伝的多様性が大きく低下すると考えられ，絶滅が危惧される群落となっていた．

同様の傾向は，長野県内の孤立した小面積のブナ林のうち，社寺林など集落周辺に長期間にわたって残されたブナ林で共通の傾向がみられ，孤立ブナ林の保全に課題が残されている．

本州中部以北のブナ林は，面積も広く，様々な形態を有する林分が存在していることから，本項で紹介したブナ林以外にも興味深いところは多い．〔小山泰弘〕

【文献】

1）中静ほか（2003）東北森林科学会誌 8：67–74
2）渡辺（1988）東北の自然 43：2–4
3）武田（1999）新潟県森林研究所研報 41：23–26
4）澤畠ほか（2005）ランドスケープ研究 71：929–934
5）小山ほか（2004）信大教志賀研究業績 41：15–19
6）鈴木（2019）あがりこの生態誌．日本林業調査会
7）Inanaga et al.（2016）Tree Genet Genomes 12：69

16 秋田スギの天然林

—過去の人々の関与とともに

秋田スギは，木曽ヒノキ，青森ヒバとともに日本三大美林の１つとして全国に知られてきた．秋田スギの天然林は，江戸時代の伐採とその後の更新により半人工的に成立したもので，人間の関わり方によって，スギの純林と広葉樹が混交する林の大きく２つのタイプに分かれる．天然スギは古くから人々に利用され，地元の経済をうるおし木の文化を形成してきたが，現在，その資源の枯渇のために，天然スギと人との関係性は転機を迎えている．

秋田スギの「天然」とは

スギは本州から九州にかけて盛んに植林されてきたため，スギ林本来の姿を窺い知ることは案外，難しい．現在，秋田県には，最終氷期（約２万年前）に男鹿半島がスギの逃避地となっていたことを反映して，スギの天然林が全国で最も広く分布している．また，天然スギの保護林も秋田県内だけで７か所ある．

秋田になぜスギの天然林が広がり，そして今も残っているのか．これを考えるには，天然スギの定義から始めなくてはならない．実は，秋田で天然スギというときの「天然」は字句通りの意味ではなく，植栽年代が不明という意味である．樹齢 150 年を超えるスギを便宜上，天然スギとみなすこともある．なお林業関係者の間では，天然スギといわずに「天スギ」と呼ぶことも多い．

秋田の天然スギ林の２つの姿

能代市二ツ井にある仁鮒水沢スギ希少個体群保護林（18.46 ha）は特に広く知られた天然スギ林で，1947 年の古きに学術参考林に設定されている．1982 年には，国際林業研究機関連合（IUFRO）の世界大会が京都で開催された際，900 km も離れたこの林が現地見学旅行コースの１つに設定された．当地の全国的な知名度の高さが窺い知れよう．林内には木道が整備され，樹高 40〜55 m，平均直径 85 cm，推定樹齢は平均 280 年という，人工林とはスケールの全く異なる立派なスギが群生し，昼なお暗い姿に圧倒される（①）．このような純林状の天然スギ林は，矢立峠（大館市），小掛山（能代市），房住山（三種町），上大内沢（上小阿仁村），男鹿山（男鹿市），仁別国民の森（秋田市）などでみられる．

同じく能代市二ツ井にある七座山では，仁鮒水沢とは対照的に，スギは多様な広葉樹と混生する．この林は，国道７号線の道の駅ふたついから，巨大な十坪木の展示とともに展望でき，仁鮒水沢を凌ぐほどの樹高のスギが，広葉樹の樹冠から頭１つ抜け出ている姿がはっきりとわかる（②）．現地に入ると，山体崩壊の跡を思わせる巨岩が散在し，岩の上に直径１m を超えるスギが根を張っている．その多くは太い下枝から樹冠が形成され，林業的には「暴れ木」といわれる樹形だが，単木としては仁鮒水沢よりも力強さを感じさせる．この林のようにスギが広葉樹の林冠木と混生する混交林タイプの天然スギ林はこのほかに，岩手県境の仙岩峠や白神山地の太良峡，太平山北麓の萩形など，急峻な地形に分布することが多い．

異なる成立要因—人の関与と自然攪乱

秋田の天然スギは，古くから伐採・利用されていたことがわかっている．16 世紀末，秋田スギの品質にいち早く注目したのは豊臣秀吉で，軍艦の建造や伏見城築城を目的として秋田スギが送られたという記録が

① 仁鮒水沢スギ希少個体群保護林の美林（星崎和彦）

② 道の駅ふたつい付近から望む七座山（星崎和彦）

残っている．江戸時代，秋田藩は二ツ井周辺のスギ林のうち七座山を含むいくつかを「御直山」と呼ぶ直轄領とし，普段は禁伐としつつも，江戸幕府の緊急の要請に応じて木材を提供していた．七座山の天然スギ林は標高 25～250 m という低地にあり，米代川のすぐ脇に位置し川を利用して短期間のうちに丸太の搬出までが可能という地の利もあっただろう．こうして秋田の天スギは，藩の経済にとって重要な位置を占めるようになり，米代川流域ではかなりの量の天スギが伐採されていた．流域最奥部に位置する桃洞・佐渡スギ林（北秋田市）は標高 900 m 超の高地にスギとブナが混交する林だが，ここにも多数の伐根があり，人によるスギの利用が奥山にまで及んでいたことをうかがわせる[1]．

陽樹的性質の強いスギにとって，腐った伐根上は実生が定着・成長する機会を提供する[2]．実際，仁鮒水沢の天然スギ林にも，伐根の上で更新・成長した履歴を想像させる根張りを持つスギがいくつもある（③左）．一方で，江戸時代には，秋田藩の森林資源が枯渇した時期があり，藩は留山制度を公布してスギの伐採を禁じ，同時に植栽や天然更新した稚幼樹の保育といった管理も行われた．こうした作業が，秋田における純林状の天然スギ林の成立に大きく貢献したと考えられている．

これに対して混交林タイプの天然スギ林では，林床の破壊を伴う大規模な攪乱がスギだけではなく多様な広葉樹の稚幼樹の定着・更新を促進したのだろう．このような混交林タイプの方が，スギ林本来の姿により近いのではないかと思われる．ただし，上述したように，混交林タイプの天然スギ林が原生林というわけではない．

木都と木の文化の栄枯盛衰

長い間をかけ，米代川下流には流域内で伐採された天スギの丸太が集まるようになった．二ツ井で筏に組まれた丸太（③右）が能代から海運を通じて全国各地に届けられたことで，秋田スギの名声が全国に知れわたることとなったのである．

こうした秋田スギ，とりわけ天スギの利用は，昭和の拡大造林期まで続いた．大きな木材市場があった能代は「木都」と称され，天スギは銘木として能代・大館地方の経済を潤したとともに[3]，桶樽や曲げわっぱなど伝統工芸品に加工され，この地方に木の文化が醸成された．また，秋田市の仁別国民の森には，全国でもここと屋久島にしかない「森林博物館」が設けられた．この博物館では，秋田スギを中心とした展示を楽しむことができる．仁別は秋田市の中心街区から車で約 30 分で行ける場所で，春の山菜採り，秋のきのこ狩りと鍋遠足（秋田では「なべっこ」と呼ばれ，幼稚園から老人会まで，野外で鍋を囲む独特の習慣がある）まで，今も市民によるレクリエーション利用がある．

しかし，平成の時代には秋田の天スギの資源は枯渇し，2012 年に国有林から天然杉丸太の供給が停止され，今は往時の面影はない．秋田藩初期の家老渋江政光は「國の宝は山なり（中略）山の衰えは即ち國の衰えなり」という言葉を残しているが，秋田の天然スギをめぐる現状は，まさに渋江が残した言葉の通りである．

このように，秋田の天然スギ林は，実物を目の当たりにすれば感動すら覚える雄大な姿とともに，藩政時代から人々が使い，育ててきた歴史に思いを馳せることのできる，貴重な教材である．　〔星崎和彦〕

【文献】

1) 岩崎（1939）秋田県能代川上地方に於ける杉林の成立並更新に関する研究．興林会
2) 太田ほか（2015）日林誌 97：10-18
3) 南（2007）写真集 秋田杉と職人たち．南利夫（佐藤利夫）

③ 伐根上に更新後，抜根が腐った跡を想起させる天スギの根張り（左：星崎和彦）と，筏組みされて能代に集荷された秋田スギの丸太（右：南 利夫[3]）

⑰ スギの天然林
—日本を代表する樹木の本来の姿

スギの天然林は青森県鰺ヶ沢(あじがさわ)から鹿児島県屋久島(やくしま)まで分布している．過度の開発や伐採で天然林は減少を続け，現在では屋久島や日本海側の一部を除き，ほとんどの天然林が小面積で残っているにすぎない．日本海側に比較的多くの天然林が存在するが，太平洋側にも少数であるが天然林は分布している．スギは有用樹木であるために，ほとんどのスギ天然林は過去の択伐や何らかの人為の影響がみられ，いわゆる原生林は存在しない．スギ天然林は比較的，年降水量の多い地域に存在している．またこれらの天然林のほとんどは遺伝子保存林，特別母樹林，林木遺伝資源保存林などに指定され保護されている．

スギ天然林は遺伝的には日本海側北限系統，日本海側系統，太平洋側系統，屋久島系統の4系統に分かれている（①）．形態的には日本海側に分布するウラスギ，太平洋側に分布するオモテスギがある．これらは日本海側と太平洋側の冬季の気候の違いによる自然淘汰の結果と考えられている．今から2万年ほど前の最終氷期最寒冷期に逃避地があった西日本のスギ天然林が遺伝的多様性が高く，逃避地であった伊豆半島，若狭湾から隠岐の島，屋久島は特に高い傾向にある（②）．これらのスギ逃避地ではその地域にしか存在しない遺伝子を多く保有しているため，特に貴重性が高い森林であるといえる．

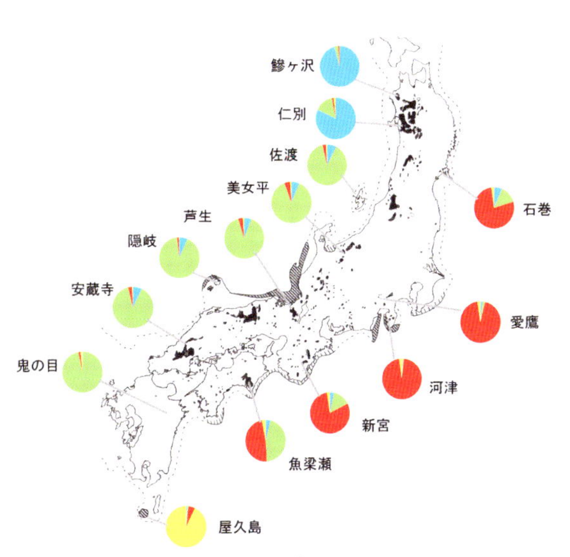

① スギの天然分布（黒塗り部分）[1]，最終氷期の海岸線とスギ逃避地（波線と斜線部分）[2]と4つの遺伝系統（パイチャート）[3]

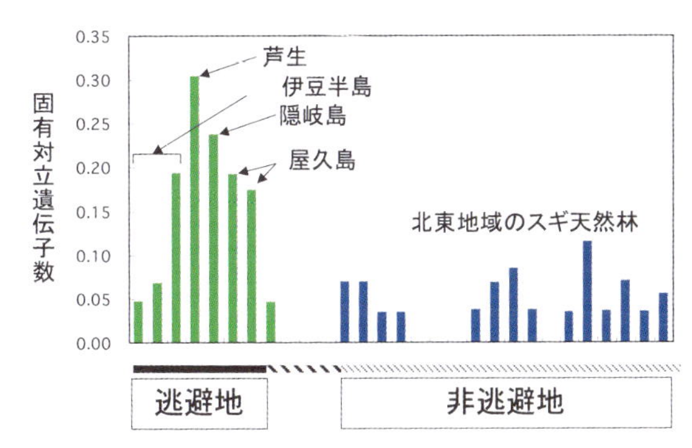

② スギ天然林の遺伝的多様性，最終氷期の逃避地であった森林（伊豆半島，芦生，隠岐島，屋久島）が，現在でも遺伝的多様性（固有対立遺伝子が多い）が高い[4]．

北限のスギ天然林

スギ天然林の北限は青森県鰺ヶ沢にある矢倉山(やぐらやま)スギ遺伝資源希少個体群保護林（8.48 ha）である（③）（17-1）．この天然林はヒバやブナなどの広葉樹と混生している森林である．林床に多くのヒバ実生が生育しているのが印象的な森林である．北限のスギ天然林は寒冷で成長が遅いためか，大きなスギ個体の数はあまり多くないようである．

日本海側のスギ天然林

日本海側には比較的多くのスギ天然林が残っている．これらはウラスギと呼ばれ，北は北限の鰺ヶ沢から南は九州宮崎県の鬼の目スギまで分布している．秋田県の仁別(にべつ)や仁鮒水沢(にぶなみずさわ)の天然スギは通直で樹高も高いスギが多い（第1部16参照）．また桃洞(とうどう)・佐渡(さど)スギは大面積のスギ天然林が保全されている（第1部16

③ 北限のスギ天然林（鰺ヶ沢）（津村義彦）

④ 山形県の山之内スギ（津村義彦）

参照）．新潟県の佐渡島の新潟大学佐渡演習林内に大王スギなどのスギ巨樹が保全されている（第1部36参照）．一方，形の悪いスギが多い天然林も多く，山形県の山之内スギは「幻想の森」と名づけられており，まるで魔女の森のようなあばれスギで一見の価値がある（④）（17-2）．また九州本土にはスギ天然林はないと考えられていたのが，宮崎大学の調査により鬼の目のスギが天然性であることが確認された[5]．鬼の目スギの針葉の形態はオモテスギとウラスギの中間的な形をしていたと報告されている．DNAを用いた遺伝学的調査では，鬼の目スギはウラスギ系統であることが確認されている[3]．

最終氷期にスギの逃避地の1つであった隠岐の島にもスギ天然林が存在している（第1部55参照）．ウラスギ系統の最終氷期の逃避地は若狭湾から隠岐の島にかけて大きな森林があったことが花粉分析などから明らかになっている[2]．隠岐の島には「自然回帰の森」に800個体ほどの大きなスギが保全されている（⑤）．

日本海側の多雪地帯では，スギの枝が積雪の重みで垂れて地面につき，そこから発根して立ち上がり更新（繁殖）を行うことがある．このことを伏条更新という．積雪深が深いほど，また若い個体が多いほど伏条更新が頻繁に起こることがわかっている[6]．日本で最も標高の高いところに位置する天然スギは北アルプス北部の猫又山の標高2050 mであり，16 × 16 mに生育する斜面上部から下部に向かって匍匐した53個体がすべて同じ遺伝子型であり伏条更新で繁殖したものと考えられる[7]．この地点の最大積雪深は約3 mなので，このような環境では伏条更新が優先される．

太平洋側のスギ天然林

太平洋側にはオモテスギが分布している．太平洋側北限は石巻あたりで「牧の崎スギ遺伝資源希少個体群保護林」として保護されている．ここのスギは大きな個体も存在するが，そのほとんどが樹形がいびつなあばれスギである（⑥）（17-3）．

伊豆半島周辺にも最終氷期に大きなスギ逃避地があったとされているが，現在では残っている天然林は少なく，東伊豆町のしらぬたの池周辺に大きなスギが残っている．また愛鷹山にも愛鷹山ブナ・スギ群落林木遺伝資源保存林として保護されている（17-4）．富士山の青木ヶ原の大室山の北西にも小規模なスギ天然林がありモミ，ツガや広葉樹と混交している（17-5）．ここは土壌が貧栄養のせいか大きな個体のスギはない．

紀伊半島にも多くの天然スギが残っているが，黒蔵谷森林生物遺伝資源保存林，大杉谷森林生態系保護地域などとして保全されている（17-6）．これらはスギ以外の樹種も含めた遺伝資源や生態系として保護されており，スギの個体数は他の天然林ほど多くはない．

⑤ 隠岐の島の自然回帰の森の天然スギ（津村義彦）

⑥ 牧の崎スギ保護林（津村義彦）

⑦ 魚梁瀬スギ天然林（津村義彦）

⑧ 縄文杉（左）と大王杉（右）（津村義彦）

四国にもいくつかスギ天然林はあるが，その中でも魚梁瀬（やなせ）スギ（⑦）は有名で，現在では千本山（せんぼんやま）にスギ巨木が数多く保全されている（17-7）．ここのスギは通直で樹高も高く，また個体密度は天然林としては異常に高い．

南限のスギ天然林

屋久（やく）島のスギ天然林（第1部69参照）は標高600m以上に分布しており，樹齢1000年以上の個体を屋久スギと呼び，1000年以下の個体を小スギと呼ぶ．屋久島は江戸時代の薩摩藩統治下から昭和までは多くのスギが伐採されてきた．屋久島に行くとスギ天然林の林内に多くの古い切り株が現在でも残っているのをみることができる．屋久島は九州最高峰の宮之浦岳（みやのうらだけ）（標高1936m）を持つ山岳島であり，山深いために貴重な森林が残ったともいえる．1993年にユネスコ世界自然遺産に指定されてから厳しく保護されている．しかし現在では訪問者が多く，過剰利用の問題などが起こっている．縄文杉に代表される多くのスギ巨樹がこの島には残っている（⑧）．これらは用材には向かないあばれスギだったために，伐採を免れて現在まで残っていると考えられる．また，屋久島のスギ天然林は遺伝的にも他のスギ天然林にはない特徴を持っている．それは天然分布の南限であるにもかかわらず遺伝的多様性が高いこと，本州のスギ天然林とは異なる遺伝子組成を持っていることである．これは九州本土にまとまったスギ天然林がほとんどないために，屋久島のスギ天然林は長い間，他の天然林から隔離されていた結果，独特の遺伝子組成を持った森林となったと考えられている．屋久島には多くのスギ天然林が残っているが，特に森として素晴らしいのは原生自然環境保全地域に隣接している花山広場（はなやまひろば）あたりのスギ天然林である（⑨）．

スギ天然林の保全

スギ天然林は小面積のところが多く，周囲にはスギ人工林も多い場所がある．これらの人工林から飛んでくる花粉で天然林が保有している遺伝的多様性や遺伝的地域性が攪乱される可能性がある[8]．そのため特に重要な最終氷期の逃避地であったスギ天然林は厳格に保全する必要がある．その方法として天然林の周囲の人工林は天然林由来の実生を使うとか，大きな個体は挿し木で生息域外保全を行うなどの対策が必要である．〔津村義彦〕

【文献】

1) 林（1960）日本産主要針葉樹の分類と分布．農林出版
2) Tsukada (1986) Quater Res 26: 135-152
3) Tsumura et al. (2014) G3 4: 2389-2402
4) Takahashi et al. (2005) J Plant Res 118: 83-90
5) 中尾ほか（1986）森林立地 28: 1-10
6) Kimura et al. (2013) For Ecol Manage 304: 10-19
7) 平ほか（1993）日林誌 78: 541-545
8) 津村・陶山（2015）地図でわかる樹木の種苗移動ガイドライン．文一総合出版

⑨ 花山広場のスギ天然林（津村義彦）

⑱ 本州多雪地帯の亜高山帯針葉樹林

—多雪環境下でのオオシラビソの苦闘

中部地方で 1600～2500 m，東北地方で 1100 m 以上の標高域では針葉樹が優勢になるところが多くみられ，亜高山帯と呼ばれる．亜高山帯針葉樹林は多くの樹種により構成され，中部地方で主要なものはモミ属のシラビソ，オオシラビソ，ツガ属のコメツガ，トウヒ属のトウヒであるが，太平洋側と日本海側とでは優占する樹種に違いがみられる[1]．コメツガとシラビソは雪の少ない太平洋側の山域で優勢で，日本海側へ移るにつれて劣勢になる．やがてシラビソとトウヒは出現しなくなり，コメツガは日本海側の山でも分布はするが岩尾根に限定されるようになる．それとは対照的にオオシラビソは多雪な日本海側へ移るにつれて優占度を増し，最後は圧倒的な優勢を誇る．オオシラビソが卓越する針葉樹林は東北地方でも広くみられる．樹種構成が単純化するのみでなく，針葉樹林の広がりも限定される場合がある．ここでは東北地方の八幡平と秋田駒ヶ岳，中部地方の立山のオオシラビソ林について紹介し，過酷な多雪環境の中でのオオシラビソの苦闘ぶりや植生変遷の歴史について解説する．

① 八幡平（杉田久志）
見わたす限り続くオオシラビソ林．

② 秋田駒ヶ岳（湯森山～笊森山）（杉田久志）
オオシラビソ林はわずかな広がりしかない．

八幡平と秋田駒ヶ岳のオオシラビソ林

東北地方脊梁の奥羽山脈の吾妻山，蔵王山，八幡平，八甲田山や北上山地の早池峰などにオオシラビソが卓越する亜高山帯針葉樹林がみられる．岩手・秋田県にまたがる八幡平はその代表的なものであり，オオシラビソ以外の針葉樹がほとんどみられず，ダケカンバが混交している．この山域では亜高山帯域の大部分がオオシラビソ林に被われ，見わたす限り続いているのは圧巻である（①）．林冠木の密度が比較的低く，隙間の多い疎生林で，林床ではチシマザサが密生している[2]．

一方，八幡平の南に位置する秋田駒ヶ岳から笊森山，乳頭山にかけての山域では，オオシラビソ林は亜高山帯域の一部を占めるにすぎず，チシマザサ原やハイマツ低木林，ナナカマド・ミネカエデ低木林，雪田草原などが広がっている[3]（②）．亜高山帯植生が針葉樹林ではなく低木林や草原が主体となるところは「偽高山帯」と呼ばれる．

立山のオオシラビソ林

立山は北アルプスの中でも最も日本海に近い位置にあり，八幡平に劣らず世界有数の多雪山地である．立山の亜高山帯針葉樹林でもオオシラビソが圧倒的に優勢である．樹高の高いオオシラビソ林は適度の傾斜のあるところにみられるが，亜高山帯域の一部を被うにすぎない．弥陀ヶ原一帯の火砕流や溶岩流が形成した緩斜面ではオオシラビソは樹高の低い疎林となり，周辺にはショウジョウスゲ・ヌマガヤ湿原やササ原，ハッコウダゴヨウ低木林などが広がっている（③）．

この一帯の積雪環境は最深積雪深 5 m，積雪期間 7 か月にも及ぶ[4]．積雪下では 0℃の温度条件が半年以上も続き，樹木のタネやメバエはその期間を通して菌

③ 立山弥陀ヶ原の疎林状のオオシラビソ林（杉田久志）
周囲は湿原，ササ原，低木林の明るい景観が広がる．

害にさらされて多くが死亡する[5]．樹木は小さい頃は雪に押し倒されて埋もれ，強大な雪圧により曲がり，枝もげ，折れ，裂け，根返りなどの雪害を受ける．雪から抜け出しつつあるオオシラビソを観察すると，アーチ状の姿勢で埋もれている（④）．この体勢は雪害リスクが非常に高いと考えられるが，オオシラビソは材の粘り強さを活かして雪圧をやり過ごして雪害を回避する戦略をとっているようだ．胸高直径 20 cm 程度の太さになるとオオシラビソは埋雪しなくなるが，根元部分で曲げられ，幹が大きく傾いた状態で冬を過ごす（⑤）．深雪の地で生きる樹木は大変な苦労を重ねて菌害や雪害の危険をすり抜けて育っていく．オオシラビソはこの過酷な環境に耐える能力が他の樹種より高いと考えられるが，どのような種特性，戦略によってそれを実現しているのか，詳細は明らかにされていない．

オオシラビソ林の植生変遷史

オオシラビソは現在多雪山地を中心に亜高山帯で最も繁栄している樹種の1つであるが，ずっと繁栄を続けてきたわけではない．約2万年前の最終氷期最寒冷期にはオオシラビソは針葉樹林の主役ではなく，約1万年前以降（後氷期）の温暖・多雪化にともなって勢力を伸ばす方向へ向かったと考えられている[6, 7]．しかしその分布域拡大には長い時間を要し，拡大開始年代や拡大過程は山域により異なった[6]．立山では拡大開始が早く，約7000年前以前からモミ属花粉が連続的に出現した[8]が，現在でも針葉樹林帯形成に至っていない．八幡平では，3000～2500年前からモミ属花粉が連続的に出現し，現在のように見わたす限りオオシラビソ林が続く状態になったのはわずか600年前とされている[9]．秋田駒ヶ岳の山域では拡大開始がさらに遅れたり，認められなかったりするので，まだ拡大の途上にあるとみられる[3, 9]．以上のように，多雪山地の亜高山帯植生の変遷では環境の変化に追いつけないでタイムラグが生じており，オオシラビソ林が早くから分布拡大してそのタイムラグが解消した山域といまだに解消できていない山域が分かれたと考えられる．

〔杉田久志〕

【文献】

1) 杉田（2002）亜高山帯林の背腹性とその成立機構（雪山の生態学―東北の山と森から．梶本ほか編，東海大学出版会）．74-88
2) Sugita et al.（2019）J For Res 24：178-186
3) 池田ほか（2016）植生史研究 24：3-17
4) 杉田ほか（2021）富山県森林研報 13：16-26
5) 程（1989）北大演研報 46：529-575
6) 守田（2000）植生史研究 9：3-20
7) 杉田（2002）偽高山帯の謎をさぐる―亜高山帯植生における背腹構造の成立史（雪山の生態学―東北の山と森から．梶本ほか編，東海大学出版会）．170-191
8) 吉井・藤井（1981）植物地理・分類研究 29：40-50
9) 守田（1985）日生態会誌 35：411-420

④ アーチ状態の姿勢で雪に埋もれていたオオシラビソ幼樹（立山弥陀ヶ原）（杉田久志）

⑤ 傾いて立っているオオシラビソ成木（立山弥陀ヶ原）（杉田久志）
積雪がなくなると幹は直立に戻る．

19 北上山地の多様な二次林

—人と環境と樹木の織りなす三角関係

過去の人の関わりが生んだ多様な森林

青森県南東部から宮城県に延びる北上(きたかみ)山地には，多様な二次林が広がっている．その多様さは，過去の人の関わり，つまり土地利用の歴史に大きく負っている．その仕組みを知ることは，二次林という存在の理解を助けてくれる．

北上山地は寒冷な気候のためスギやヒノキの造林適地が少なかったこともあり，広葉樹の多い二次林に広く覆われてきた．それらの二次林は，北上山地中北部では大きくシラカンバ林，ナラ林，ブナやウダイカンバなど多様な広葉樹の林に分けられる（①）．それぞれのタイプと立地を比較すると，標高や地形などの自然条件以上に，過去の植生あるいは土地利用と明瞭な結びつきを持っていることがわかる[1]．シラカンバ林は過去に草地であったところにほぼ限定される．多様な広葉樹の林はブナの混じる天然林の伐採跡に集中し，その多くは江戸時代に藩から伐採が禁じられていた地域であった．ナラ林は以前から二次林であったところが多く，近代には薪炭利用がなされていた．

草地では火入れや放牧という強度の土地利用が，薪炭林では短期で繰り返す伐採が，天然林では立木の枯死などの小規模な自然攪乱が，過去には卓越していたのであろう．攪乱の違いはその場所に更新する樹種を選択する力として働き，様々なタイプの二次林を成立させる．現在の北上山地の多様な二次林は，人の関わりの歴史の結果だといえる．しかし，自然環境も従属的な役割に止まっていたわけではない．なぜなら人の関わりは集落からの距離や地形，残雪の多さに左右される火入れのしやすさなどに制限されるため，土地利用の分布は自然条件に強く規定されているからである．

森林の未来を選択する

北上山地で二次林が形成される仕組みは，温量指数や積雪深などの気象条件だけでは現在の植生を説明できないことを示している．もちろん気象は分布を決める基本的な枠組みである．しかし二次的な植生が卓越する現在の森林景観の理解には，さらに立地環境と土地利用と植生という三角関係（②）を踏まえることが大事なのだ．もう１つ北上山地の二次林が我々に教えることがある．それは，二次林は，人の管理により大きく変わるということである．まだ多様な広葉樹種を残す二次林も，天然林からの過渡的な存在であり，木材利用のためにいたずらに伐採を繰り返せば，シラカンバやナラ類などの単純な林に移っていくだろう．しかし，この多様な広葉樹種を含む二次林は，地域の高木種の多様性を維持し，将来天然林を復元していく時の橋頭堡になる．その意味を重視して賢い管理をしていくことが大事だろう．〔大住克博〕

【文献】

1）大住ほか（2005）森の生態史—北上山地の景観とその成り立ち．古今書院．

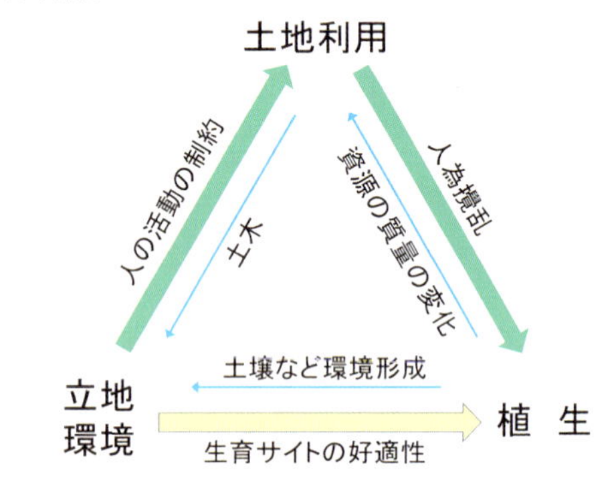

② 立地と人の土地利用と植生の関係
立地は植生に直接影響を及ぼすだけでなく，土地利用を経由して間接的にも影響する．

① 北上山地中北部でみられる３つのタイプの二次林（大住克博）
（左）シラカンバ型，（中）ナラ型，（右）ブナやウダイカンバなど多様な種を含む型．

20 南部赤松の林

―真っ直ぐ屹立したアカマツが天を衝く

北上山地に残る昔ながらのアカマツ林

北上山地には広く二次林が分布し，その構成樹種が標高によって変化する．標高 500 m より上はミズナラやシラカンバ，標高 500 m より下はアカマツが主体となる．それらは南部赤松と呼ばれ，岩手の県木である．通直な樹形は美しく，高齢になると風格が加わり，見るものを魅了する．本項では，南部赤松の高齢林の中から国有林の保護林や特別母樹林となっているものを北から順に 5 つ紹介する．文中の直径（胸高）と樹高の数値は林内のアカマツ優勢木を中心に 2022 年に計測し平均したものであり，林齢もその時点での値である．

横沢山甲地松（よこさわやまかっちまつ）（青森県）　この林は北上山地ではなく下北半島の根元の丘陵地にあるが，旧南部藩なのでれっきとした南部赤松である．林齢は 172 年生とされ，直径と樹高はそれぞれ 69 cm と 27 m である（①）．

侍浜松（さむらいはままつ）（岩手県）　JR 八戸線侍浜駅から約 1 km，徒歩 15 分の丘陵地にある．林齢は 165 年生．本項で紹介する中では最も太く立派なアカマツ林で，直径と樹高はそれぞれ 90 cm と 30 m である（②）．

北上山御堂松（きたかみやまみどうまつ）（岩手県）　本項で紹介する中では最も標高が高く（470 m），そして最も若い（林齢 113 年）．林床はササに覆われている（③）．樹高は 32 m と普通だが，相対的に若いためか直径は最も細い 50 cm である．混んではおらず，印象としてはむしろ疎林に近い．

松森山御堂松（まつもりやまみどうまつ）（岩手県）　岩手山麓の岩屑なだれ堆積物上に成立する（④）．東北自動車道西根 IC 付近を走ると，西の岩手山から吹き下ろす風で，林縁の幹が風下側に傾いている様子がよくわかる．林齢は 162 年．直径は 71 cm で横沢山甲地松と大差ないが，樹高は 36 m と高く，立地環境を考えると意外な感がある．

東山松（とうざんまつ）（岩手県）　本項で紹介する中で唯一早池峰より南にある．緩やかな丘陵地に成立し，林齢は約 170 年．直径は侍浜松に次いで太い 88 cm で，樹高は 34 m である（⑤）．コナラやクリなどの混交が進み，中にはアカマツに匹敵する太さの個体も現れてきている．

南部赤松の行く末

東山松に限らず，本項の高齢アカマツ林は広葉樹林に遷移しつつある．しかし，アカマツの寿命は潜在的に 300 年を超えるので，これらの南部赤松がすぐに消失することはないだろう．ただし，北上するマツ材線虫病の防除が不可欠である．〔正木　隆〕

【文献】

1）大住ほか編（2005）森の生態史―北上山地の景観とその成り立ち．古今書院

（上左）①横沢山甲地松，（上右）② 侍浜松，（中）③北上山御堂松，（下左）④松森山御堂松，（下右）⑤東山松（正木 隆）

21 遺存する針葉樹林

—地史を物語る痕跡の森

現在の亜高山帯や山地帯でみられる針葉樹林は，最終氷期にはより広範囲に分布していたものが，温暖化に伴う生育適地の上昇や北上に伴って遺存したものである．最終氷期以降，気候変動に伴う気温の上昇と降雪量の増加によって，オオシラビソのように分布を拡大させた樹種がある一方で，数多くの針葉樹樹種が各地域で消滅した．このような地史的プロセスの痕跡ともいえる2つの森林を紹介する．

早池峰山のアカエゾマツ林

主に北海道に分布するマツ科トウヒ属アカエゾマツが，本州でも蛇紋岩を母岩とする早池峰山（はやちねさん）（岩手県）の北向き斜面の狭い範囲にだけ遺存的に分布する．同樹種は，1948年アイオン台風の豪雨による大規模な土石流を回避した細長い森林（標高1100 m前後）を取り囲むように分布する[1]．ここでのアカエゾマツは，オオシラビソ，コメツガ，ヒノキアスナロ，ダケカンバなどと針広混交林を形成する．成熟林の下層では，アカエゾマツ稚樹はわずかで，ヒノキアスナロが多数みられる（①）．

花粉分析および植物遺体に基づくと，東北地方北部にはトウヒ属樹木が晩氷期まで広く分布していた[2]．しかし，約1万年前以降の温暖化と多雪化によってトウヒ属樹種はほとんど消滅した[2]．早池峰山に分布するアカエゾマツは，本州と北海道が陸続きであった氷期の東北地方で，アカエゾマツが低地にまで広く分布していたことを示す痕跡である．

紀伊半島と四国のトガサワラ林

山地帯で遺存的な分布を示す針葉樹には，マツ科トガサワラ属トガサワラがある．現在の分布は，四国東部の魚梁瀬（やなせ）地方と紀伊半島中南部のいずれも降水量が非常に多い山地帯に限定される．トガサワラは，モミやツガなどの中間温帯を代表する針葉樹とともに，土壌があまり発達しない尾根や急峻な斜面に生える（②）．奈良県吉野郡川上村には天然記念物「三之公川（さんのこうがわ）トガサワラ原始林」がある．三重県では大紀町から熊野市にかけて分布し，熊野市の大又国有林「トガサワラ植物群落保護林」では個体数が多い．四国では，高知県の西ノ川山（にしのかわやま），魚梁瀬，安田川山（やすだごうやま）にトガサワラ保護林がある．

トガサワラの隔離分布の地史的年代に関して，花粉分析での報告は少ないが，その特徴的な球果の化石が，各地から報告されている[3]．化石は産出年代の比較的古いものが多数を占め，最終間氷期より前の更新世中期まで遡れば，トガサワラ属は福島県から宮崎県まで広く分布していた．約1万年前の完新世以降の球果化石は極めて少ないものの，福島県と愛媛県から報告されている．現在の分布の形成時期は，地史的にはそれほど古くなさそうである．〔木佐貫博光〕

【文献】

1) 杉田（2004）森林科学 42：77–81
2) 安田・三好編（1998）図説 日本列島植生史．朝倉書店
3) 国立科学博物館日本産第四紀大型植物化石データベース．https://www.kahaku.go.jp/research/activities/project/hotspot_japan/Q-pmf/

① 早池峰山のアカエゾマツ混交林（木佐貫博光）

② 大杉谷のトガサワラ混交林（木佐貫博光）

解説2 気候変動と森林

—これまでとこれからの森林の変化を科学する

過去の気候変動が現在の樹木分布に与えた影響

日本の森林性植物の分布は，主に現在の気候や地質，地形といった非生物的要因と，人為的な要因を含む生物的要因によって規定されている．しかし，こうした現在の環境要因だけでは説明がつかないケースも少なくない．こうしたケースを説明する上で，過去の気候変動による影響を考慮することは，重要な鍵となる．

20 世紀末頃から，植物の分布と気候などの環境要因との関係をモデル化することで，分布規定要因を明らかにし，潜在的な生育適地（潜在生育域）を予測する研究が進められてきた．種分布モデルと呼ばれるこの統計モデルを，全球気候モデルから予測された過去の気候データに当てはめることにより，過去の植物分布を予測することが可能となる．過去の植物分布を予測することは，現在の分布様式がどのような分布変遷を辿って形成されたものなのかを考察する上で，重要な情報となる．以下に，具体的な研究事例を紹介する．

コメツガ（①）は，青森県から愛媛県にかけての亜高山帯を代表する常緑針葉樹である．現在は，本州以南にのみ分布するが，少なくとも新第三紀中新世（約 530 万年前）までは，北海道にも広く分布していたことが大型植物遺体の研究から明らかになっている．構築された種分布モデルにより，コメツガは冷涼で夏期降水量が多い地域に生育し，その中でも積雪が少ない太平洋側の地域が生育の好適地であることがわかった[1]．種分布モデルを用いて現在の気候における潜在生育域を予測した結果，気候的に好適にもかかわらず実際には分布しない「空白の生育地」が北海道に存在することが確認された．また，最終氷期（約 2 万 1000 年前）の気候下においては，北海道にコメツガの潜在生育域は出現しなかったものの，最終氷期の夏期降水量を現在と同程度まで増加させると，気温の低下量にかかわらず，北海道にコメツガの潜在生育域が出現することが示唆された．以上から，コメツガは，第四紀（約 258 万年前～現在）に繰り返された氷期において，降水量の減少に伴う乾燥によって北海道から消滅したと考えられる．その後，間氷期に入って好適な環境が再び形成されたものの，逃避地（青森県北部）との間に広がる津軽海峡や平野部によって北海道に戻ることができず，現在に至ったと考えられる．こうした例は，ヤエガワカンバ[2]（②）など，他の樹種でも確認されている．

近年では，種分布モデルと遺伝解析を組み合わせた研究も進んでおり[3, 4]，潜在生育域と遺伝的な多様性や構造に関する情報を統合的に評価することにより，植物の分布変遷をより精緻に推定するとともに，生物多様性を保全する上で重要な基盤情報を提供することが可能となっている．　〔津山幾太郎〕

① 南アルプスのコメツガ優占林（津山幾太郎）

② 北海道と本州中部に分断的に分布するヤエガワカンバ（設樂拓人）

地球温暖化に伴う森林変化と将来

IPCC（気候変動に関する政府間パネル）によると，地球の平均気温は過去 100 年間に約 0.7℃上昇している．地球温暖化は，気温上昇に加え，降水量の変化，極端気象現象の増加など，これまでとは異なる気候条件を引き起こしており，その流れは今後も続くと予測されている．このような気候条件や季節性の変化は，植物種を含む様々な生物群の分布や生物季節の変化を世界各地ですでに引き起こしている．日本国内においても，モニタリング調査データや過去の航空写真との比較などから，気候変動に起因すると考えられる植生帯や植物種の分布変化が報告されている．例えば，環境省モニタリングサイト 1000 のデータを解析した研究では，常緑広葉樹（暖温帯）と落葉広葉樹（冷温帯）との境界付近において常緑広葉樹が増加傾向にあることが示され，これまでの気候変動と人為影響が複合的に作用していると考えられる[5]．また，八甲田山におけるオオシラビソの分布では，標高 1300 m 以上ではオオシラビソの個体数が増加したのに対し，1000 m 以下の分布下限付近では個体数が減少傾向にあることが，過去（1967 年）と現在（2003 年）の航空写真の比較から解明されている[6]．一方で，海外における研究事例では，気候変動に伴う分布移動のパターンは一様ではなく，植生帯の移動はないが同植生帯内で優占種に変化が生じること，分布北限域での拡大は小さいが南限域で分布域が縮小することが報告されている．

前述の種分布モデルと将来気候シナリオを組み合わせることにより将来気候下における潜在生育域の予測を行うことができる．生物種を単位とした温暖化影響予測において，ローカルスケールからグローバルスケールまで，さらに陸域から海域に生育する様々な生物群を対象として幅広く用いられている．国内においても，本手法を用いた影響予測が行われている．種分布モデルを用いた事例として，八甲田山におけるオオシラビソの現在および将来の潜在生育域の変化を予測した研究がある．この研究では，現在のオオシラビソの分布情報と環境要因から種分布モデルを構築し，将来気候下におけるオオシラビソの逃避地が池や湿地の周辺に残存することを予測した[7]．このように種分布モデルの活用により，将来気候下では生育に適した条件から外れる脆弱性の高い場所，反対に将来も持続的な生育場所として保全上重要な場所を推定することできる．

地球温暖化は，今後最大限の努力を行い温室効果ガスを抑制しても完全に抑制することは難しいと予測されるため，温室効果ガスの排出削減のための緩和策と，不回避の影響に対する適応策の両方が大切となる．適応策とは，温暖化影響に対し社会の仕組みや環境を調整することで，その影響を防止もしくは低減する施策のことを指す．先に述べた分布予測モデルによる影響予測からは，生態系における適応策についても検討されている．亜寒帯の優占樹種であるコメツガとシラビソに対して温暖化影響予測と適応策を組み合わせた解析を行った結果からは，温暖化により両種ともに潜在生育域が大幅に縮小し，より極端な気候シナリオにおいて適応策を行う場所自体が限られると予測された[8]（③）．これらの結果は，温暖化の進行具合によってとりうる適応策の選択肢が限られ，温暖化影響を適応策のみでは回避できない可能性を示唆しており，温室効果ガスの排出削減の重要性を改めて示している．

〔中尾勝洋〕

【文献】

1) Tsuyama et al. (2014) J For Res 19: 154–165
2) Shitara et al. (2018) Plant Ecol 219: 1105–1115
3) Kimura et al. (2014) Ann Bot 114: 1687–1700
4) Worth et al. (2021) Diversity 13: 185
5) Suzuki et al. (2015) Glob Change Bio 21: 3436–3444
6) Shimazaki et al. (2011) Glob Change Bio 17:3431–3438
7) Shimazaki et al. (2012) Plant Ecology 213: 603–612
8) Tsuyama et al. (2015) Reg Envi Change 15: 393–404

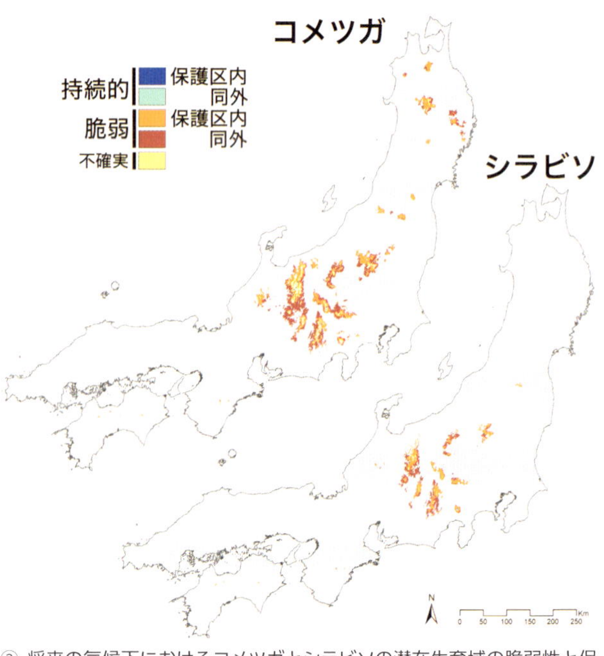

③ 将来の気候下におけるコメツガとシラビソの潜在生育域の脆弱性と保護区との関係性（文献 8 より作成）

22 冷温帯性落葉広葉樹の里山二次林

—定期的に若返ることで維持される森

里山二次林は，薪炭林や農用林などとして利用されることにより維持されてきた森林である．冷温帯から暖温帯域北部にかけては，定期的な人為攪乱により，萌芽能力の高いコナラやミズナラなどの落葉広葉樹が優占する二次林が成立する．しかし，現在はその多くが放置され，高齢化や遷移が進行している．さらに1990年代から続くブナ科樹木萎凋病（通称ナラ枯れ）も里山二次林を変容させる要因となっている．

〔伊東宏樹〕

山形県の落葉広葉樹林

東北地方の里山は，コナラやミズナラを主体とした落葉広葉樹林が多い．これらのナラ類が高木層に優占し，低木類やササ類が下層に繁茂する林分構造になっている．広葉樹は，暖房や煮炊き用の燃料の薪や炭として利用され，特にナラ類は火持ちがいい材料として好まれてきた[1]．このため，ナラ類以外の樹種は積極的に繰り返し強度に伐採され衰退していく一方で，伐根からの萌芽力が旺盛なナラ類が優占する林分が誕生した．しかし，戦後の燃料革命により，ナラ林からの燃料調達は漸減し，放置され大径化して現在を迎えた．そうした中で，ナラ枯れが発生し，ナラ類やシイ・カシ類の集団枯損被害が爆発的に増加していった（①）．

ナラ枯れは，媒介昆虫のカシノナガキクイムシ（以下カシナガ）が病原菌（*Raffaelea quercivora*，通称ナラ菌）を健全なブナ科樹木に持ち込み，樹幹内で繁殖して生立木が枯死する樹病被害である[2]．

カシナガは，ナラ菌が伸展するブナ科樹木の辺材部で繁殖することから，大径化したナラ類はカシナガの繁殖を助長したため，被害が激増した．

ナラ枯れ被害が著しかった山形県で枯死するブナ科樹木は，ミズナラ＞カシワ＞コナラ＞クリの順に枯れやすく，被害木は地下部を含めて枯死する．

被害発生後，5年を経過した被害程度の異なるミズナラ林，コナラ林の林分構造の調査をした．ミズナラ林は，激害の場合，高木層の回復は遅く，陽光が当たるようになった低木層が発達する．高木層ではホオノキが生育して枝を広げ，イタヤカエデやオオヤマザクラの植被率も多くなるが，依然として高木層は疎開したままで枯死したミズナラの樹幹が骸骨のように林立する異様な様態になる（②）．一方，コナラ林では，コナラの枯死で一時的に低木層が発達するが，残存するコナラが枝を広げることで林冠を覆い，被害前と変わらない様態に戻っていた[3]．同じ被害でも，構成樹種によって被害後の林分構造には大きな違いがある．

山形県では，ここ30年間の被害で多くのミズナラを失ったが，被害量が少なかったコナラ林が次回の被害でミズナラのような様態の森林にならないとは限らない．ミズナラの生育が少ない関東南部や中部太平洋側では，コナラがミズナラのような量的被害が多い状況になっているからである．

ナラ枯れ被害の根本にあるのは，薪炭林の放置にある．燃料として利用してきたナラ類は15～30年の短伐期で皆伐され，萌芽更新を繰り返すことが理想である．石油や電気に依存する現代にあって，いかにし

① ナラ枯れ被害の落葉広葉樹林（斉藤正一）

② ナラ枯れ被害5年後のミズナラ林（斉藤正一）

③ 福島県田村市のコナラ萌芽林（伊東宏樹）

④ 法政大学多摩校地の落葉広葉樹二次林（伊東宏樹）

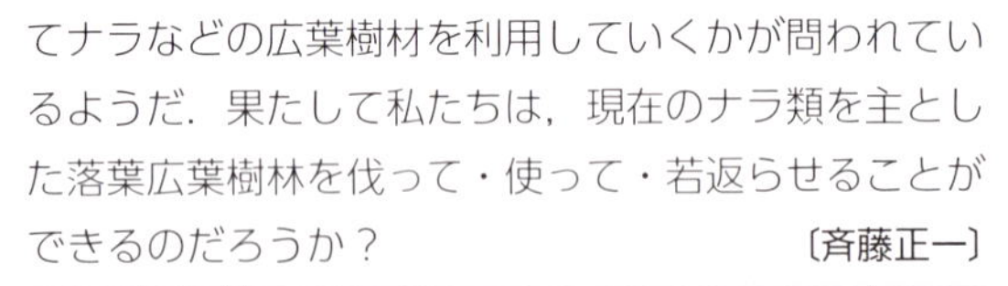

てナラなどの広葉樹材を利用していくかが問われているようだ．果たして私たちは，現在のナラ類を主とした落葉広葉樹林を伐って・使って・若返らせることができるのだろうか？〔斉藤正一〕

阿武隈山地のコナラ林

各地の里山二次林が放置される中，福島県の阿武隈山地周辺の地域では，シイタケ原木の生産のためのコナラ萌芽林が維持されてきた．シイタケ原木としての利用に向くのは比較的小径の幹であり，そのため，およそ20年程度で伐採して萌芽更新させるという循環型の施業が行われる．このようなサイクルが維持されている里山二次林は，この地域のほかには，栃木県の芳賀地区や，大阪・兵庫両府県にまたがる北摂地域など，全国でも少数となっている．循環的に利用されている里山二次林では，伐採時期の異なるパッチがモザイク状に組み合わさった景観となることで，生物多様性を高める効果も期待される[4]．

福島県田村市都路地区は，阿武隈山地の萌芽林施業の中心地といってもよい場所であり，コナラ萌芽林が広がっている（③）．シイタケ原木となるのはコナラであるが，クリやヤマザクラなど他の落葉広葉樹種も混交している．また，尾根などにはアカマツが優占する箇所もみられる．

2011年の東京電力福島第一原子力発電所事故により，阿武隈山地の里山二次林は大きな影響を受けた．事故により降下した放射性セシウムに汚染されたため，シイタケ原木として出荷することが不可能となったのである．それでも，将来の原木生産を可能とするためには伐採・萌芽更新のサイクルを止めるわけにはいかない．福島県の里山二次林を対象とした「里山・広葉樹林再生プロジェクト」が2021年から開始されるなど，将来，シイタケ原木林としての利用を再開するための努力が続けられている．〔伊東宏樹〕

多摩丘陵の里山二次林

東京都から神奈川県にかけての多摩丘陵には，落葉広葉樹を主体とする里山二次林が広がっている．谷戸の水田や湿地と合わさって里山の景観を構成していたが，現在は多くが放置されている．

法政大学多摩校地（東京都町田市・八王子市，神奈川県相模原市）では合計で46 haの森林が保存緑地林として残されており，多くが落葉広葉樹二次林である（④）．2008～2009年にこの保存緑地林の樹種構成や樹齢を調査した．この当時は，コナラが胸高断面積合計のおよそ半分を占め，イヌシデ，ミズキ，イヌザクラ，ホオノキなどが次いで優占度が高かった[5]．しかしコナラは稚樹がほとんどみられず，樹齢構成からも少なくとも1980年代以降は管理が行われていないと推測された[6]．そして，このまま放置が継続した場合には，常緑広葉樹のアラカシの優占度が高まることが予想された[5]．

さらに近年，この地域でもナラ枯れが発生している．コナラ上層木の枯死により，アラカシの優占度の増加が加速する可能性も考えられる．〔伊東宏樹〕

【文献】

1) 黒田編著（2008）ナラ枯れと里山の健康．全国林業改良普及協会
2) 伊藤ほか（1998）日林誌 80：170-175
3) 斉藤・柴田（2012）日林誌 94：223-228
4) 森林総合研究所（2009）里山に入る前に考えること．森林総合研究所関西支所
5) 伊東・佐藤（2010）関東森林研究 61：115-118
6) 伊東・佐藤（2011）関東森林研究 62：175-176

㉓ 青葉山の森

―照葉樹林でもブナ林でもない身近な自然林

宮城県仙台市の「青葉山(あおばやま)」は仙台駅の西 2.5 km に位置し，仙台市の中心市街地に隣接する標高 150 m ほどの丘陵地である．奥羽山脈の東側に広がる丘陵地帯の東端部分にあたり仙台平野に面している．北から東は丘陵を縁取って広瀬川が流れ，南は深さ 60 m にもなる竜ノ口(たつのくち)渓谷の絶壁で区切られる．青葉山の核心部分 49 ha は，東北大学学術資源研究公開センター植物園（東北大学植物園）が自然植物園として管理している．この地域の植生を代表する自然度の高いモミ - イヌブナ林が残されていることから，その主要部分は国の「天然記念物青葉山」に指定されている．

青葉山は，1602 年に丘陵地先端に築城された仙台城本丸に隣接し，政務の中心であった仙台城二の丸の後背地にあたる．城の防備や水源地として非常に重要であり，御裏林(おうらばやし)と呼ばれて仙台藩の保護と監視の下に置かれた．明治時代以降は旧陸軍，第二次世界大戦後は駐留軍用地として継続的に立ち入りが制限され，1958 年からは東北大学植物園として管理されている．戦中戦後を中心に限定的な薪炭利用があり，アカマツやコナラの林分，スギ植林などがみられるものの，全体的には 400 年以上にわたって人為改変が制限されてきた森林である．

中間温帯の代表的な林

日本列島の植生帯は，温度条件に基づいてシイ，タブ，カシ類を主体とする暖温帯常緑広葉樹林（照葉樹林）とブナに代表される冷温帯落葉広葉樹林に区分するのが一般的である．ところが東日本の太平洋側を中心に，両植生帯の移行部にまたがって両者とも優占しないゾーンが存在し，中間温帯林と呼ばれる．青葉山では，ブナ，ミズナラなど冷温帯性の樹種や暖温帯性の常緑広葉樹が出現するものの数は少なく，モミやイヌブナが優占する成熟した森がみられる．青葉山では，樹高 25 m に達するモミの高木が林立するさまが印象的で，その下にイヌブナ，コナラ，アカシデ，カスミザクラなど落葉広葉樹が空間を占める（①）．下層は，比較的明るい場所ではスズタケ，暗い場所ではアオキが中心となる．近年，ブナが優占する冷温帯の森林は日本列島の湿潤な気候下で限定的に現れる森林型であり，中間温帯林は冬季の乾燥した気候を反映した大陸的な森林型との理解が広がりつつある[1]．

モミ樹冠の下で育つ常緑広葉樹

暖温帯性の常緑広葉樹高木種は宮城県や岩手県を北限とするものが多く，落葉性の樹種でもイイギリ，カジカエデなどが同様である．青葉山では分布北限域のカシ類 4 種（アカガシ，アラカシ，シラカシ，ウラジロガシ）が樹高 12 m ほどにまで成長している姿がみられる．その多くはモミ樹冠下に出現する（②）ことが知られており[2]，常緑針葉樹の樹冠は暖地性樹種の生育を助ける効果を持っている．

青葉山では近年，マツ材線虫病やナラ枯れ，イノシシの増加などがみられ，高齢モミの幹折れも増えている[3]．貴重な都市近郊林として安全な利用に供するとともに，代表的な中間温帯林の変化を継続的に追跡し保全することが求められている．〔永松　大〕

【文献】

1) 中静（2003）植生史研究 11：39-43
2) 平吹（2005）森林科学 44：32-36
3) 永松（2023）愛しの生態系．文一総合出版

① 巨大なモミとイヌブナなどの落葉樹（永松 大）

② モミの樹幹下に生育する常緑広葉樹（永松 大）

24 只見生物圏保存地域

―豪雪が育む多様な森林と住民との関わり

福島県の西端にある只見町全域および隣接する檜枝岐村の一部地域は，2014（平成26）年に，生態系と人間活動の調和を目指す「ユネスコ人間と生物圏（MAB）計画」の只見生物圏保存地域（ユネスコエコパーク）に認定された．日本海側気候に属し，冬季は平地の平均最大積雪は2.5 m，積雪期は12～4月で日本有数の豪雪地帯にある．気候的には冷温帯落葉広葉樹林のブナが優占する森林が卓越する地域だが，主な地質が新第三紀の比較的脆い緑色凝灰岩で構成され，豪雪の雪崩により山体の斜面が削り取られ急峻な「雪食地形」が発達しているため，様々な立地環境へそれぞれに適応する多様な森林が成立している．即ち，異なる森林が立地環境ごとにパッチ状に配置される「モザイク植生」がこの地域の景観を特徴づけている（①）．

痩せ尾根の針葉樹林

稜線部の幅の狭い痩せ尾根にはキタゴヨウが優占する針葉樹林が列状に成立している．只見地域には伝統家屋が存在するが，その建材にはキタゴヨウが多用されている[1]．キタゴヨウの針葉樹林にはしばしばヒノキ科のクロベも生育するが，単木的に混交する場合が多い．また，南は台湾，北は日本の山形県まで分布する常緑広葉樹のヤマグルマも小高木として普通に散生している．落葉広葉樹ではタカノツメが針葉樹の林縁に生育し，秋には針葉樹の樹冠の深緑色とタカノツメの鮮やかな黄葉のコントラストがみられる．

雪崩斜面の低木林

中間斜面はブナ林が成立してよいはずだが，多くの斜面の傾斜は大きく，多量の積雪のグライドや全層雪崩の影響を受けるため高木種の森林の成立は困難である．代わりに，ミヤマナラを中心に，ヒメヤシャブシ，マルバマンサク，ヤマモミジなどの落葉広葉樹の低木林が成立している（②左）．これらの1つの株（個体）は複数の幹で構成され，それぞれの幹の根に近いところは斜面を這うように下向きに伸び，途中から次第に上向きに立ち上がり，積雪と雪崩に適応した樹形となっている．この低木林の中の凹地や斜面下部にはゼンマイが分布する．5～6月のまだ谷間に残雪が残る頃，地元住民はこれを採集し（②右），乾燥ゼンマイへ加工する．只見地域の乾燥ゼンマイは良質で，かつては全国の価格に影響を及ぼすほどであったといわれる．

① 雪食地形とモザイク植生（中野陽介）

② 急斜面の低木林（左）と地域住民によるゼンマイ折り（右）（中野陽介）

緩斜面のブナ林

只見地域のブナ林は，雪食地形が発達しているため，稜線や中間斜面，下部谷壁斜面の比較的土壌の厚い緩斜面に偏って分布し，各林分の面積は小さく，分断化されている．林冠はブナが圧倒的に優占し，他樹種はホオノキやイタヤカエデなど数種がみられる程度で種多様性は低い．林床植生は，標高1000 m前後を境に高標高地ではチシマザサ，低標高ではユキツバキが優占する．ブナの大木の樹幹にはしばしば鉈などで年月，氏名，きのこ採りなどの活動の記録が刻み込まれている．かつて地域住民が山林資源を求めて盛んに山を歩いていた様子が想像される．〔中野陽介〕

【文献】

1) Ida et al. (2023) Eco Res 38: 795-808

㉕ ブナの天然更新試験地

—30〜50年の研究からみえてきた真実

針葉樹の植栽からブナの天然更新へ

1958年に始まったいわゆる拡大造林は，寒冷地や豪雪地に及ぶにつれて不成績地が現れるようになった．1973年に森林資源基本計画が改定され，環境の厳しい地帯では天然林施業も選択肢となり，豪雪地のブナ天然林は伐採後に天然更新によって再生する方式が主流となった．しかし技術を支える科学的知見が不足していたため，各地で事業と同時進行でブナの天然更新技術の研究が開始された．本項では，その中から2つの森林を紹介する．

苗場山ブナ天然更新試験地　新潟県湯沢町のかぐらスキー場の北，雁ヶ峰（がんがみね）の東側斜面にササ型林床のブナの美林があった．1967年，そのブナ林に「苗場山（なえばさん）ブナ天然更新試験地」が設定され，ブナの天然更新技術の研究が開始された（①）．標高1150〜1450 m，水平距離で南北方向300 m，東西方向750 mのエリアが10の区画に分けられ，択伐，母樹作業法，通常の皆伐といった各種の作業と刈払いや除草剤散布などの植生の抑制処理を組み合わせた50通りの手法が試され，どれがブナの天然更新に最も効果的か検証された．そして初期10年間の結果から，植生を刈払い，元からあるブナの30%を母樹として保残する方式がブナの天然更新に最適であるとされ，「皆伐母樹保残法」として国有林の現場に普及したのである．

しかし，開始から40年後の2008年の調査[1]では，最適とされた組み合わせであってもブナがそのまま成長して優占する確率は低いことが示された．ブナが後退し，ササ，あるいはリョウブ，コシアブラなどの亜高木性樹種やカンバ類などの高木性樹種の更新樹が優占している場合が多かった．

黒沢尻ブナ総合試験地　1944年，岩手県北上市の中心部から西に約18 km，標高370〜680 mの斜面に広がるササの少ない104 haのブナ林に，ブナ帯での林業技術を研究するための黒沢尻（くろさわじり）ブナ総合試験地が設定された．ブナの皆伐後に外国産針葉樹を試験植栽したエリアやブナ天然林をそのまま保存したエリアなどのほか，1948年と1968年には，母樹作業法と植生の刈払いを組み合わせてブナの天然更新を研究するエリアが設定された．2002年の調査[2]で，前者（伐採後54年）ではブナが純林状に再生していたが，後者（伐採後33年）ではウワミズザクラやホオノキが上層を占める状況となっていた．しかし後者も，伐採11年後の1990年の調査ではブナが順調に更新していると判定されていたのである．遠く400 km離れた苗場山ブナ天然更新試験地と黒沢尻ブナ総合試験地で，ほぼ同じ時期にほぼ同じ結果が得られていたのは，偶然とは考えにくい．

2つの試験地が語る真実

これらのブナ林での30〜50年間という長い研究によってみえてきたこと，それは，ブナの確実な天然更新技術はまだ確立されていないということだった．この2つのブナ試験地は，私たちが森林のことをいまだによく理解しないまま林業を行っている，という事実の一端を物語っている．〔正木　隆〕

【文献】

1) 正木ほか（2012）日林誌 94: 17-23
2) 杉田ほか（2006）日林誌 88: 456-464

① 苗場山ブナ天然更新試験地（田中信行）
皆伐された区画から母樹の70%が保残された区画をみる．

② 黒沢尻ブナ総合試験地内で，1969年に母樹を点状に保残しブナの天然更新を図った区画（正木 隆）

26 足尾荒廃地の森林再生

—生態系の復元力を抑えつけた鉱煙害の惨状

森林破壊はどのようにして生じたのか

本項では，人間による森林資源の過度な利用以外の原因で森林が激しく荒廃してしまった代表例として，栃木県足尾山地で起きたことを紹介する[1]．

足尾山地には長期にわたって広大な裸地となっている場所，足尾荒廃地がある．ここは，もともとは秩父古生層地帯の標高 600～1500 m にブナ類，ナラ類とモミ，ツガなどの混交林が広がっていた．江戸時代初期（1610 年），その一角に徳川幕府直轄の足尾銅山が開設されて操業が開始され，1883 年に豊鉱が発見されてからは，銅の生産量が増加した．それに伴い精錬用燃料やその他の鉱業用材の需要が激増し，隣接する群馬県でも木材が伐採され約 24 km の索道による運材が行われた．また古くから毎年繰り返されてきた山焼き，1887 年に起こった大規模な山火事による裸地化，不安定な地質的要因（石英斑岩，花崗岩など），急峻な地形要因などに加えて，夏期の集中豪雨（特にキャサリン台風（1946 年），アイオン台風（1947 年），キティ台風（1948 年））や冬期の凍上，凍結，霜柱などの厳しい気候条件も山地荒廃の素因となっている．

しかし，足尾荒廃地の出現の主要因は鉱煙害である．1610 年以来実に 350 年にわたり煙害が続いていたことが遠因となっている．さらに，1893 年に間吹法に代わってベッセマー式精錬法（従前より SO_2 ガスが増加）が採用されて以降，1956 年に自溶精錬（SO_2 ガスからの硫酸製造）に変更されるまで 63 年間にわたり多量の SO_2 ガスを主体とする鉱煙害が植生を破壊し，植生回復を阻んだ．1949 年時の煙害は裸地 1980 ha，激害地 798 ha，中害地 3631 ha，微害地 7751 ha，計 1 万 4160 ha の面積に及んだ（①上）．この結果，旧松木村が 1902 年に廃村に追い込まれた．その後 1972 年に足尾銅山鉱山部の閉鎖が発表され，鉱煙害は終わり 2022 年現在，それから 50 年を経たことになる．

鉱煙害復旧事業の取り組み

煙害復旧事業として，当時の政府（大隈重信農商務大臣）は，1897 年に足尾小林区署を設置し，約 2400 ha の造林と稚樹保護のための防火線設備を開始した．また同様に民有林関係の緑化においては栃木県，群馬県，国交省および事業主体の古河鉱業も加わり植生盤工法やヘリコプター緑化工法などの新工法が導入された．近年は，ニホンジカによる食害が増加したために有害特別駆除が行われ，また NPO 法人「足尾に緑を育てる会」の植林が始まり市民ベースでの緑化活動も盛んである．しかし森林の再生は今なお道半ばである（①下）．

① 足尾荒廃地の類似視点からの植生変化の様子
（上）1950 年頃[2]，（下）2015 年頃（Google Earth（Data SIO, NOAA, U.S. Navy, NGA, GEBCO）.

無計画な森林伐採，無防備な山焼き，強い台風などによる水害があっても足尾の森林生態系の復元力により植生回復は可能であったかもしれない．しかし長期にわたる鉱煙害は，生態系の復元力を完全に抑えつけ，自然な回復が不可能な状況にしてしまった．足尾銅山煙害による森林劣化と破壊の歴史は，森林管理を伴った石見銀山など他の鉱山地域と比較検証し，将来の森林における鉱山開発や地熱エネルギー開発に活かす必要があろう．〔大久保達弘〕

【文献】
1) 鈴木（1967）宇都宮大学農学部学術報告 6: 25–80
2) 栃木県林務部（1950）栃木県の林業

27 高原山のイヌブナ自然林
—萌芽枝による株形成で群落維持

北関東の栃木県北西部に位置する高原山（たかはらやま）（標高1795 m）の中腹の山地帯にはイヌブナ林が広がっており，冷温帯落葉広葉樹林として位置づけられる．林冠には優占樹種イヌブナのほかにブナ，ミズナラ，モミ，サワシバなどのシデ類が混交し，林床はミヤコザサが優占している．

矢板市と塩谷町の境の尚仁沢（しょうじんざわ）上流部には2006年に国指定天然記念物として登録されたイヌブナを多く含む良好な自然林が残されている（①）．下流には，1日あたり6万5000 t の湧水を誇る環境省選定名水百選「尚仁沢湧水群」があり，その水源保護のためにイヌブナ自然林の保護は欠かせない．その周辺の緩傾斜地は明治時代以降に軍馬養成のための放牧場などとして利用されてきた経緯がある．現在でも牧場放棄後に再生した落葉広葉樹二次林の中に，当時の土塁跡が遺構として残されているが，そのほとんどは，戦後スギ，ヒノキの針葉樹植林地となって現在伐期を迎えている．

イヌブナ独特の萌芽枝，株形成と個体維持

イヌブナが優占する自然林の更新メカニズムはその生活史に大きく依存している．自然林内のイヌブナは，多くの林冠木を有する株を形成している．地面付近の下部からは常に多量の萌芽枝を発生させている特性を備えており，その一部の萌芽枝が成長して樹冠に到達し，やがて林冠の幹と交替するようになる．

イヌブナの萌芽枝は株のすぐ脇から発生する（根頸萌芽枝）ために個体の分布が拡大する意味合いはあまり持たないが，その圧倒的な林冠まで達する萌芽枝由来の幹の成長により個体の維持を行っており，そのことがイヌブナの株自体の長寿命をもたらす．安定した斜面では林冠木がサークル状に並んだ株にまで拡大成長する様子がみられる（②）．一方，急な斜面においては，幹の一部が倒伏しても株自体は生き残ることができ，個体は存続できる．地形的には急な斜面ではイヌブナが相対的に優占しているが，その株形成はこのような地形においても優占できる戦略の1つと考えられている．イヌブナと同様に株形成をして個体を維持している高木性樹種の例として同じブナ科の韓国鬱陵島（うつりょうとう）のタケシマブナ，中国のエングラーブナ，カツラなどがある．

① ミヤコザサが優占する林内の様子（大久保達弘）

② 最大級のイヌブナの株形成（大久保達弘）

実生更新の少なさをどのように補っているか

イヌブナを含めたブナ類の種子（堅果）は高原山のような少雪の太平洋側では冬季乾燥の影響で種子が生き残りにくく，種子由来の実生をみることが非常に少ない．実生由来の稚樹より成長が速い萌芽枝によって更新を補うことによりイヌブナの優占林が維持されてきたといえる．特に近年はシカ食害により林床のミヤコザサの密度低下，実生稚樹の食害割合の増加によって実生更新が困難になる状況にあり，食害の影響が比較的少ない萌芽更新による個体群の維持は今後森林の動態において重要さが増していく可能性がある．

〔大久保達弘〕

【文献】

1) 大久保（2009）イヌブナ（*Fagus japonica* Maxim.）（日本樹木誌 1．日本樹木誌編集委員会編，日本林業調査会），73-103

28 小川試験地

—冷温帯落葉広葉樹林の長期生態研究拠点

茨城県北部の小川ブナ希少個体群保護林（以前は群落保護林など）[1]（約 100 ha）は，茨城県内におけるブナやシラカンバの数少ない群生地として，県立自然公園の特別地域にも指定されている．阿武隈山地南部の標高 500〜600 m 程度のなだらかな丘陵地に位置している．周囲には二次林や人工林，耕作地があり，古くは放牧や火入れ，炭焼き，落ち葉かきなどの人為的な攪乱があったとされている[2]．この保護林もかつては人が利用していたようだが，少なくとも 100 年近くは人為攪乱はなく，この地域で最も成熟した冷温帯落葉広葉樹林になっている（①）．林冠層はコナラ，ブナ，イヌブナが優占し，シデ類やカエデ類，ハクウンボク，ミズキなどの多数の樹種で構成されている．植物社会学上はブナ-スズタケ群集になるが，過去の攪乱の影響らしく，スズタケが優占する場所は限られる一方，多様な草本植物が下層植生を構成しカタクリなどの春植物も多い．維管束植物は約 370 種，鳥類約 60 種，哺乳類約 20 種が記録されている．

1987 年に，林野庁林業試験場（現森林総合研究所）の研究者が，この保護林のほぼ中央に 6 ha の「小川試験地」を設置し，樹木の生活史と林冠動態に焦点を当てた森林の長期生態研究を始めた．樹木は寿命が長く，生活史段階が進むにつれて個体数や分布密度が大きく減るため，同じ空間スケールで統計解析に足るサンプル数を確保することは難しい．そうした課題の対応策として，小川試験地では種子から成木までの生活史全体を大きく 5 段階に分け，各段階の個体サイズと密度に相応の調査枠を格子状に設置する層化サンプリング法が考案された[2,4]．この独創的な調査デザインで観測を継続したことによって，多様な樹木の知られざる生活史や森林群集の成り立ちなどが解明されてきた[2,4]．樹木だけでなく，遺伝，水文，土壌，鳥獣や昆虫，菌類といった他分野の研究も進められ，種子散布をめぐる生物間相互作用や食物連鎖，昆虫の種組成をはじめとして，これまでに 300 編近い研究論文が発表された[5]．

小川試験地は，2004 年から環境省が推進する日本の自然環境の変化を把握するための長期観測事業「モニタリングサイト 1000」のコアサイトに登録された．また，全国の大学研究林などで構成される日本長期生態学研究ネットワーク「JaLTER」のサイトの 1 つにもなっている．このような観測ネットワークや国内外の研究交流を通じて，小川試験地の森林観測データは地球規模の生態学研究にも活用されつつある[6]．

一方で，この森林は近年になって大径木の枯死・倒木が頻発するようになり，2017 年にはスズタケの一部の群落が一斉開花枯死した．ナラ枯れやニホンジカの侵入も懸念されるようになった．この森林の林相とその生態系は，今後大きく変わるかもしれない．その変容が詳細に観測され，新たな研究が展開することを期待している．〔柴田銃江〕

① 小川ブナ保護林の林相（中静 透[3]）

【文献】

1) 関東森林管理局．希少個体群保護林．https://www.rinya.maff.go.jp/kanto/apply/publicsale/keikaku/hogorin/3-kisyoukotaigun.html
2) Nakashizuka and Matsumoto eds. (2002) Diversity and interaction in a temperate forest community -Ogawa Forest Reserve (Ecological Studies 158). Springer
3) 中静（2019）季刊森林総研 45: 0-0
4) 中静（2004）森のスケッチ．東海大学出版会
5) Ogawa Forest Reserve website. https://ogawaforestreserve.jimdofree.com
6) Usinowicz et al. (2017) Nature 550: 105-108

29 関東周辺の太平洋型ブナ林

―日本海型とは異なる更新動態

日本海型ブナ林がほぼブナの純林であるのに対し（第1部15参照），太平洋型ブナ林は，ブナの優占度は60%ほどと高いものの，林冠構成種を含め種の多様性が高い森林である．ブナ以外にオオイタヤメイゲツなどカエデ類の高木も多い．

太平洋型ブナ林はブナの実生の少なさ[1]やそれに伴う後継樹の少なさが特徴で（①），これが多様性の高さに寄与している．

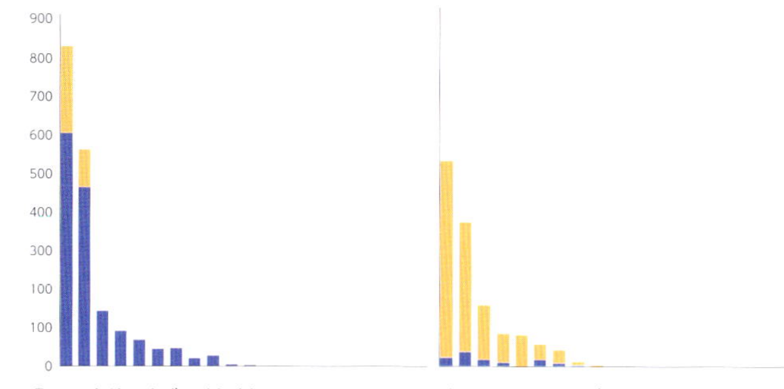

① 日本海型ブナ林（左：長野県カヤノ平）と太平洋型ブナ林（右：東京都三頭山）の幹の直径階分布
横軸は直径5 cm間隔．縦軸は1 haあたりの本数．青はブナ，黄色はブナ以外の高木種（樹高15 m以上になるもの）．太平洋側はグラフに現れない中・低木種も多い．

ブナと雪の関係

太平洋型ブナ林でブナの実生，後継樹の少なさの原因は「積雪によるブナのタネの保護」がないことに求められる[2, 3]．ブナのタネは樹木の種子としては大きく，しかしミズナラなどと違いアクがないため，秋・冬，ネズミなどの格好の餌となる．雪国ではこれが積雪でカバーされるため持ち去られづらい．齧歯類の視界や嗅覚を妨げるためだ．また，太平洋側では地表においたタネは積雪による保温効果を受けられず，氷点下の温度にさらされ，凍結・乾燥といった状態になり，発芽できなくなってしまう[2, 3]（②）．

② ブナ林に冬季設置したタネ（島野光司）
（左）日本海型ブナ林ではタネは雪に守られ発芽する．（右）太平洋型ブナ林では雪の保護がなく，齧歯類に食べられなくとも，凍結・乾燥死してしまう．

また，日本海型ブナ林のチシマザサやチマキザサは，冬の間，積雪で倒伏しており，融雪後の春先も稈が寝ており，林床に光が入り，ブナなどの実生にも日が当たり，実生は生存しやすい[4]．太平洋側のスズタケ林床ではそうした現象はみられず，またスズタケの稈の密度は非常に高く，一年中地表は暗い．稈高の低いミヤコザサ林床ではやや明るいが．

太平洋側は，日本海側に比べればブナの優占度も低いため，風媒による受粉も効率が悪いことが考えられる[5]．太平洋型ブナ林は日本海側の多雪による他の高木種の排除がない，という意味での多様性の高さもあるが，ブナが更新しづらい，という意味でも樹種の多様性を高めているといえる．

観察しやすい地域

福島県との県境に位置する茨城県の八溝山（やみぞさん）は，山頂付近まで自動車で上がることができ，ミヤコザサ林床タイプのブナ林がみられる．奥多摩の三頭山（みとうさん）（東京都）も自動車やバスでブナ林の麓までゆくことができる．ササのないブナ・イヌブナ林をみることができる．ササによる被陰がないぶん，ブナの実生の定着には有利なはずであるが，近年増加したシカによる食害が懸念される．西丹沢の加入道山（かにゅうどうやま）（神奈川県・山梨県県境）は，登山道は急だが，平らな稜線上まで登ればブナの大木をみることができる．静岡県，伊豆の天城山（あまぎさん）では一般車の通行は規制されているが，専用ルートを通るバスに乗れば，八丁池（はっちょういけ）湖畔から，手軽にブナ林をみることができる．ここではヒメシャラの小径木がパッチ状に集まって更新しており，ギャップダイナミクスのありさまをみることができる．茨城県の筑波山はケーブルカーで山頂まで手軽に行くことができ，神域である下山の遊歩道では，ブナ林からアカガシ林への移行がみられ，貴重である．〔島野光司〕

【文献】

1) 小泉ほか (1988) とうきゅう環境浄化財団.
2) Shimano and Masuzawa (1998) Plant Eco 134: 235-241
3) Homma et al. (1999) Plant Eco 140: 129-138
4) Shimano (2000) Vegetation Sci 17: 89-95
5) Shimano (2006) Eco Res 21: 651-663

30 明治神宮の森

―大都会の真ん中に人がつくった永遠の森

巨大都市東京にある約 70 ha の明治神宮の森（①）は人がつくった森である．この森は明治天皇の崩御に対する国民の思慕が底流となり，神宮とともに社叢として造営された．明治神宮は，1915（大正 4）年，明治神宮造営局官制の公布により造営が始まった[1]．国民の思いは，約 10 万本の献木，1 万 1000 人に及ぶ青年団の奉仕活動[2]などに表れる．献木は台湾，朝鮮，樺太などに及んでいる．献木の中でも本数が多いのは，マツ，ヒノキ，サワラ，カシ，クスノキ，イヌツゲ，サカキなどである．

造営前の境内地は，現在の南参道口広場周辺は草地，御社殿付近から東側はアカマツ，モミ，カシ，落葉樹などの林，さらにハナショウブの田圃と南池の御苑一帯はナラ，サクラ，エゴノキ，モミなどの雑木林が主体で，このほかの境内地は樹木が点在するのみで，大部分は草地や農地であり樹林地は敷地全体の 1/5 程度であった[3]．

神宮の森の景観は，構成木と風致木によって形成される．神社林の幽邃森厳な雰囲気を醸す構成木はシイ，カシ，クスノキ類を主木とし，これらの常緑広葉樹によって原始林状態の景観を構成している（②）．これらの樹木による単調な景観に形と色の変化を与える風致木として「形」はクロマツ，ヒノキ，サワラ，コウヤマキなど，「色」はイチョウ，エノキ，カエデ，ケヤキ，シデ，ムクノキなどを植えた[1]．このことは景観だけではなく森の生態という側面からも多様性をもたらした[4]．

林苑の造営は既存の樹木を活かしつつ，植栽計画に基づき献木など新たな樹木を配置し植栽した．林苑計画は，最終的に東京付近の極相である常緑広葉樹林に近い姿に誘導するもので，「林苑の創設より最後の林相に至るまで変移の順序（予想）」として図示[2]されている．

2013（平成 25）年の調査[4]では，樹木は 234 種，2 万 1139 本（幹の直径 10 cm 以上）が神宮の森に生育していた．森はクスノキ-スダジイ群落，シラカシ群落の常緑広葉樹林，ケヤキ-シラカシ群落の常緑落葉広葉混交林，イヌシデ-コナラ群落の落葉広葉樹林，アカメガシワ-クサイチゴ群落の先駆性低木林，モウソウチク林に識別される．

明治神宮の森は 2020（令和 2）年に鎮座 100 年を迎え，林苑の造営に関わった本多静六，本郷高徳，上原敬二ら林学者が林苑計画で予想した最終的な林苑の姿としての極相状態を呈している．

近年は，コナラの大径木がカシノナガキクイムシの被害を受けて枯死している．被害は常緑樹のシラカシ，アカガシなどにも及び森の様子が変化してきている．

〔濱野周泰〕

【文献】

1) 上原（1983）この目で見た造園発達史．『この目で見た造園発達史』刊行会
2) 内務省神社局（1930）明治神宮造営誌（復興版）．内務省神社局
3) 上原（2009）人のつくった森―明治神宮の森「永遠の杜」造成の記録（改訂新版）．東京農業大学出版会．
4) 鎮座百年記念第二次明治神宮境内総合調査委員会（2013）鎮座百年記念第二次明治神宮境内総合調査報告書．明治神宮社務所

① 明治神宮の森は巨大都市東京の緑の孤島（明治神宮社務所）

② 多様な樹木による晩秋の明るい南参道（濱野周泰）

31 真鶴半島のお林

―明治神宮の森づくりを先取りした巨木の森

箱根ジオパークの一角に位置する神奈川県の真鶴(まなづる)半島は相模湾に突き出る小半島で，暖温帯に位置する．海側の半分のエリア約 50 ha には，最高齢約 350 年のクロマツと，それよりは若齢のクスノキ，スダジイなどの常緑広葉樹が混交する森林が成立し，魚つき保安林に指定されている．

この森林は明治維新後に御料林となり，1904 年には魚つき保安林に指定された．戦後は国有林への編入を経て真鶴町に払い下げられ，1954 年には神奈川県立自然公園に指定された．町民からは「お林」と呼ばれて親しまれ，そして敬愛され，「真鶴半島の照葉樹林」として神奈川県天然記念物にも指定されている．

この場所は，もともとは原野でシイ類やカシ類が多少生育していた程度だったと考えられるが，明暦の大火（1657 年）を契機に，1661 年，幕府の命により小田原藩がクロマツを植栽したと記録されている[1]．そこから数えると 2022 年の時点で 361 年生のクロマツが存在するはずだが，半島の観光施設「お林ステーション」に展示されている 2008 年に伐倒されたクロマツの円板の年輪数が約 350 なので，記録は概ね正しいといえる．

林冠の上に突出するクロマツ

林冠の最上層は老齢・大径かつ通直なクロマツが構成している（①左）．1661 年に植栽されたクロマツだけではなく，その後に天然更新によって加わったクロマツも生育する．特筆すべきはそれらの大きさである．胸高直径約 1.5 m のクロマツが普通に生育し，2014 年に枯れてしまったが胸高直径 2 m を超えるものもあった．樹高 30 m 以上の個体も多く，45 m に達するものもある．温暖な海に囲まれた湿潤な気候下にあるためと考えられる．

残念ながらこの森林でもマツ材線虫病は発生している．以前は塩化ビニールのパイプを使って樹冠部に殺虫剤を誘導し，枝葉に直接散布する方法で防除していたが，現在は樹幹注入材が用いられている．枯死して伐倒駆除されたクロマツの伐根の年輪を数えると，直径 1.5 m のクロマツが 350 年前の植栽木ではなく 150 年程度の若い（?）木の場合もあり興味深い．

老齢・大径のクロマツは枯死や風倒害のために年々減少して林冠は断続的となり，クロマツは熱帯林のエマージェントツリー（超出木）のような姿を呈している．この森林の実質的な林冠は，クロマツよりも樹高の低い常緑広葉樹が構成している．

実質的に林冠を構成する常緑広葉樹

最も優占する常緑広葉樹はクスノキで（①右），スダジイがそれに続く．スダジイはもともと自生していたものであるが，クスノキは，明治時代に植栽されたと考えられている．写真のような直径 2 m 超のクスノキも少なからずみられるが，枯死木の年輪数を数えると 120 年程度であり，明治時代に植栽されたクスノキが驚異的なスピードで成長したことがわかる．一方，大径のスダジイは海岸に近い急斜面付近に多く生育する．人為の及びにくい急斜面はクロマツやクスノキの植栽の場とならず，そこに残っていたスダジイが種子源となって，クロマツ，クスノキに混交したと思われる．

このように，お林は先立って成長していたクロマツの樹冠下に広葉樹を植栽して森に仕立て，その後は天然更新で維持される形となっている．これは第 1 部 30 で紹介されている明治神宮の森づくりを先取りしたものといえ，針広混交林の構造や成長を理解する上で学術的にも重要な森林である．〔正木　隆〕

① お林のクロマツ（左）とクスノキ（右）（正木 隆）
このサイズの木が普通にみられる．

【文献】

1）真鶴町お林保全協議会（2019）お林保全方針

32 東京大学千葉演習林

―わが国最古の「大学の森」

千葉県の鴨川市と君津市にまたがる東京大学千葉演習林（以下，千葉演習林）は日本で最初の大学演習林として 1894（明治 27）年に創設された．約 130 年経過した現在も森林科学の中心的な教育研究施設として，大学教育や研究，社会教育にフィールドを提供している．

房総半島の東南部，房総丘陵の東端に位置し，海岸性気候で温暖多雨である．千葉演習林札郷気象観測所での 2011～2020 年の年平均気温は 14.1℃，平均年降水量は 2474 mm である[1]．暖かさの指数は 111，寒さの指数は -2.9 で，暖温帯林に属する．この地域は暖温帯常緑広葉樹林のまとまった林分がみられるおおよその北限である．

千葉演習林の森林面積は 2160 ha で，このうちスギ，ヒノキを主体とした人工林がおよそ 4 割を占め，残りは常緑針葉樹と広葉樹が混じる針広混交天然林と，旧薪炭林の広葉樹天然林（①）に区分される．演習林南側の太平洋に近い地域にはかつて薪炭や漁具の材料として植栽されたマテバシイの二次林もみられる．植物相は極めて豊かで，維管束植物は 1023 種（亜種・変種・品種・雑種を含む）が確認されている[2]．およその内訳は木本が 300 種（常緑樹が 1/3，落葉樹が 2/3 を占める），草本が 720 種（うちシダ植物が 120 種）である．地形は非常に急峻ではあるが低山性山地で標高差が少なく，垂直的な植生変化は乏しいが，バクチノキ，ホルトノキのような北限またはそれに近い暖温帯の植物や，イヌブナ，アサダ，ヒメコマツといった冷温帯の植物や最終氷期の遺存種もみられる．

針広混交天然林と林業遺産「浅間山」

針広混交天然林はモミ，ツガを主体とした常緑針葉樹と，主にアカガシ，アラカシ，スダジイ，ウラジロガシ，タブノキなどの常緑広葉樹が混じる高齢の森林である．この天然林がまとまった規模でみられる場所は房総丘陵では千葉演習林とその周辺にしか残っておらず，大変貴重である．この森林の位置づけは，照葉樹林への遷移段階の途中相であるとする説と照葉樹林帯の上部に位置する中間温帯の群落であるとする説があり，また人為的な影響も加わって成立したとする見解もある[3]．1800 年代末頃のこの地域は大部分が，上層の常緑針葉樹が保たれつつ中層の広葉樹が短伐期で薪炭利用される森林であった．その後，人工林への転換を盛んに行った演習林創設初期や，1950～1960 年代頃には，多くの天然生針葉樹が伐採された．しかし，1970 年以降は自然環境保全意識の高まりとともに伐採は行われなくなった．

この天然林を代表する林分の 1 つである浅間山（②）は近隣にある清澄寺を取り囲む「清澄八山」の 1 つで，信仰の対象として禁伐扱いが約 300 年以上続いているとされ，モミ，スダジイ，アカガシなどの大径木が多く，信仰による植栽と思われるスギ巨木も点在する．1892（明治 25）年，ドイツから帰国して当時助教授だった本多静六が調査し，当地が林学の教育・研究の場として適当であるとして演習林設置を提

① 典型的な常緑広葉樹林の林内（久本洋子）

② 1908 年（左）と 2011 年（右）の浅間山（東京大学千葉演習林）
約 100 年間林相が変わっていない．

起したことが，千葉演習林ひいては日本の大学演習林の端緒となった．これらのことから浅間山は日本森林学会が認定する「林業遺産」に第1回の選定で選ばれている．

旧薪炭林とニホンジカによる更新阻害

旧薪炭林である広葉樹天然林は，アカガシ，アラカシ，スダジイ，コナラ，ケヤキ，カエデ類などで構成される．萌芽更新を伴う薪炭林施業の減少・消滅によって放置された森林で，一部に高齢の広葉樹林が分布している．1960年代頃まで房総半島は江戸・東京への重要な木炭供給地域であり，製炭は当地の山村地域の主要産業であった．千葉演習林内では15～35年程度の伐期で伐採と萌芽更新が繰り返されてきたが，利用がほぼ途絶えた現在は50年生未満の林分はほとんどなく，以前と比較して大径木が増えてきている．

1970年代後半からはニホンジカの分布域拡大や個体数増加により森林の下層植生が衰退した．また，2017年から発生したブナ科樹木萎凋病（ナラ枯れ）により現在までに多くのコナラやマテバシイ（植栽木）などが枝枯れ・枯死する被害を受けている[1]．

③ 1905年植栽の牛蒡沢スギ人工林（當山啓介）

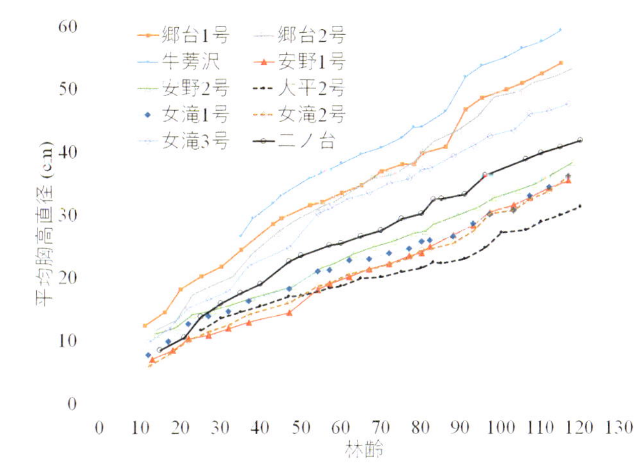

④ 吉田試験地10区の平均胸高直径（cm）の推移（文献4を改変）

高齢の人工林と長期測定試験地

千葉演習林は多様な林齢の人工林を保有しており，皆伐・再造林を含む管理を継続しつつ研究教育のフィールドとして人工林を活用し，多数の試験地を管理している．主な樹種はスギとヒノキで，かつてみられたアカマツ人工林はマツ材線虫病でほぼ消滅している．千葉演習林の人工林には高齢級の林分が多く，80年生以上が1/2，100年生以上が1/4以上を占める．代表的な林分として，スギでは最高齢の桜ケ尾（1835年植栽）をはじめ今澄（1859年），郷田倉（1894年），南沢（1896年），牛蒡沢（1905年），ヒノキでは大平（1900年），女滝（1903年）などがある．谷底に位置する牛蒡沢（③）は特に成長の優れたスギ林であり，最大樹高は約50mである．

人工林成長試験地の観測データは人工林の経営や，現代では地球温暖化防止（炭素固定）機能などの基礎情報となっている．特に，1900～1905年植栽の人工林内に設定され「吉田試験地」と通称される現存10区画の試験地は，主に1916年から約5年ごとの毎木調査を続けており，世界的にも貴重な長期測定データである[4]（④）．ほかに，九州を主とするスギ在来挿し木33品種の生育比較を行う相ノ沢スギ品種試験地（1931年植栽）などがある．

このほかに研究教育用の見本林として，多様な樹種が植栽されている．北米原産で世界一樹高が高くなるセンペルセコイアや，生きた化石と呼ばれるメタセコイアなどの外国産樹種もみられる．近年では，各地で早生樹として造林利用が期待されているコウヨウザンの林分も研究利用例が多い．　〔當山啓介・久本洋子〕

【文献】

1）東京大学大学院農学生命科学研究科附属演習林（2022）演習林（東大）64: 53-104
2）三次ほか（2023）演習林（東大）67: 37-46
3）千葉演習林120周年記念出版実行委員会（2014）わが国最古の「大学の森」東京大学千葉演習林のすべて．東京大学演習林出版局
4）當山ほか（2023）演習林（東大）67: 1-17

33 遷移がみえる三宅島の森林

―噴火年代の異なる溶岩上の森を比べる

植生遷移（以下，遷移）とは方向性のある植生の時間変化のことであり（解説3参照），身の回りでも観察できる．例えば，耕作放棄地が雑草に覆われる．そして，年数が経過した場所では樹木が定着する．このような耕作放棄地の場合，土壌や埋土種子があらかじめ存在するため，裸地状態から草原や低木林への変化は比較的速く進行する．一方，火山噴火跡地のように植生だけでなく，土壌も破壊された場合はこれと異なり，その変化は遅い．このような遷移は一次遷移と呼ばれる．本節では，特に火山噴火後の一次遷移に焦点を当てる．

火山一次遷移の特徴と観察方法

一次遷移の特徴は種子などの植物体がない状態から始まることと，栄養塩の利用性が低い状態から始まることである．火山の場合，溶岩や火山灰が窒素を含まないことも特徴であり，岩石中に存在するリンなどではなく，窒素が植物の生育を制限する[1]．火山一次遷移の進行は遅く，直接観察では十分把握できない．そのため，クロノシーケンス法という噴火後の年数が異なる立地間の植生を比較する手法が用いられる．代表例は，鹿児島県の桜島[2]と東京都の伊豆諸島の三宅島[3]である．一方，遷移の速度は気温や地形に影響され，低温や風衝作用によって遅くなる．そのため，山岳地域では，標高に沿った植生の変化が遷移と対応関係になる．富士山にはスコリアが堆積した裸地が広がるが，最も新しい噴火は1707年の宝永噴火であり，300年以上も経過している．したがって，このような裸地は，低温や強風などの影響により，遷移の進行が遅れていると位置づけられる．

三宅島の溶岩上の火山一次遷移

クロノシーケンスの研究例として三宅島[3]を紹介する．三宅島は，近年では，2000，1983，1962，1940，1874年に噴火している．特に，1983，1962，1874年の噴火は，溶岩の流出という点で共通するとともに，裸地化地域の規模も似ていることから比較に適している．1999年の調査[3]に基づくと，噴火後の経過年数は，16，37，125年となる．

噴火後16年の溶岩（1983年溶岩）：溶岩の裸地が広がり，落葉広葉樹のオオバヤシャブシ，草本植物のハチジョウイタドリやハチジョウススキがまばらに生育する（①）．

噴火後37年の溶岩（1967年溶岩）：オオバヤシャブシ低木林となり，タブノキなどの常緑広葉樹の稚樹が定着する．なお，1983年溶岩上も30年以上経過した現在ではオオバヤシャブシ低木林となった場所も多くみられる（②）．

① 約16年経過した1983年溶岩（1999年）（上條隆志）
中央の樹木はオオバヤシャブシ．

② 約34年経過した1983年溶岩上の植生（2018年）（加倉田学）
①の写真とほぼ同じ標高の場所で撮影した．中央の樹木はオオバヤシャブシ．

噴火後125年の溶岩（1874年溶岩）：落葉広葉樹のオオシマザクラと常緑広葉樹のタブノキが混交する高木林となる（③）．オオバヤシャブシも高木として残存する（④）．

この状態からさらに遷移が進行し，これ以上変化しなくなった定常状態のことを極相という．三宅島の場合，常緑広葉樹のスダジイ優占林が極相となる．極相林ではタブノキは減少し，林冠層に混生する程度となる．また，亜高木層や低木層ではヤブツバキなどの常緑広葉樹が生育する．また，優占種のスダジイは萌芽力が強い樹種であり，主に萌芽によって更新する[4]．

③ 約125年経過した1874年溶岩上の植生と溶岩（1999年）（上條隆志）
工事によって，溶岩の断面と森林の断面を同時に観察できる．主な樹種はタブノキとオオシマザクラ．

④ 約144年経過した1874年溶岩上のタブノキ林に残存したオオバヤシャブシ（2018年）（上條隆志）

日本の各植生帯における火山一次遷移

一次遷移は，地域の植物相とともに気候帯によって異なる．ここでは，温帯（暖温帯）と亜高山帯の例をもとにその特徴を述べる．

温帯（暖温帯）　火山一次遷移が観察できる場所としては，三宅島のほか，伊豆諸島の大島，桜島があげられる．桜島では，1946，1914，1779，1476年に噴火した溶岩流を用いたクロノシーケンス研究が行われており[2]，イタドリ，ススキ，ヤシャブシが溶岩上に侵入し，クロマツ林を経てタブノキやスダジイの常緑広葉樹林に遷移することが示されている．

亜高山帯　クロノシーケンス研究の事例は少ないが，前述したように標高に沿った森林の変化が遷移と対応関係となるため，一次遷移を推定できる．富士山では，高標高から低標高という傾度に沿って，裸地，草本のイタドリやオンタデ，ミヤマヤナギやミヤマハンノキなどの落葉広葉樹と落葉針葉樹のカラマツ，常緑針葉樹のシラビソ，コメツガへと変化する[5]．このような植生の空間的な変化が一次遷移を反映していると捉えることができる．

遷移のメカニズム

火山一次遷移の特徴として，栄養塩の利用性の時間変化と植物の栄養塩の獲得機構があげられる．三宅島の例では，オオバヤシャブシ，ハチジョウイタドリ，ハチジョウススキが溶岩上に侵入するが，いずれも窒素制限を克服できる生理生態学的な機能を持つと考えられる．オオバヤシャブシについては，根に形成される根粒内に大気中の窒素分子を固定できる放線菌が共生しており，溶岩上で不足する窒素を共生している放線菌から獲得できる．一方，ハチジョウススキやハチジョウイタドリは根粒を形成しないが，少ない窒素を効率的に吸収できるよう根を発達させることや，光合成に関する窒素の利用効率を高めることなどで生育可能にしていると考えられる[6]．なお，これらに近縁なヤシャブシ，ミヤマハンノキ，イタドリ，ススキは，桜島や富士山においても遷移初期種となっており，共通した遷移のメカニズムが存在すると捉えることができる．

〔上條隆志〕

【文献】

1) Vitousek et al.（1993）Biogeochemistry 23: 197-215
2) Tagawa（1964）Memoirs of the faculty of science，Kyushu University，Series E（Biology）3: 165-228
3) Kamijo et al.（2002）Folia Geobotanica 37: 71-91
4) 上條（1997）日本生態学会誌 47: 1-10
5) Ohsawa（1984）Vegetatio 57: 15-52
6) Zhang et al.（2021）Plants 10: 2500

解説3 攪乱と植生遷移
—植物が自ら環境を変えて森をつくる仕組み

私たちが目にしている森林は，初めから同じ姿でその場所に存在していたわけではない．長い年月をかけて，その土地の気候や地形・地質といった環境条件と関係しながら発達してきたものである．森林を含む生態系が時間的に移り変わっていくことを遷移という．その出発点は，火山の噴火や河川の氾濫，山火事といった自然攪乱（生態系や生物群集を物理的に破壊する作用）や，伐採などの人為攪乱である．遷移とは攪乱によって破壊された自然が元の状態に戻ろうとする働きともいえる．

一次遷移と二次遷移

遷移の進み方は，攪乱のタイプや規模による初期状態によって異なる．地上部の植生だけでなく土壌まで失われるような大規模な攪乱の後に，全くの裸地から始まる遷移は一次遷移という．これに対して，攪乱の影響が地上部にとどまり，土壌中に残された根茎や種子から植物が再生することで始まる遷移を二次遷移という．

一次遷移の典型的な例がみられるのは火山である．溶岩が流れた跡や火山灰が厚く堆積した場所では，もともとあった森林は消滅し，土壌も埋没してしまう．このような場所で植生が回復するためには，他の場所から新たに植物の種子や胞子が到達するのを待たなければならない．

一次遷移は人の寿命を超える長い時間をかけて進行する現象なので，その全体像を直接観察することはできないが，噴出年代が異なる溶岩上などの植生を比較することで，遷移の系列を推定することができる．東京都の伊豆大島の三原山を例にとってみると（①），直近の噴火（1986年）で流れ出た溶岩の上には，ハチジョウイタドリ，ハチジョウススキといった草本植物がまばらに生えているにすぎない．しかし，それより前の1951年の溶岩上では，オオバヤシャブシ，ニオイウツギ，ハチジョウイヌツゲといった低木が成長して，地表面はほぼ植被で覆われている．さらに，現在の噴火口の外側には，オオバエゴノキ，オオシマザクラなどの落葉樹が優占する高木林が形成されている．落葉樹林の優占種は，次第にタブノキ，スダジイといった常緑樹に置き換わり，最終的にはこの地域の気候とつり合ったスダジイ林になる．伊豆大島で過去数百年は噴火の被害を受けていない場所には，直径1mを超えるスダジイの巨木林をみることができる．

一方，伐採や山火事の後にみられる遷移や，耕作放棄地でみられる遷移は二次遷移である．二次遷移の場合，土壌の形成や周辺からの種子供給に要する時間がかからないので，比較的早く森林の回復がみられる．

富士山南麓では，1996年の台風によりヒノキ人工林の大規模な風倒被害が発生した．その一部では再造林を行わずに自然林を復元する試みが行われているが，ここでは冷温帯での典型的な二次遷移が観察できる．風倒木を搬出した後には，ススキなどの草本が繁茂したが，数年でクサギ，ヤブウツギ，サンショウなどの低木林が形成された．15年も経つと，ミズキ，ホオノキ，エゴノキなどの高木性樹種が低木を追い抜き，約25年が経過した現在では，これらの樹種が高さ10m近くまで成長して，林冠が閉鎖した森林が形

先駆相 → 極相

噴火後約30年
ハチジョウイタドリなどの草本群落

約75年
オオバヤシャブシなどの低木群落

約240年
落葉樹と常緑樹が混生する高木林

800年以上?
常緑樹（スダジイ）が優占する高木林

① 伊豆大島の火山噴出物上にみられる一次遷移（写真：吉川正人）

成されつつある．この地域の自然林の優占種であるブナやケヤキはまだわずかであるが，火山噴出物上の一次遷移と比べると何倍もの速さで高木林にまで遷移が進んでいることがわかる．

遷移の仕組み

遷移が起こる主な要因は，植物自身が持つ環境形成作用である．一次遷移では，初期に定着した植物の根元に枯葉などの有機物が蓄積されることで土壌ができ始める．一次遷移の初期に定着する植物には，前述のオオバヤシャブシのように空気中の窒素を固定して利用する能力を持つものもあるので，次第に土壌が肥沃になっていく．また，先駆的な植物が島状のパッチをつくると，その内部は強風や乾燥といったストレスから守られる安全地帯となるので，裸地では種子が到達しても成長できなかった植物が生育できるようになる．このように，先に定着した植物がその場所の環境を変化させることによって，次の植物の生育に促進的な効果をもたらすのである．そして，後からやってきた植物が先に定着していた植物よりも光や水などの資源をめぐる競争に強く，寿命も長ければ，先住者の生育を抑えて置き換わっていくことになる．このようにして優占種の交代が起こることで，遷移が進んでいく．

② 土壌が発達した場所に成立した気候的極相のブナ林（吉川正人）

③ 土壌が未発達な溶岩流上に成立した土地的極相のヒノキ林（吉川正人）

遷移の終盤になると，外部から侵入する植物に対して抑制的な働きが強くなってくる．林冠が閉じた森林ができると，その林床には光が届きにくくなり，耐陰性を持つ植物しか生育できなくなる．また，地表に厚く積もった落葉は，サイズが小さな種子の発芽には不利である．こうして，それ以上新しい種の侵入が起こらなくなり安定した状態に達したのが，遷移の最終段階である極相である．

気候的極相と土地的極相

どのような森林が極相となるかは主に気候によって決まる．日本では暖温帯域ではスダジイなどの常緑広葉樹林，冷温帯域ではブナなどの落葉広葉樹林，亜寒帯（亜高山）域ではシラビソなどの常緑針葉樹林が気候的な極相となる．

ただし，地形や土壌といった局所的な要因によって，気候的極相とは異なる森林ができる場合もある．例えば，富士山麓の火山灰土壌が広がる地域では，ブナ，ケヤキなどの落葉広葉樹林が気候的極相となっている（②）が，局所的にヒノキ，ツガといった常緑針葉樹が優占する森林もみられる（③）．このような場所では，火山灰由来の土壌が発達せず，溶岩がむき出しになっている．溶岩上では乾燥しやすく貧栄養な土地でも生育できるツガ，ヒノキなどの針葉樹が優勢になり，ブナなどの落葉広葉樹の侵入を抑制しているので，針葉樹林として安定した状態で維持されていると考えられる．こうした森林は，気候的極相に対して，土地的極相と呼ばれる．山地の瘦せ尾根，湿地の周囲，海岸の砂丘などに成立する森林は，土地的極相としての森林であることが多い．〔吉川正人〕

34 御蔵島のスダジイ林

—巨樹の森と島の生態系の関係を考える

スダジイ林をはじめとする常緑広葉樹の原生的な自然林は全国的にも少なく，これらの自然林に覆われる東京都に属する伊豆諸島の御蔵島（みくらじま）は学術的に貴重な島である．また，御蔵島は巨樹の島でもあり，巨樹・巨木林データベース[1]によると胸高直径 100 cm 以上のスダジイ巨樹の本数は 566 本であり，御蔵島の大ジイと呼ばれるスダジイは胸高直径 6.2 m である（①）．このスダジイ林を含む御蔵島の常緑広葉樹林は，オオミズナギドリと深い関係にある．

御蔵島の常緑広葉樹林の特徴

御蔵島の常緑広葉樹自然林は，スダジイ林とおよそ海抜 500 m 以上に分布する常緑広葉樹低木林（以下，雲霧低木林）の大きく 2 タイプよりなる[2]．雲霧低木林は強い風衝作用により樹高は低く，林冠では，ツゲ，ヤマグルマ，ヒサカキ，クロバイのほか，スダジイも混生する．ツゲが主要構成樹種となること，コウヤコケシノブなどの着生植物が極めて豊富なことなど，極めて特異性の高い森林である．

御蔵島のスダジイ林の特徴として本州や九州の主要構成種となるカシ類を欠くことがあげられる[2,3]．このような樹種の欠如は，御蔵島が海洋島であり，カシ類が移入する機会がなかったためと考えられる．また，草本を含めた種構成に着目すると，オオシマカンスゲ，ニオイエビネといった伊豆諸島の固有種あるいは準固有種が出現するのが特徴である[3]．このような御蔵島のスダジイ林は，他地域と同様に主に萌芽再生によって更新していると考えられる．御蔵島では，萌芽再生してきたと思われる巨樹も数多くみられる（①）．

オオミズナギドリ営巣地としてのスダジイ林

御蔵島のスダジイ林，特に急峻かつ低標高に成立しているスダジイ林は海鳥であるオオミズナギドリの営巣地となっており（②），10 万羽以上が繁殖している[4]．本種は地面に穴を掘って営巣するため，その活動はスダジイ林の林床植物に対して強い影響を与える[3]．その一方で本種の排泄物はリンなどの栄養塩を森林に供給している可能性があり，御蔵島のスダジイ林は海洋と陸上の生態系が交わる森林という点でも学術的価値がある．しかし，このような価値を損なう問題として，ノネコの捕食によるオオミズナギドリの減少問題がある[4]．現在御蔵島では，その基礎研究とともにノネコ管理の試みが開始されている[4]．〔上條隆志〕

【文献】

1) 全国巨樹・巨木林の会（2023）巨樹・巨木林データベース. http://www.kyojyu.com/database/index.html
2) Kamijo et al.（2001）Vegetation Science 18: 13–22
3) 大場（1971）神奈川県立博物館研究報告 1: 1–53
4) 岡（2019）森林野生動物研究会誌 44: 65–72

① 御蔵島の大ジイ（上條隆志）

② オオミズナギドリ（右下：徳吉美国）が営巣するスダジイ林（上條隆志）
中央のスダジイの根元に見える穴が巣穴.

35 小笠原の低木林

―背の低い森ができるとき

日本は国土の大半を森林が占める世界有数の森林国である．このため多くの人は低木林がイメージしにくいかもしれない．低木林を構成する，いわゆる「低木」は「高木」に対して樹高が低い木の総称であるが，「低木」の樹高に厳密な定義はない．日本では植物の成長期に雨が多いため，高木種で構成される森林が卓越しており，林冠を構成する樹木は一般的に高さ10～12 m以上に達する．これに対して明らかに低い森林が低木林と呼ばれ，高木からなる森林が発達する日本では低木林は比較的少ない植生タイプである．

低木林が成立する理由

一般に日本でみられる低木林は，植生遷移の過程で高木林が発達する前段階の植生であることが多い．例えば，河川周辺における洪水などの攪乱跡地や土地利用後の放棄地，伐採跡地，流出から数十年程度の溶岩上（第1部33参照）のように，植生を破壊するような攪乱から時間が経過していない立地で低木林をよく目にする．しかし，最終形（極相）が高木林となる遷移系列とは別に，低木林のままでいる植生が日本にも存在する．なぜそのような低木林が成立するのだろうか？

樹木の高さを制限する要因には水分条件や幹の力学的支持能力がある．乾燥条件下では樹木は光合成などの生理機能維持を優先するために資源を木部形成にまわさないことや，強風が卓越する環境では幹の力学的支持能力を増すために高さより直径成長に資源を配分することなどにより樹高が制限される[1]．高山帯には冬季の低温・強風・積雪などの影響でハイマツなどの低木林が分布する．また，土壌が冠水するような軟弱立地では樹高の高い樹木は根返りしやすく，樹高の低い樹木が優占することが多い．このように日本で低木林が恒久的に維持される場所としては，潮風が卓越する海岸部や島嶼，絶えず強風にさらされて乾燥しやすい尾根部，厳しい気象条件の高山帯，基盤の物理的強度が低い湿原周辺や砂丘などがあげられる．なお，東北の亜高山帯にはアオモリトドマツ林ではなく低木のミヤマナラ林が分布する場所があり（偽高山帯と呼ばれる），過去の気候変動の名残りと考えられている．低木林を構成する低木性の樹種は萌芽力の強い種が多く[2]，こうした種の多くはストレスや攪乱に対する耐性が高い．このことから，低木林は多くの幹や枝が混み合い，しばしば藪状に密生する状態となる．さらに特殊な低木林地帯として，火山があげられる．火山周辺では火山ガスにより生育可能な樹種が大きく制限されるため，一部のツツジ科植物やノリウツギのような火山ガスに耐性のある低木が優占する特徴的な組成の植生をみることができる（①）．この低木林は噴火が収まれば通常の遷移に従い高木林になる可能性があることから，遷移途上の低木林とみなすこともできるが，一定の頻度で噴火するところでは恒常的に低木林が維持されているようにみえる．

小笠原諸島の低木林

日本の低木林の中でも異彩を放つのが小笠原諸島の低木林である．島は面積が狭い上に大部分が潮風の影響を受けた植生である．特に小笠原の多くの島は平坦かつ低標高で上昇気流が発生しにくいため降水量が少なく，亜熱帯域の高温に伴う乾燥が著しい．このため，

① 火山地帯の久住山でみられるノリウツギの低木林（安部哲人）

② 小笠原の低木林に自生する絶滅危惧種ウチダシクロキ（安部哲人）

③ 原生的な姿をとどめる兄島の乾性低木林（安部哲人）

樹高の低い木が密生する低木林が島の多くの面積を占めている．兄島や父島の中央山・東平地区では状態のよい低木林がみられ，外来種リュウキュウマツが高木として散見されるものの，林床の光を遮る樹冠のほとんどは高さ 6〜7 m 未満に分布している．この低木林では優占種のシマイスノキをはじめ，固有種率が高い特有の種組成となっており，コバノトベラ，ウチダシクロキ（②），マルバタイミンタチバナといった多くの低木性固有絶滅危惧種の自生地にもなっている[3]．こうした固有種率の高い低木林は標高 100 m を超える海霧がかかりやすい立地に成立しており，一方で海霧のかかりにくい地域では固有種や絶滅危惧種の種数は少ないことから，乾湿の絶妙なバランスが貴重な群落を維持していると考えられている[4]．父島東平地区の低木林は一部が牧場跡地に成立した二次林だが，大部分は極相と考えられる低木林である．また，父島に隣接する兄島では全く人の手が入っていない低木林（③）があり，ともに世界自然遺産の貴重な低木林となっている．

適応・分化の舞台

小笠原諸島の低木林は同緯度の南西諸島の森林（例えば，沖縄島やんばるの森）と比べるとシイ・カシ類を欠き，全体に樹高が低く，構成種数も少ない．また，小笠原では樹木の個体サイズの変異が大きいことが知られており，父島や兄島の低木林にあるモンテンボクやアカテツ，シマホルトノキなどは急峻な山岳地形で雲霧が発生しやすい母島では高さ 15 m を超える高木林の林冠を構成する大木になる．同様の現象はハワイやガラパゴス諸島の固有樹種でも知られており[5,6]，種数が少なくニッチが空いている海洋島ならではの生態的解放（環境の制限要因がなくなり個体数を大きく増やすこと）の帰結かもしれない．加えて，低木林の環境に適応して島内で分化した系統（シロテツ属，ムラサキシキブ属，トベラ属など）がみられるのも大きな特徴である．母島属島の向島でも，この狭い島の低木林にだけ分布するムニンクロキが分化している．こうした自然度の高い低木林は世界自然遺産・小笠原を代表する貴重な植生であるが，問題も多い．外来樹種のリュウキュウマツやモクマオウの侵入だけでなく，ノヤギによる植生破壊[7]やグリーンアノールによる送粉系攪乱[8]，クマネズミによる種子・実生の食害[9]など，小笠原本来の自然植生は絶えず外来種の脅威にさらされている．小笠原の貴重な低木林を守るには外来種対策が欠かせなくなっている．

〔安部哲人〕

【文献】

1) 小池ほか（2020）木本植物の生理生態．共立出版
2) Harper（1977）Population Biology of Plants. Academic Press
3) 清水（2009）地域学研究 22: 69–93
4) 清水（2008）小笠原研究年報 31: 1–17
5) Carlquist（1970）Hawaii – A Natural History. Natural History Press
6) Haman（1979）Biotropica 11: 101–122
7) 清水（1993）駒澤地理 29: 9–58
8) Abe et al.（2011）Biol Inv 13: 957–967
9) Abe（2007）Pac Cons Biol 13: 213–218

36 佐渡島の森

—スギ・ヒノキアスナロ・ブナ・タブノキが織りなす多様な姿

日本海に浮かぶ新潟県の佐渡島(さどがしま)は冷温帯に位置しているが，非常に多様な森林植生がモザイク状に分布している[1]．面積的には圧倒的にミズナラやコナラなどの落葉広葉樹の二次林が優占しているが，大佐渡山地にはスギやヒノキアスナロ，ブナの天然林が，島の南部にはタブノキやスダジイなどの常緑広葉樹が海岸線に沿って分布している．また，ハクサンシャクナゲなどが分布することから，かつてはそこが亜高山帯林だったことがうかがえる．

大佐渡山地のスギ天然林

佐渡島大佐渡山地の尾根沿いには，スギの天然林が広がっている．佐渡島は江戸時代に相川金山の開発によって過度の森林の伐採が行われたが，江戸幕府の直轄地としてスギ天然林を含む地域が「お林」として保護された．そのため，現在でも樹齢 300～500 年のスギ林が残存している．これらのスギ林は，夏季に霧が発生する標高 700 m 以上の立地にあり，冬季には北西の強風と 3 m 近くの積雪に覆われる．これらの厳しい環境の中，スギは伏条更新を行い，雪圧によって曲がりくねった幹（①），強風によって旗状になった樹冠などスギとは思えないような異形の樹形がみられる[2]．

ヒノキアスナロ天然林

大佐渡山地の標高 500 m 付近には，樹高 20 m，直径 50 cm を超えるヒノキアスナロの天然林が分布している．江戸時代に金山開発でかなりの量が伐採されてまとまった林分は少ない．標高 700 m を超えると雪圧のために幹が立ち上がらず，地面を這った低木となり伏条更新を行っている．

ブナ天然林

佐渡島は気候的にはブナ帯に属すものの，ブナの分布域は限られている．金北山(きんぽくさん)や妙見山(みょうけんさん)（②）周辺の標高 1000 m 前後には，ブナの林分が点在して残っており，積雪の影響でイヌブナと見間違えるような複数の幹で構成された個体がみられる．また，安養寺のブナ林は標高わずか 55 m の低地に分布している．

ツツジ科などの低木林

大佐渡山地のドンデン高原などでは，古くから牛馬の林間放牧が行われており，シバからなる半自然草原が広がっている．周辺には牛馬が食べないレンゲツツジ，ハナヒリノキ，ハクサンシャクナゲなどツツジ科の樹木やヒロハヘビノボラズ，マルバアキグミなどの低木林が広がっている．

海岸線の常緑広葉樹林

小佐渡の海岸線を中心にタブノキ（③），スダジイ，ウラジロガシなどの常緑広葉樹が分布している．これらの林は磯の黒森といわれ，タブノキは磯漁の小舟の材にされた．

〔崎尾　均〕

【文献】

1) 崎尾 (2021) フォレストコンサル 165: 27-36
2) 長島ほか (2015) 日本森林学会誌 97: 19-24

① 天然スギ（連結杉）（崎尾 均）

② 妙見山付近のブナ天然林（崎尾 均）

③ 県天然記念物熊野神社社叢のタブノキ林（崎尾 均）

37 埋没林

—失われた温帯性針葉樹林の記録

スギやヒノキなどの温帯性の針葉樹は，数千年前には日本海側を中心とした本州から四国にかけて広く分布していたことが植物遺体や花粉の分析から明らかになっている．しかし，現在これらの多くは失われ，広葉樹二次林や植林に置き換わっている．かつて分布していた温帯性針葉樹林の特徴とそれが失われた要因について以下に記す．

温帯性針葉樹林拡大の痕跡

温帯性針葉樹林の痕跡は埋没林として各地に残されている．島根県大田市の三瓶小豆原埋没林（さんべあずきはらまいぼつりん）では幹が直立した状態のスギの巨木が多数発見されており，約4000年前の三瓶山噴火に伴う土石流によって埋没したとされている[1]．また，富山県魚津市の魚津埋没林（①）も，河川沿いに分布していたスギの大木が約1500年前に起きた洪水により埋もれたと考えられている[2]．2つの埋没林に共通するのは河川沿いの湿地にスギ林が分布していたことであるが，現在ではそうした林はほとんどみられず，富山県入善町の沢スギが河川沿いに残存するスギ林として貴重である（②）．

堆積物の花粉分析結果から，完新世の温帯性針葉樹の分布状況が明らかになっている．スギは弥生時代の約2000年前に日本海側を中心に本州において最も広域に拡大していた[3]．スギ以外のヒノキ科は約2500年前の関東から関西にかけて多く，ヒノキで有名な木曽地方で特に多く分布していた[4]．また，ツガは完新世を通じて四国に多く，コウヤマキは約2500年前の関東から四国にかけての太平洋側で最も拡大がみられた[4]．

温帯性針葉樹の利用と減少

古来，人々はスギやヒノキなどの温帯性針葉樹を利用してきた．全国の遺跡から出土した木材の樹種データから，弥生時代後期以降に温帯性針葉樹の利用が多くなったことが明らかになっている[5]．前述のように，弥生時代は針葉樹が最も多かった時期にあたり，それに対応して利用が増加したと考えられる．古墳時代以降では，スギやヒノキの大径材を水運により下流へと搬出し，寺社などの大型建造物の建築などに利用した[5]．そのため，特に畿内では森林資源は枯渇し，平安時代ではさらに遠方から木材を調達したとされる[6]．花粉分析結果からみても，スギは約1000年前以降に減少する地域が多い[3]．スギ以外のヒノキ科，ツガ，コウヤマキもほぼ同じ時期に減少に転じている[4]．このように，人による過去長期間の森林利用が温帯性針葉樹林減少の主要因である．もしも，人々の影響が強く及ばなかったならば，現在の森林景観とは異なる様々な温帯性針葉樹林を私たちは今眺めていることだろう．

〔志知幸治〕

【文献】

1) 大野ほか（2020）島根県立三瓶自然館研究報告 18: 129–137
2) 志知ほか（2022）情報考古学 27: 11–21
3) Takahara et al.（2022）Eco Res 8: 49–63
4) Ooi（2016）Jpn J His Bot 25: 1–101
5) 村上（2018）野生復帰 6: 7–11
6) Totman（1998）The Green Archipelago. Ohio University Press

① 魚津埋没林博物館に展示されているスギの樹根（志知幸治）

② 沢沿いにスギが分布する「杉沢の沢スギ」（志知幸治）

38 上高地のケショウヤナギ林

—火山噴火で堰き止められた谷底堆積地の河畔林

ケショウヤナギは長野県[1]と北海道[2]に分布する山地河畔域の代表的なヤナギ科植物で，特に長野県の上高地のケショウヤナギ林（①）が有名である．古くからの焼岳の噴火で梓川が堰き止められたため，堆積物が谷底に積み重なり，現在の上高地特有の，広い谷底平野が形成された．この明るい平坦な砂礫地に，ケショウヤナギやオオバヤナギ，ドロノキなどの先駆性樹種が侵入し，ケショウヤナギ林が形成されてきた．

ケショウヤナギの系統と地理的遺伝構造

ケショウヤナギは系統的にはオオバヤナギに最も近い[3]．遺伝構造をみると，ロシアのサハリンや沿海州と共通性の高い北海道のケショウヤナギに比べ，長野県のケショウヤナギは遺伝的多様性が低く，地理的隔離の影響と考えられる．

ケショウヤナギ林の成立

ケショウヤナギ林は，小さな短命の種子が綿毛とともに広く河畔に風散布され始まる．洪水でできた明るい河畔に一斉に芽生えが出現し（②），やがて立派なケショウヤナギ林に発達する．明るい砂礫地を好むため，すでに他の草本や樹木が生育している場所では生き残らない．ケショウヤナギの更新は，新しい砂礫堆積地に依存している．

上高地の森林タイプ

ケショウヤナギ林が有名な上高地であるが，河畔林全体の群落型は，先駆樹種の低木林，若齢林，成熟林，エゾヤナギ-ケヤマハンノキ林，ハルニレ-ウラジロモミ林，カラマツ林などに分類される[1]．攪乱の強度や時間経過，堆積物の粒度や水分環境の違いなどにより，多様な群落が様々な面積でモザイクに分布している．

① 上高地のケショウヤナギ林（新山 馨）
後列にカラマツ林や斜面の針葉樹林がみえる．

② ケショウヤナギを含む先駆樹種の低木林（新山 馨）

先駆樹種の低木材，若齢林，成熟林の中でケショウヤナギの優占度が高い群落を便宜的にケショウヤナギ林と呼んでいる．ケショウヤナギの純林は存在せず，オオバヤナギ，ドロノキ，エゾヤナギなどと混交林を形成しているのが普通である．

ケショウヤナギ林の遷移と再生

ケショウヤナギだけでなく，オオバヤナギ，ドロノキ，エゾヤナギ，カラマツなどの他の樹種も明るい砂礫地で同時に更新する．そのため最初はケショウヤナギなど成長の早いヤナギ科植物が優占しているようにみえるが，立地の安定化が進むとさらに細かな堆積物が地表に堆積し，水分環境などが変化するため，場所によってはハルニレ，ヤチダモなどの広葉樹やウラジロモミなどの針葉樹が進入，定着し，優勢になる．しかし，まれに生じる大きな洪水攪乱で既存の群落が破壊され，新たな砂礫地が形成され，ケショウヤナギ林の更新が再び始まる．攪乱の頻度と強度は河川からの距離や立地の比高によって異なり，長期間安定する群落もあれば，成熟林にならずに短い期間で植生の破壊と再生を繰り返す立地も存在する．

いずれにせよ，様々な強度と頻度での河川攪乱なしに，ケショウヤナギ林は存続できない．ケショウヤナギ林の保全には，行きすぎたダム建設や河川管理によって河川攪乱が必要以上に抑え込まれることにも注意を払う必要がある．〔新山 馨〕

【文献】

1）進ほか（1999）日生態会誌 49: 71–81
2）新山（1989）日生態会誌 39: 173–182
3）永光（2018）森林遺伝育種 7: 17–23

39 中部地方の氷期的針葉樹林

―環境変動に耐えぬいてきた希少な森

中部地方の氷期的針葉樹林には，氷期と間氷期の繰り返しによる植生変動の地史的プロセスの痕跡が示されている．マツ科カラマツ属のカラマツ，トウヒ属のイラモミ，ヤツガタケトウヒ，ヒメバラモミ，マツ属のアカマツ，チョウセンゴヨウ，ヒメコマツ，キタゴヨウ，ツガ属のコメツガ，ヒノキ科ヒノキ属のヒノキ，サワラ，ネズミサシ属のネズミサシ，クロベ属のクロベなど多様な針葉樹類が混在する天然林で，亜高山帯を特徴づける針葉樹林の1つのタイプである．比較的積雪量が少ない太平洋側の亜寒帯を中心に，崩壊性急斜面や石灰岩地，新しい溶岩上など土壌が発達しない立地条件では冷温帯上部にもみられる．多くは人為的な撹乱が少ない天然林であるが，山火事や伐採などによる人為的な撹乱によって成立した二次林にもみられる．先駆的なカラマツやヤツガタケトウヒ，ネズミサシが優占する林相から遷移が進むと，極相的なコメツガやクロベなどが優占する林相に変化すると考えられる．現在は中部地方のわずかな面積にみられるだけであるが，氷期には広く西日本にまでこの氷期的針葉樹林が広がっていたことから，地史的に極めて重要な森林と考えられる．

① 石灰岩の崖錐地周辺の氷期的針葉樹林（2005年11月10日，長野県大鹿村豊口山）（勝木俊雄）
常緑性のトウヒ類などの中に落葉性のカラマツが黄葉している．

② コケ類で覆われた氷期的針葉樹林の林床（2008年6月10日，長野県富士見町西岳）（勝木俊雄）
火山の溶岩上に成林しており，ほとんど土壌は発達していない．シカ害の影響も考えられるが，林床の草本層の維管束植物は少ない．

豊口山（とよぐちやま）亜高山針葉樹林

クロベ，ヤツガタケトウヒ，ダケカンバなどが優占するほか，高木層にカラマツ，ヒメバラモミ，キタゴヨウ，アカマツ，ヒノキなどがみられる．亜高木層以下はコメツガが優占し，草本層にはマイヅルソウやツルツゲなどがみられる．石灰岩の崖錐地に成立しており，先駆性のカラマツやダケカンバなどから極相性のクロベやコメツガなどの樹種に遷移が進んだ段階にある（①）．中部森林管理局の豊口山シダ希少個体群保護林に指定されている．

西岳フウキ沢ヤツガタケトウヒ希少個体群保護林

カラマツやヤツガタケトウヒなどが優占するほか，高木層にミズナラやダケカンバなどがみられる．亜高木層にはチョウセンゴヨウやシラベなどの針葉樹のほか，ミズナラやミヤマザクラ，ナナカマド，ウラジロノキなどの広葉樹がみられる．草本層にはマイヅルソウやカラフトミヤマシダ，ジンヨウイチヤクソウなどがみられる（②）．火山の比較的新しい溶岩上に成立しており，まだ極相に至っていない遷移の段階にあると考えられる．ただし，1959年の伊勢湾台風の倒木被害が記録されており，当時の被害処理がその後の植生遷移に影響していると思われる．中部森林管理局の西岳フウキ沢ヤツガタケトウヒ希少個体群保護林に指定されている．

〔勝木俊雄〕

40 木曽のヒノキ林

—木の文化を支え続ける温帯性針葉樹林

長野県南西部，木曽川流域には温帯性針葉樹天然生林が分布し，その規模は世界屈指とされる．銘木「木曽ヒノキ」を産し，今なお神宮備林としての役目を果たすなど日本の木の文化を支え続けてきた．ヒノキが優勢な森林，木曽のヒノキ林は日本三大美林の 1 つで，御嶽山（おんたけさん）山麓および岐阜県境となる阿寺（あてら）山地と木曽山脈に挟まれた王滝川以南の標高 600～1600 m の山地に分布する．

木曽ヒノキの材質の高さは古くから着目され，豊臣秀吉の直轄領となる 16 世紀末からヒノキ伐採が進行し，早くも江戸時代前期の 17 世紀半ばには流送による搬出に便利な森林の多くは切りつくされた．このため「留山」や「巣山」による保護政策がとられ，18 世紀に入り住民による伐採を禁止する停止木（ちょうじぼく）としてヒノキ，サワラ，コウヤマキ，アスナロ，ネズコの 5 種が指定された[1]．いわゆる「木曽五木」である．その後も抜き切りによる伐採は継続したが，現存するヒノキ林の林冠構成木の多くが樹齢 250～300 年であることから，当時の強度伐採跡に更新し再生した天然生林と考えられている[1]．1889（明治 22）年に帝室御料林，戦後に国有林として管理されてきたが，社寺・仏閣を始め重要な建築材として必要とされる銘木であるがゆえ，伐採は広範囲にわたった．しかし現在は木材資源としての保全に加え，温帯性針葉樹林としての世界的稀少性の観点から保護的管理も積極的に行われるに至った．

ヒノキ美林の代表格—赤沢の奥千本

面積約 1400 ha の赤沢（あかさわ）のヒノキ林は小川入（おがわいり）国有林内，上松町（あげまつまち）西方の木曽川支流小川上流部に位置する．このうち約 75% が天然生林で，保護政策が始まった江戸時代中期に更新したと推測される林齢 250 年以上の林分がそのほとんどを占めている．ヒノキのほか，サワラ，ネズコ，アスナロ，コウヤマキなどが混交するものの，ヒノキの優占度は高く 8 割以上に達する．標高 1200～1300 m 以下の低標高域では非ササ型林床の林分が多くを占め，マルバノキなどの低木種が出現し，一方，これ以上の標高域ではシナノザサなどが優占するササ型林床となる[2]．林齢 300 年を超す「奥千本」は木曽ヒノキの美林を代表する森林の 1 つで，ほぼ純林状を呈し（①），胸高直径は 50～60 cm にピークを持つ一山型分布を示し，80 cm を超える大径木も存在する．樹高は平均 31 m ほど，最大で 35 m に達する．林床は非ササ型でマルバノキ，シロモジ，クロソヨゴ，ツルシキミ，ツルアリドオシなどの低木やハリガネワラビ，シノブカグマなどのシダ植物が生育している．奥千本に限ったことではないが，非ササ型林床の林分ではヒノキではなくアスナロの更新が優勢であり（②），今後の木曽ヒノキ林の持続において憂慮されている．近年，ヒノキ後継樹の成立には，林床での相対照度を一定以上に保つ必要性が指摘されている[3]．

湿性ポドゾル土壌地帯—三浦のヒノキ林

木曽ヒノキ林分布域の北西部，王滝川の最上流域の三浦（みうれ）国有林は御嶽山の南西山麓に位置し，総面積約 1

① 赤沢奥千本のヒノキ林（岡野哲郎）
林冠はヒノキによってそのほとんどが占められる．

② 赤沢ヒノキ林の林床の例（岡野哲郎）
ヒノキの後継樹は少なく，アスナロが旺盛に生育する．

③ **湿性ポドゾル土壌断面**（岡野哲郎）
黒色の A 層は薄く，その下に灰白色の溶脱層が発達する．

④ **御嶽山山麓の三浦国有林**（岡野哲郎）
湿性ポドゾル土壌上に成立するヒノキ林．

万 ha の約 6 割が常緑針葉樹林で覆われている．概ね標高 1600 m 以下にヒノキやサワラを主とする温帯性針葉樹林が成立し，これより高標高に向かってシラビソ，トウヒ，コメツガなどで構成される亜高山帯性針葉樹林へと推移する．なお，ヒノキの生育は標高 1800 m あたりが上限となる．岐阜県と接する阿寺山地の隆起準平原地帯には，透水性に劣る生産性の低い土壌である湿性ポドゾル土壌（③）が広く分布し，これに加え林床における群落高 2 m を超えるチマキザサなどのササ類の旺盛な繁茂によって樹木の更新や成長にとって厳しい環境にある．ヒノキが優占する天然生林は約 2200 ha で，そのほとんどは林齢 250 年以上の林分である．サワラ，ウラジロモミ，ヒメコマツ，カラマツなどの針葉樹種やカンバ類，ミズナラ，ナナカマドなどの落葉広葉樹が混交する林分もみられ，先述の赤沢に比べ，ヒノキは平均で 6 割ほどの割合と低まり，胸高直径 40 cm 程度のやや小径の個体が多く，樹高も 20〜25 m ほどと低い傾向にある．これは立地環境，特に土壌の影響を強く受けているものと考えられる．本地域において湿性ポドゾル土壌地帯でのヒノキ天然更新促進に関する研究が 1966 年に設置された三浦実験林で実施され（伊勢湾台風や第二室戸台風の被害跡地を含め林地面積 424 ha），ササの抑制によってヒノキなどの前生樹の成長が促進され，さらに後生樹実生の発生と定着を可能とすることが実証された[4]．今後も長期モニタリングが継続される．なお，④は実験林内に設けられている学術参考保護林の林相を示したものである．

温帯性針葉樹林の復元―木曽悠久の森

ヒノキの出現割合が他の針葉樹種に比べ群を抜いて高いことが木曽谷の温帯性針葉樹林の特徴であるが，場所によってその程度は異なる．例えば沢沿いの斜面下部でサワラが群生しやすい，尾根部ではヒメコマツが混交し，低標高域の尾根部でコウヤマキの出現頻度が高まるなどの現象は，気候や地形，土壌など自然の立地環境の差異による影響を受けているものと考えられる．これに加え，江戸時代中期以降の伐採後の更新過程におけるヒノキをはじめとする有用針葉樹以外を除伐するなどの人為も，今日に至ってなお影響し続けているものと推察される．果たして，人為が加えられる以前に成立していた温帯性針葉樹林はどのような森林であったのか，議論が行われているところであるが，おそらく木曽五木以外の針葉樹種や落葉広葉樹種を交える，より複雑な構造を持つ針広混交林であったものと想像される．

木曽ヒノキ林分布域のほぼ中央部の 1 万 6579 ha（阿寺山地の岐阜県側を含む）が森林生物多様性復元地域「木曽悠久の森」に指定された．この取り組みは現存する天然生針葉樹林の保護にとどまらず，人工林については天然林への復元を目指すという挑戦的なプロジェクトで，2016 年に計画が立案された．悠久の時をかけ，木曽地方本来の温帯性針葉樹林を復元・保護し，さらにわが国の木の文化を支える森林として持続可能な状態へと誘導することが大きな使命であろう．

〔岡野哲郎〕

【文献】

1) 長野営林局（1979）木曾ヒノキ総合調査（要約版）
2) 長野営林局（1978）赤沢ヒノキ林
3) 杉田ほか（2021）日林誌 103: 207-214
4) 中部森林管理局（2016）三浦実験林 50 年史

41 東京都水道水源林

—1世紀余にわたる都市部水道事業体の森林管理

東京都水道水源林は奥多摩と称される東京都西部から山梨県北東部にまたがり，都内最高峰の雲取山（くもとりやま）（標高 2017 m）を含む．森林の総面積は 2 万 2776 ha で，東京都の重要水源の 1 つである多摩川の最奥部を囲むように位置する．人工林が総面積の 27%，天然林が 70% を占め，人工林の主要樹種はカラマツとヒノキ，天然林はブナ，ミズナラ類などを交えた落葉広葉樹林であり，標高が上がるにつれツガ，モミなどを主体とする針葉樹林となる．2005～2021 年の暖かさの指数は最も標高の低い奥多摩が 106，標高 1122 m の落合が 66 で，概ね落葉広葉樹林帯に相当する．総面積の 97% が保安林に，98% が秩父多摩甲斐国立公園に指定されている．

森林の管理体制と造林の歴史

都市水道局が所有する水源林では国内最大規模であると同時に，世界的にみても森林管理の歴史の長さが注目される．森林管理の人的資源をみても 2021 年度 46 名（うち 12 名は女性）の林学専門職が水道局内で水源林管理に従事しており，全国有数の充実した体制が敷かれている．

① 1922 年の笠取山付近（東京都水道局）

② 現在の同所（東京都水道局）

この水源林では，人間の経済活動によりいったん低下した森林の機能が回復し，それが 1 世紀以上継続的に保たれ，かつ高度に利用されている．

まず森林の機能の回復についてみると，維新後の官民有区分や産業革命に伴う森林伐採や焼畑・開墾の拡大により，明治末期には多摩川源流部に約 5000 ha の無立木地が存在した（①）．これを憂えた東京府や東京市はこの森林を買い取り，明治後期から高標高地における人工造林を開始した．試行錯誤の後，大正中期にはカラマツを上木，ヒノキなどを下木とする高標高地への造林技術が確立した．これらの水源林買い取りと森林計画編成，造林技術定着の過程に本多静六，村田重治，松波秀實，中川金治ら日本林学の揺籃期を代表する林学者やその教え子らが複数関わっていたことも特筆される．こうして，明治期に大規模に失われた森林植生をその後人為によって回復させた（②）．

機能の充実と高度利用

森林の利用については，水源かん養機能などの発揮に管理の重点が置かれながらも，木材生産や山岳レクリエーションの場としても高い機能を有する．まず第一に水源かん養について，戦前期から水源かん養と木材生産を両立させるべく両者のバランスに留意した管理が行われたが，1972 年に水源かん養を優先する方針とした．以後天然林の伐採が中止され，人工林では複層林・天然林誘導施業が中心となった．第二に木材生産について，1973 年以降木材生産量は低位となったが，2016 年現在の人工林齢級配置をみると 61 年生以上の高齢林が全体の 36% を占め，明治期以来の森林管理が資源の充実につながっている．最後に，秩父山塊東端の天然林やその垂直分布を楽しめる水道局独自のハイキングコースを整備し，都市近郊の森林レクリエーションの場，局のコミュニケーションツールとして積極利用している．わが国水源林の 1 つの原点であり到達点ともいえる森林である．〔泉　桂子〕

【文献】

1) 東京都水道局（2016）第 11 次水道水源林管理計画
2) 東京都水道局．水道事業年報各年度

42 富士山をとりまく森林

―世界文化遺産を彩る森の数々

言わずと知れた日本の最高峰，富士山．大きな標高差があること，火山であること，時期の異なる溶岩流が噴出していることなどにより様々な森林が存在しており，火山植生の研究をはじめとして，遷移や森林・樹木限界形成などで注目を集めてきた[1,2]．2013年にはユネスコの世界文化遺産「富士山－信仰の対象と芸術の源泉」として一帯が登録された．本項では，登録エリアの山梨県側を中心に，森林帯別にいくつかの森林を紹介したい．

落葉広葉樹林帯の森林

落葉広葉樹林帯は，古くからの人間活動の場として利用されてきたこともあり，残存する天然林は面積が限られている．国の天然記念物「富士山原始林及び青木ヶ原樹海」として指定されている地域は自然性の高い森林が残存しているが，そのような森林においても，人為の影響が色濃く反映されている．

864～866年に噴出した溶岩流の上に形成される青木ヶ原樹海は，標高約900～1300 mに位置し，現在でもヒノキやツガを中心とする常緑針葉樹が優占している．その標高では冷温帯性の落葉広葉樹林が本来の極相と考えられるため，この森林は土地的極相とされている[1]．ヒノキは江戸時代から明治時代の初めまで伐採された記録があることや，林内に炭焼き窯跡がありミズナラが利用されたことも想定されるなど，溶岩流上という物理的環境要因だけはなく，人為的な影響を受けてきていることが示されている[3]．

また，噴火後1000年以上経つ剣丸尾溶岩流（富士吉田市）の標高約1000 m付近では，アカマツ林が広がっている．これは，一次遷移途上の先駆群落とみなされることが多かったのに対し，群落生態学的調査と過去の森林・土地利用調査[4]からは，「噴火後1000年以上経つ溶岩流上の一次遷移としては遷移速度が極端に遅いことからも，剣丸尾アカマツ林の起源とその群落構造には，江戸時代からの入会地としての利用といった人間による攪乱や森林管理が大きく影響しているだろう」と結論づけられている（①）．

山中湖村の標高940～980 mの鷹丸尾溶岩流（937年噴出）上には，樹齢約260年のハリモミが純林状に広がって生育するまれな状況にあり，国の天然記念物「山中のハリモミ純林」として指定されている．寿命に近い老齢林とみなされており[5]，1959年の伊勢湾台風以後は風害木・枯損木が多く発生して衰退が著しい．ハリモミ自体の衰退や，落葉広葉樹などの更新が進んでいるため，純林再生に向けた検討や保全管理が進められている．

① 剣丸尾のアカマツ林（長池卓男）

富士山麓では，融雪期にしばしば発生する雪代（春先の急激な気温上昇に伴う融雪による土石流や大量の雨によって発生する大規模な雪崩）による災害が江戸時代から記録されている．富士吉田市の標高890～930 mには，それを防ぐために寛永年間（1624～1643年）に植栽されたといわれているアカマツ林を起源とした，胸高直径60～80 cm程度の大径のアカマツが優占している．ここは国有林が諏訪森アカマツ希少個体群保護林に指定している．現在は，マツ枯れが懸念されており，アカマツにはマツ枯れ防止剤を注入している（②）．

地形的にも緩傾斜地が広がっていることから，人工林も広く造成されている．シラビソやウラジロモミを中心とする人工林において，2002年，トウヒツヅリハマキガが大発生することによるシラビソの一斉枯損が生じた．このような虫害の発生を繰り返さないため

② 諏訪森アカマツ希少個体群保護林（長池卓男）

に，残存していた人工林を帯状伐採し，広葉樹を植栽することで頑健性の高い森林づくりを目指す「富士山の森づくり」が2007年から開始された．この活動は，多くの企業の参画などを交えた協働型による人工林の生態的機能回復の好例となっている[6]．

常緑針葉樹林帯の森林

標高1700～2200 mあたりにはシラビソやコメツガを中心とする森林が広がっており，針葉樹の更新メカニズムなどが研究されてきた．一方，伐採や道路開設などの人間活動による影響も一部では受けている．

前田ほか[7]は，道路開設から30年後の1994年に森林への影響を調査し，「道路開設に伴って生じた林縁枯損部での森林復元についても，次代の森林形成をになう稚樹の更新が前生稚樹を主体に旺盛に進んでいること」を明らかにした．しかしながら，近隣の森林における1999年から2018年にかけての調査では，林縁などに更新していたシラビソを中心とする針葉樹稚樹が顕著に減少しており，それにはニホンジカによる剝皮が大きく影響していることが示されている[8]．このように，ニホンジカが富士山の森林に及ぼす影響は，他のニホンジカが多い地域同様に懸念されている（③）．

③ ニホンジカ影響下のシラビソ林（長池卓男）

森林限界付近の植生

富士山は全体として植生がまだ十分に回復しておらず，ハイマツが分布しないことが特徴である[1]．その森林限界は他の山岳とは異なり，ほとんどの場所でカラマツ林が形成されている[9]（④）．富士山では，森林限界はまだ本来の標高（2800 m）に向かって上昇している過程にあるとされるが[9]，気候変動の影響も加わり，富士山の南斜面での固定調査地における40年間（1978～2018年）の結果では，ミヤマヤナギやカラマツが定着することで樹木限界が上昇している[10]．

④ 森林限界付近のカラマツ林（長池卓男）

〔長池卓男〕

【文献】

1) 山中（1979）日本の森林植生（補訂版）．築地書館
2) Ohsawa（1984）Vegetatio 57: 15–52
3) 大塚ほか（2008）植生学会誌 25: 95–107
4) 大塚ほか（2003）植生学会誌 20: 43–54
5) 高橋ほか（1975）林試研報 277: 61–85
6) Nagaike（2015）Restoration of conifer plantations in Japan: Perspectives for stand and landscape management and for enabling social participation. In Restoration of Boreal and Temperate Forests 2nd ed. Stanturf（ed），CRC Press, 365–376
7) 前田ほか（1998）森林立地 40: 43–47
8) Nagaike（2020）J Forestry Res 31: 1139–1145
9) 丸田・増山（2009）富士山研究 3: 1–12
10) Sakio and Masuzawa（2020）Plants 9: 1537

43 函南原生林

—常緑広葉樹林から落葉広葉樹林への変化を追える森

函南(かんなみ)原生林は，箱根外輪山の1つである鞍掛山(くらかけやま)（標高1004 m）の南西斜面，標高550〜850 mに広がる総面積約223 haの自然林である（①）．この区域は気候的に常緑広葉樹林帯（暖温帯）と落葉広葉樹林帯（冷温帯）との境界域にあたる．ここは中間にモミやツガが出現しないため，標高に沿って常緑広葉樹林から落葉広葉樹林へと明瞭に移行する．低標高域（標高550〜700 m）ではアカガシやウラジロガシなどが優占する常緑広葉樹林が，高標高域（標高700〜850 m）ではブナ，ヒメシャラなどが優占する落葉広葉樹林が成立している．

函南原生林は，古くから近隣町村が自主的に保護してきた森林である．これは，函南原生林が来光川の上流域にあり，下流域の田畑を潤す水源かん養林として重要視されてきたためである．少なくとも江戸時代から生立木は絶対に伐採しないという方針の下，厳しく管理されてきたという[1]．こうした江戸時代から現在までの数百年にわたる保護により，函南原生林では今もなお，自然のままの相観を維持している．

低標高域に広がる鬱蒼とした常緑広葉樹林

函南原生林の低標高域に広く分布するのはアカガシ林である（②）．箱根山一帯は駿河湾からの湿った空気がぶつかり雲霧帯が形成されやすいこと，そして富栄養な土壌条件により，樹木のサイズが大きいことが特徴である．アカガシでは巨木へと成長したものもあり，中でも「大ガシ」と呼ばれる巨木は，幹周り6 m，樹高20 m，樹齢は700年と推定されている．アカガシ林は主に斜面上部から尾根部に成立し，アカガシを欠く谷や斜面下部ではケヤキなどの落葉広葉樹林が成立する．高木層はアカガシが優占し，部分的にブナやヒメシャラなどの落葉広葉樹も混生している．亜高木層から低木層にかけて，イヌガシなどの常緑広葉樹が優占し，林床の暗い鬱蒼とした林を形成している．

標高の上昇に伴い落葉広葉樹林へ

標高700 m付近からアカガシやイヌガシなどの常緑広葉樹が減少し，代わってブナなどの落葉広葉樹が増加する．これは標高の上昇に伴う気温の低下により，常緑広葉樹の生育が制限されるためで，高標高域ではその個体数と個体サイズが半減する．落葉広葉樹は，常緑広葉樹林の暗い林床では実生の生存率が極めて低いが，常緑広葉樹の減少を機に後継樹の確保に成功して増加する．こうした構成種の応答を経て，高標高域では新緑が美しいブナ林が成立する（②）．高木層には，ブナ，ヒメシャラ，オオモミジといった落葉広葉樹が優占し，一部にアカガシが混生する．亜高木層以下も落葉広葉樹が多く生育し，林床は明るくなるが，同時にスズタケなどが優占するようになる．

このように自然状態での森林の垂直分布を，1つの山体で連続して観察できる場所は貴重である．ここでの知見は，気温に対する植生変化や構成種の応答を理解する上で重要な情報になるだろう．〔澤田佳美〕

【文献】
1）中村・中村（1965）函南原生林の植物．静岡県田方郡函南町箱根山禁伐林組合

① 函南原生林の外観（澤田佳美）

② 標高600 mのアカガシ林（左）と標高800 mのブナ林（右）（澤田佳美）

解説4 気候帯と森林帯

—森林の分布を規定する一般法則

気候による地球上の地帯区分を気候帯といい，森林タイプによる区分を森林帯という．後述のケッペン（W. Köppen）の気候帯や吉良竜夫の森林帯からもわかるように，気候帯と森林帯は普通対応するが，一対一の関係とは限らない．例えば，吉良の森林帯では，落葉広葉樹林帯は冷温帯とほぼ一致するが，暖温帯の一部にも含まれる．気候帯と森林帯を組み合わせた冷温帯落葉広葉樹林などの表現も用いられる．

気候帯

最も有名な地球の気候帯分類はケッペンが1901～1936年に発表したものである[1]．植生を反映するように経験的につくられた気候帯分類なので，森林の分布とよく一致する．ケッペンは地球の気候をA～Eの5つに区分した．まず，年降水量が年平均気温に対して少ない気候をB気候（乾燥気候）とした．続いて，最暖月の平均気温が10℃未満の気候をE気候（寒帯または極気候）とした．さらに，B・E以外の気候を最寒月の気温によって，18℃以上のA気候（熱帯気候），18℃未満かつ-3℃以上のC気候（温帯気候），-3℃未満のD気候(亜寒帯または冷帯気候)に分けた．C気候とD気候の境界は最寒月気温0℃とされることもある．Bは乾燥のため，Eは寒さのため，それぞれ樹木が生育できないが，A・C・Dは樹木が生育可能な「樹木気候」である．A気候は熱帯植物の生育範囲であり無霜地帯とほぼ一致し，D気候は冬の積雪が顕著な地帯に対応する．ケッペンは各気候をさらに細分したが，森林の分布との対応がよいものには以下のものがある．A気候のうち，乾季がある気候（Aw）はサバンナや熱帯季節林に対応し，熱帯性落葉樹（乾季落葉樹）が優占する熱帯落葉樹林（雨緑樹林）を含む．C気候のうち夏に乾燥し冬に雨が多い気候を地中海性気候（Cs）と呼び，硬葉樹林が成立する．

森林帯と暖かさの指数

日本は全域が多雨条件にあるので，B気候は存在せず，南部はC気候，北部はD気候に含まれる．ただし，C・D気候の境界の最寒月気温を-3℃としても0℃としても森林帯と対応せず，落葉広葉樹林は両気候にまたがって分布する．また，C気候に分類される日本南部の常緑広葉樹林には，屋久島と奄美大島の間で大きな違いがある．このように日本の森林帯を区分するにはケッペンの気候帯は不十分である．そこで，吉良は，日本を含む東アジアにおける気温と植生の関係を，「暖かさの指数」（WI：warmth index；温量指数とも）という指数により体系化した[2, 3]（①）．WIは，平均気温5℃以上の月の平均気温から5℃を引いて1年間合計した値として定義される．WIは植物の生育下限温度を5℃と仮定した，一種の積算温度である．以下では，吉良が定義した森林帯（WIによるので気候帯でもある）を寒い方から順に説明する．なお，WI<15（寒帯）では寒すぎて森林が成立せず，ツンドラや氷雪原となる．日本では富士山や北海道大雪山の山頂部などが含まれる．

亜寒帯針葉樹林帯

WIが15～45（亜寒帯）の範囲は常緑針葉樹林帯であり，北海道の山地ではエゾマツ，アカエゾマツ（トウヒ属）とトドマツ（モミ属）が，本州の山地ではシラビソ，オオシラビソ（モミ属）が優占する．ただし，WI>15であっても，山頂部では多雪・強風・未発達土壌などの影響で針葉樹林が成立しえず，ハイマツ群落，ササ草原，お花畑などの高山植生が成立し，高山帯と呼ぶ．高山帯と針葉樹林帯の境界部には落葉広葉

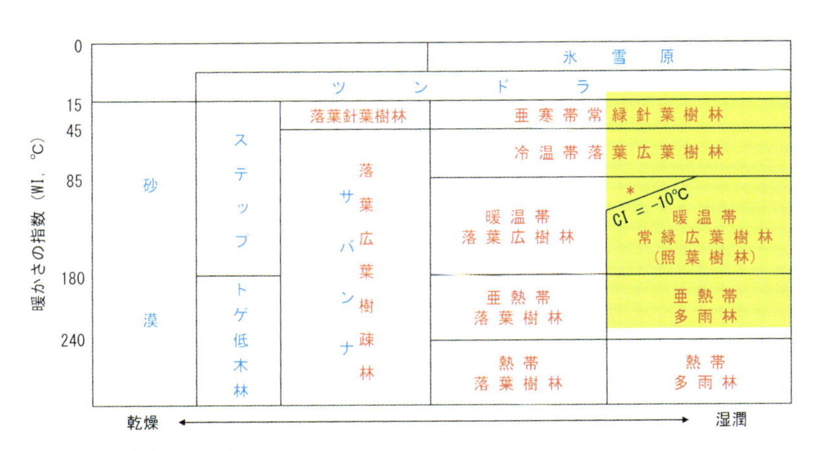

① 暖かさの指数と森林帯（文献3を改変）
日本の範囲を緑色で示す．森林を赤字，森林以外の植生を青字で示す．* の説明は本文参照．

樹のダケカンバが優占する森林がしばしば成立し，ダケカンバ帯（または亜高山広葉樹林）と呼ぶ．トウヒ属とモミ属は，北半球の同様の気候条件で優占しており，これらの常緑針葉樹林を北方林またはタイガ（ロシア語に由来）とも呼ぶ．森林を熱帯林と温帯林に二分する場合には寒温帯林とも呼び，垂直分布では森林限界（高山帯の下限）の直下に位置するので亜高山帯林とも呼ぶ．乾燥が激しいシベリア内陸部では落葉針葉樹のカラマツ属が優占する．

冷温帯落葉広葉樹林帯

WI が 45～85（冷温帯）の範囲は落葉広葉樹林帯であり，北海道の低地，東北地方，関東・北陸～九州の山地が該当する．温帯性落葉樹は冬季落葉樹なので，温帯落葉樹林を夏緑樹林ともいう．代表的な優占種はブナである．ただし，ブナの優占度は日本海側に比べて太平洋側で低下し，ナラ類（落葉コナラ属），シデ属，カエデ属などが多くなる．この冷温帯林の「背腹性」の理由としては，太平洋側の方が冬に降雪が少なく乾燥し最低気温が低くなる，つまり，より大陸的な気候になることが考えられてきた．ただし，気候と関連した他の要因（春先の山火事，ネズミによる種子の食害など）も影響しているらしい．また，北海道の黒松内低地より北にもブナはほとんど分布せず，ブナを欠く針広混交林となるが，北海道でのブナの不在は気候ではなく地史が原因である可能性が高い[4]．ブナが少ない太平洋側の落葉広葉樹林や北海道の針広混交林は，アジア大陸北東部（中国東北部・朝鮮半島・ロシア沿海州）の森林と組成・気候・撹乱要因に共通点がある．

暖温帯落葉広葉樹林

後述の WI>85 の地域であっても，冬が寒いと常緑広葉樹高木の分布が制限され，照葉樹林が成立しえない．吉良[2]は，平均気温 5℃以下の月の平均気温から 5℃を引いて 1 年間合計した値を「寒さの指数」（CI：coldness index）と定義し，CI が -10℃以下の場合にも，落葉広葉樹林が成立することを示した．この暖温帯落葉広葉樹林は日本の中部～東北地方の内陸部に存在し，冷温帯落葉広葉樹林と暖温帯照葉樹林の中間を占めるため，中間温帯林とも呼ぶ（①の＊部分）．太平洋側の冷温帯林と暖温帯落葉広葉樹林をまとめて「温帯落葉混交樹林」と呼び，日本海側の冷温帯林（ブナ林）や針広混交林と対比させる見解もある[5]．なお，高木性常緑広葉樹の分布の北限・上限条件として CI=-15℃もしくは最寒月平均気温 =-1℃（後述）を用いる場合もある．

暖温帯照葉樹林帯

WI が 85～180（暖温帯）の範囲は，日本ではほとんどが照葉樹林帯となり，関東・北陸から九州（屋久島を含む）に分布する．照葉樹とは光沢がある中型の葉を持つ常緑広葉樹を指し，葉が小さい地中海性気候の硬葉樹や大型で光沢のない葉を持つ熱帯の常緑広葉樹と区別して，この名を用いる．代表的な優占種は，シイ属，カシ類（常緑コナラ属），タブノキ，イスノキなどである．より乾燥した大陸部（中国南部）では基本的に落葉広葉樹林となるが，降水量の多い山地には照葉樹林が成立する．中国南部と似た気候条件の米国南東部にも落葉広葉樹林が成立する．このように WI>85 であっても，降水量が不足すると落葉広葉樹林となるが，そのほか冬の寒さが厳しい場合にも落葉広葉樹林が成立する（前述）．なお，日本の太平洋側では，落葉広葉樹林帯と照葉樹林帯の移行部（WI 60～100 の範囲）に，常緑針葉樹のモミ，ツガが優占する森林がみられ，モミ・ツガ林と呼ぶ．

亜熱帯多雨林帯

WI が 180～240 の範囲は亜熱帯多雨林帯である．日本では奄美大島以南の南西諸島が該当する．相観は照葉樹林に似るが，屋久島以北に分布しない樹種が多数あり，樹種多様性が高い．WI<180 である奄美大島の山頂部にもこれらの樹種（イジュなど）が分布するので，屋久島以北に分布しないのは気候ではなく地史（トカラ海峡による隔離）が主因であろう[6]．日本本土の暖温帯林や台湾～中国南部と共通する種・分類群も多く，亜熱帯林も照葉樹林に含めることがある．熱帯系の植物が海岸部に多く，タコノキ属のアダンやイチジク属の絞め殺し植物（ガジュマルなど）が海岸林を形成し，河口にはマングローブが発達する．小笠原諸島も同様の気候条件にあるが，海洋島のため固有種を多く含んだ独特の植物相を持つ．乾季が明瞭な大陸部では亜熱帯落葉樹林となる．

熱帯多雨林帯

WI>240 の範囲は熱帯多雨林帯であり，日本には存在しない．東南アジアでは，樹高 50 m 以上に達するフタバガキ科樹木が優占し，林冠層の上に突き出た巨大高木（超出木，エマージェントツリー）層を形成する．樹種多様性は森林として世界最大となる．大きくて薄い葉，板根の発達や豊富なつる植物などもその相観を特徴づける．乾季が明瞭な地域では樹高や種多様性が低下し，熱帯落葉樹林となる．

東アジアにおける森林帯の垂直分布

湿潤地域では，標高が 100 m 上がるにつれ気温は約 0.6℃低下する．熱帯の海岸部で年平均気温が 27℃あっても，標高 1500 m では 18℃になり，それ以上の標高は「最寒月の気温が 18℃以上」というケッペンの A 気候から除外される．同様に，北半球中緯度でも標高が上がると C 気候から D 気候へと変化する．東アジアは乾燥気候によって中断されずに低緯度から高緯度まで森林が連続し，しかも森林限界に達する高峰が多数存在する世界で唯一の地域である．大沢[7]は，東アジアについて降水量に制限されない場合の森林帯の垂直分布の緯度による変化をまとめた（②）．

熱帯では高標高の森林限界まで常緑樹林が連続する．これに対し，温帯（亜寒帯も含める）では低地から森林限界にかけて，常緑広葉樹林（亜熱帯多雨林・照葉樹林）→ 落葉広葉樹林 → 常緑針葉樹林と森林の相観が変化し，低地における低緯度から高緯度への変化と同じパターンを示す．このように熱帯と温帯では森林の垂直分布パターンが異なるので，それぞれ熱帯型・温帯型の垂直分布と名づけられた．森林帯の垂直分布が熱帯と温帯で異なる理由は以下の通りである．

熱帯でも温帯でもケッペンの最暖月平均気温 10℃よりも，吉良の WI=15℃の方が森林限界と一致する．一方，高木性の常緑広葉樹の分布は冬の寒さにより制限され，最寒月平均気温 >-1℃（または CI>-15～-10℃）の地域に限られる．熱帯には気温の季節変化がなく冬が存在しないため，標高が上がるにつれ WI は減少するが，最寒月平均気温は 5℃以上のままであり，CI はゼロのまま変化しない．このため，最寒月平均気温 <-1℃よりも WI<15℃の条件の方が，低い標高で出現する．よって，熱帯では森林限界まで常緑広葉樹が分布する．これに対し，寒い冬がある温帯では，標高が上がるにつれ WI だけでなく最寒月気温（または CI）も減少していき，WI<15℃よりも最寒月平均気温 <-1℃（または CI<-15～-10℃）の条件の方が低い標高で出現する．このため森林限界よりずっと低い標高で高木性の常緑広葉樹が分布できなくなる．この常緑広葉樹の上限を越えて森林で優占できるのは，寒い冬に耐えられる落葉広葉樹や針葉樹である．

このように緯度と標高に対する森林の変化をみると，常緑広葉樹林は熱帯低地を中心に熱帯山地と中緯度暖温帯へと広がっていることがわかる．つまり，東南アジアの熱帯山地林と日本の亜熱帯林・暖温帯林は，低温条件に成立する常緑広葉樹林という意味では同じ森林帯に属する．熱帯低地に比べて，厚く小さい葉，低い樹高，巨大高木を欠くのっぺりした林冠などの相観も共通する．また，ブナ科のカシ類，シイ属，マテバシイ属が優占するなど，科や属の組成の共通性も高い．大沢は熱帯下部山地林と亜熱帯林・暖温帯林の連続性を認める一方，熱帯上部山地林を熱帯特有の森林帯としたが，熱帯上部山地林と日本のモミ・ツガ林や南半球温帯林との間には気候条件や針葉樹の優占度などに共通点がある[8]．〔相場慎一郎〕

【文献】

1) 日本生態学会（2011）森林生態学．共立出版
2) 吉良（1949）日本の森林帯．日本林業技術協会
3) 吉良（1976）陸上生態系―概論．共立出版
4) Kitamura et al.（2023）Ecol Res 38: 724-739
5) 中静（2003）植生史研究 11: 39-43
6) Aiba et al.（2021）J For Res 26: 171-180
7) 大沢（1993）科学 63: 664-672
8) 相場（2017）日本生態学会誌 67: 313-321

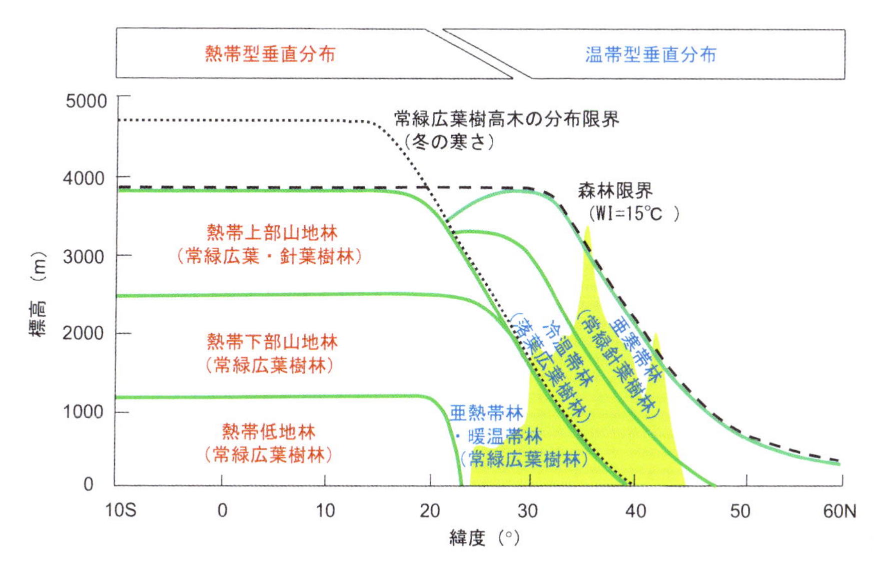

② 東アジアにおける森林帯の垂直分布（文献 7 を改変）
日本の範囲を緑色で示す．

44 能登半島のアテ林

—能登の人々の生活を支えてきたヒノキアスナロの択伐林

石川県の能登(のと)は，江戸時代よりアテ林業が発達した地域である．アテは，ヒノキアスナロの地方名で，青森ヒバと同種である．木材の欠点である「あて材」と混同されないように，材となった後は「能登ヒバ」と呼ばれている．青森では天然林から材を収穫しているのに対し，能登では，苗木により造成した人工林から材を収穫している．こうしたアテ林業は全国的にも珍しいため，日本森林学会から林業遺産に認定されている．

アテ林業の特徴

アテの苗は，発根性の高さを活かして挿し木や空中取り木で増殖されてきた経緯があり，地域ごとに優良系統が固定化されている．輪島市ではマアテ，穴水町ではクサアテ，珠洲(すず)市や能登町ではスズアテ，七尾市ではエソアテと呼ばれる系統が造林されてきた．空中取り木は，春に処理すれば秋には苗木として出荷可能なため，現在の苗木生産の主流となっている（①）．また，その発根性の高さは，「伏条更新」技術にも活かされてきた．幼木時に下枝を地面に接地させ，発根したら独立させて後継木を育成することができる．また，林内に直接穂を挿す「直挿し(じかざ)」という方法も行われてきた．こうした下木の更新技術と，おおよそ10年に一度の上木の収穫の循環により，択伐施業が今から約300年前に確立し，現在まで受け継がれてきた．択伐林は全体では5000本/haの密度に仕立てるが，収穫間近の上木は200本/ha程度で，径級の小さいものほど本数が多いのが理想である．柱材生産では50年生程度で，内装用の造作材(ぞうさくざい)生産では70～80年生で伐期となり，スギと混交した林分もみられる（②）．

近年，技術継承者の減少により，典型的な択伐林が減少している．上木の収穫が滞り，暗くなった林内で下木が枯死し，徐々に一斉林型に変わる林分が増加している．現在では，アテの耐陰性の高さを活かしてスギ林内に樹下植栽する複層林の造成が主となり，さらに一般のスギやヒノキ林の人工林のような単層林も増加している．

能登ヒバ材の特徴

アテの森林資源は，民有人工林の約13%しかないため，能登ヒバ材の流通はほとんど能登地域内に限られている．材は，強度性能に優れ，材面に光沢があり，高い芳香性を持つ（③）．径級により様々な用途があり，末口9～13 cmで根太や母屋，14 cm上で土台，14～18 cmで柱材，22 cm上で外壁用の板や内装材などに利用されている．土台として利用できるのは，材の抽出成分にヒノキチオールを多く含んでいるために，耐朽性や耐蟻性が高いためである．このように，様々な径級で建築材に利用できることから，能登ではすべて能登ヒバで住宅を建てる家も見受けられる．また，伝統産業である輪島塗の木地としても利用され，その他，切籠(きりこ)と呼ばれる祭りの山車や，昔は船の帆柱に利用されるなど，用途が豊富である．

このように，能登でアテ林業が発達したのは，アテが人々の生活を支え，産業や文化と深く関わってきたからである．

〔小谷二郎〕

① 空中取り木（小谷二郎）
環状剥皮し，水苔を巻きつけ発根させる．

② 上木にスギが混交するアテ択伐林（小谷二郎）

③ 能登ヒバ材（松元 浩）
強度，耐朽性，光沢性等に優れている．

45 海岸クロマツ林

—人々の暮らしを守りながら変わり続ける

各地の海岸にみられるマツ林のほとんどは，潮風害や飛砂害の軽減などの防災目的でつくられたクロマツ林である．砂地につくられた樹林が飛砂の発生を抑える効果は特に絶大で，人々が飛砂に苦しめられたかつての姿はない．

クロマツが選ばれたのは，潮風，貧栄養といった海岸砂地の環境にとりわけ強いからである．それでも植えれば必ず育つわけではなく，17世紀頃からの苦闘を伝える文書が各地に残る．現在のマツ林は当時のものが残ったものとは限らず，多くは何度かつくり直されてきた．

① 加賀海岸国有林（小倉 晃）
海，砂浜，砂草帯，前砂丘，クロマツ林と並んでいる．

わが国の海岸林は1970年代に一通りできあがったとされる．その後はマツ材線虫病対策や被害跡地での補植，過密化を防ぐための密度管理（本数調整），前砂丘の劣化とそれに伴う前縁部の埋砂への対応や植え直しなどが続けられている．

クロマツが成長して環境が和らぎ，砂地に養分がたまると，クロマツ林は比較的明るい樹林なので，クロマツ以外の樹種も生育できるようになる．かつては生活のためにクロマツの落葉・落枝の採取が行われていたことで広葉樹の生育が抑えられてクロマツ林が維持されていたが，落葉・落枝が利用されなくなって藪状に広葉樹が混じった場所も多い．

本項ではクロマツ林の広葉樹林化の視点から，代表的な海岸クロマツ林の1つである加賀海岸国有林（石川県），自然に広葉樹林に変わった大岐の浜海岸林（高知県），人為的に広葉樹を入れた湘南海岸砂防林（神奈川県）を取り上げる．なお，虹の松原（佐賀県，第1部65）のように，広葉樹林化を抑えクロマツ林を維持しようとしている海岸林もある．〔坂本知己〕

加賀海岸国有林—代表的なクロマツ海岸林

加賀海岸国有林は石川県南西部の加賀市に位置し，長さ約4 km，幅500～1200 m，面積約330 haの広大な海岸林で（①），防風保安林に指定されるとともに，越前加賀海岸国定公園にも指定されている．また，この海岸林を中心とする景観は2021年3月に「加賀海岸地域の海岸砂防林及び集落の文化的景観」として，国の重要文化的景観に選定された[1]．

加賀海岸は17世紀頃から飛砂防備のための海岸林が造成された記録がある[1]．明治時代になっても成果が上がらなかったことから，1911年に国の海岸砂防林造成事業が始まり，大正時代には前砂丘が造成され，クロマツほか海浜植物（砂草）も植栽され[2]，現在の海岸林の基礎がつくられた．

現在の加賀海岸は，汀線から幅約30 mの砂浜があり，砂浜から高さ約15 mの前砂丘にかけて幅約130 mの砂草帯が広がり，前砂丘に近いほど海浜植物が繁茂している．前砂丘後方には広大なクロマツ林が広がっている．クロマツ林では1987年ごろからマツ材線虫病被害が目立ち始め，現在でもその被害は収まっておらず，ほぼ全域で発生している．上層木の樹高は15～20 m，胸高直径は30～45 cmで，多くの場所で疎林状態になっており，下層には天然下種更新した樹高10 m以下のクロマツが密に生育している．なお，被害木の切り株の年輪数は100以上あり，159を数えたものもあった．

防災機能を低下させないためにマツ材線虫病対策を徹底して，前線部のクロマツ林を維持しつつ，内陸側は徐々に広葉樹に替えることも考えられる．

〔小倉 晃〕

大岐の浜海岸林—広葉樹林に置き換わった海岸林

大岐（おおき）の浜海岸林は四国南西部の高知県土佐清水市に位置し，長さ1 km，幅200 m，面積21 haと比較的に小規模である．砂浜・砂草帯・海岸林の美しい風景が広がり（②），足摺宇和海国立公園の一部をなす．最大の特徴は常緑広葉樹で構成されていることであ

通行不能になった．1946 年には造成が再開されたが，1960 年代に異常乾燥と台風が相次ぎ，国道より海側はほぼ壊滅した．そこで 1969 年からは，気象・病虫害に強くするためトベラ，マサキを混植し，また，潮風環境を和らげるため高さ 1.5～5.0 m の防風ネットを設置した．

1983 年からは多様な樹種で構成される多層林の方が諸害に強いという考えから，高木性のタブノキやスダジイ，亜高木性のヤブニッケイやカクレミノなどをクロマツ林内に客土して植栽した．さらにクロマツ林の海側には耐潮性に加えて萌芽性を持つトベラ，シャリンバイなどの低木性広葉樹を植栽した．植栽樹種は 19 種にのぼる．広葉樹の植栽密度は，クロマツ林の海側で 6 本/m^2，それ以外は 4～5 本/m^2 と高密度であった．

その後，密度調整を進め，平均密度はクロマツが 822 本/ha，広葉樹は 9300 本/ha である．なお，高木性広葉樹は 1000 本/ha を目安にしているほか，住宅に隣接する箇所では剪定して明るくし，国道に接する箇所では飛砂に備えて高密度を維持している．ほかにも，広葉樹がクロマツを被圧しないように強く剪定するなど，多様な混交多層林を仕立てるための管理が試みられている． 〔萩野裕章〕

【文献】

1) 加賀市. https://www.city.kaga.ishikawa.jp/soshiki/sangyoshinkou/bunka_shinko/6954.html
2) 金沢営林署（1952）砂浜国有林海岸砂防事業の概要—砂の津波から内陸を守るもの

② 大岐の浜海岸林の遠景（大谷達也）
海側から内陸側へ向かって樹高が徐々に高くなることがみてとれる．

る．

この海岸林はかつてクロマツ林であったが，100 年ほどの時間をかけて完全な広葉樹林になったようだ．大岐の浜にクロマツ林が造成された年代を記した文献はないものの，1700 年代初めに編纂された土佐州郡志には大岐村の「松林」は禁伐と記されている．1950 年出版の国立公園選定報告書では，クロマツ林内陸側でのクスノキ・タブノキの混交，広葉樹の亜高木層での繁茂や部分的な林冠形成が記されている．その後，マツ材線虫病でクロマツが衰退し，1985 年の地元小学生による調査の報告書からクロマツ大径木の残存と内陸側での広葉樹の大径化が読み取れる．2007 年には海岸林最前部で枯死クロマツの伐倒処理が行われ，この時点でクロマツはほぼ皆無となった．

現在では，海側最前部にシャリンバイ，マサキ，トベラといった低木種が人の背丈ほどで密生する一方，内陸側ではクスノキ，タブノキ，ホルトノキといった大径木が樹高 25 m に達し，海から内陸へ向かって樹高が徐々に増加しながら構成種が入れ替わる．胸高直径 80 cm 以上の個体が内陸側に点在し成熟した森林のようにみえる．しかし，海岸林内の場所によって出現種が異なったり，高木性の樹種でも死亡率の高い種があったりするので，この広葉樹林はいまだ成熟の途上にあるといえる． 〔大谷達也〕

湘南海岸砂防林—広葉樹の混交をすすめた海岸林

湘南海岸砂防林は神奈川県藤沢市から大磯町にかけて続く，長さ 11.4 km，幅 20～140 m，面積 85.2 ha の海岸林で，樹高は内陸側の高いところで 15 m に達する．クロマツ林に広葉樹を植栽した混交多層林（クロマツを主体とし，常緑広葉樹が中下層を形成）であることが特徴の 1 つである（③）．

本格的な造成は 1928 年から始まったが，戦中・戦後に著しく荒廃し，沿岸部の国道はたびたび飛砂で

③ 湘南海岸砂防林（萩野裕章）
国道内陸側のクロマツ（上層）と広葉樹（中下層）の混交多層林．

46 熱田神宮社叢

—市街地に残る暖温帯照葉樹林の痕跡

熱田神宮(あつたじんぐう)社叢は，暖温帯に含まれる愛知県名古屋市南部の，半島状に延びた台地の南端にある．

現在の神宮北部はムクノキとクスノキが優占し，溝沿いなど一部の湿潤な立地では，タブノキ–イノデ群集やケヤキ群落と認識される自然性の高い植生となっている[1]．近年，本殿北側に一般参拝者も歩ける小径が整備され，林床のウラシマソウやヤブミョウガなど，その一端を垣間見ることができるようになった．ただし絵図などからは，近世以前はスギなどの針葉樹林であったようだ[2]．一方，南側の参道沿いや，本殿より北でも北側と西側の道路沿いなどは，別宮・末社周辺などを除き，大正時代以降の神域拡張整備に伴って植栽された樹林である[2]．特に 1927 年の遷宮の際の設計は，明治神宮の設計にも関わった建築家・伊東忠太によるもので，当時熱田神宮林でも周囲の工業化による煙害によって針葉樹が衰退傾向にあったことから，明治神宮の植栽に倣って照葉樹などの煙害に強い樹種が選ばれたようだ[3]．

熱田神宮社叢は，基準 A（原生林・自然林）と E（郷土景観を代表）で特定植物群落に選定されているほか，19.1 ha の範囲が名古屋市の特別緑地保全地区に指定されている．

熱田神宮の生物相の記録

2011 年から 3 年間かけて実施された調査では，国・県のレッドリスト種や市域未記録種などの多くの希少種を含む，維管束植物 270 種，昆虫類 522 種，クモ類 63 種以上，貝類 28 種が記録された[4]．鳥類は近年の調査では 32 種が報告されている[5]．

1970 年代にも，1972 年の台風被害を受けて生物相の総合調査が行われているほか，昭和初期にも植物相調査が行われ，貴重な過去の記録が残る．

名古屋周辺にみられる暖温帯照葉樹林の植物

早くから開発が進み，近年は都市化が著しい名古屋周辺では，照葉樹林は主に社寺林に断片的に残されているのみである．熱田神宮もかつては周辺の別宮までをも含む広大な樹林であったと想像されるが，中世の頃にはすでに孤立・断片化していた．名古屋市域の中低位段丘以下ではクスノキ林の分布が多く，高位段丘以上ではカシ林，マツ林の性格を持つ社寺林が多い[1]．また海岸に近い中低位段丘および段丘崖の自然度の高い場所にはスダジイ林，中低位段丘および微高地にはクロガネモチ巨木林もみられる[1]．

東海地方ではクスノキは自生種ではなく，社寺林でみられるクスノキの多くは近代以降に人為的に植栽されたものだが，熱田神宮では弘法大師お手植えとされる大楠（①）など十数本のクスノキ巨木があり，それらから鳥散布された種子による自然生えも少なからずあると考えられる．

愛知県内でも名古屋市より南に位置し，開発圧も弱かった知多(ちた)半島には，多くの暖地性樹木がみられるが[6]，北の名古屋周辺ではバクチノキ，タイミンタチバナ，ミミズバイなどが欠ける．熱田神宮ではカゴノキ（②）や（かつては）カラタチバナなどの自生と考えられる暖地性植物も分布するが，オガタマノキやホルトノキなど献木や周辺の植栽木からの逸出由来と考えられる種も多い．東参道のイチイガシやオオツクバネガシは植栽である．　〔橋本啓史〕

【文献】

1) 落合（1976）名古屋市内の社寺林植生（鈴木時夫博士退官記念論文集 森林生態学論文集）．153–178
2) 橋本ほか（2021）なごやの生物多様性 8: 23–36
3) 熱田神宮宮庁（1966）熱田神宮昭和造営誌
4) なごや生物多様性保全活動協議会（2018）なごや生物多様性ガイドブック
5) 名古屋市：名古屋の野鳥（2019–2020 年度野鳥生息状況調査報告）．名古屋市ウェブサイト．https://www.city.nagoya.jp/kankyo/page/0000136696.html
6) 浜島（2006）知多半島の植物誌．トンボ出版

① クスノキ巨木（橋本啓史）

② カゴノキ（橋本啓史）

47 海上の森

―多様な歴史と環境が織りなす都市近郊林

海上の森は，愛知県名古屋市中心部から東に約20 km の場所に位置し，総面積約 530 ha のうちの 9 割以上を占める森林は，スギ・ヒノキの人工林と広葉樹の暖温帯二次林に大別される．林内には中世の窯跡が分布するなど，地元・瀬戸市での盛んな窯業を背景に人々に利用されてきた森であることがうかがえる．二次林の多くはコナラ，アベマキなどの落葉広葉樹が中心であるが（①），一部ではアラカシ，シイなどの常緑広葉樹が大きく育ち，植生遷移による常緑樹林化が進行している．また，尾根部にはアカマツ林がみられる．

多様な二次林とナラ枯れ

コナラ・アベマキ主体の二次林であっても，場所により落葉広葉樹と常緑広葉樹の混交割合や，常緑広葉樹のサイズが異なっており[1]，これまでの利用履歴の違いを反映していると考えられる．また，後述するように立地環境の違いを反映して，樹種組成にも違いがみられるなど，多様な発達段階の二次林や希少な植物を観察することができる．通常，暖温帯低地ではあまりみられないようなオオカメノキやクロモジなどが生育していることも特徴である．

全国各地でも発生した，カシノナガキクイムシが媒介する病原菌によりナラ類を中心とした樹木が枯損する「ナラ枯れ」被害が，海上の森では 2009 年から 2013 年頃を中心に確認され，林内の固定試験地における調査では，期間中に上層のコナラやアベマキの 6 割程度が枯死した[1]．多くの枯死木の発生に伴い林内の光環境が好転したため，一部の落葉広葉樹とアラカシ，ヒサカキなどの常緑広葉樹の新規加入や成長の促進が観察されており，植生遷移による常緑樹林化が今後さらに進むと予想される．

湿地特有の植物

海上の森の地質は花崗岩と砂礫層からなっており，砂礫層分布域の谷部を中心に点在する貧栄養な湧水にかん養される小さな湿地には，サクラバハンノキに加えて，東海丘陵要素植物のシデコブシ，ミカワシオガマ，ヒメミミカキグサ，トウカイコモウセンゴケなどが生育している[2]．貧栄養湿地の特性を保全するため，湿地周囲の樹木の伐採や枯草の除去が行われているほか，日照不足により悪化したシデコブシの開花・結実状況の改善を目指して，除間伐が行われている（②）．

愛知万博記念の森としての取り組み

愛知万博のメイン会場としての開発を免れ，瀬戸会場として利用された海上の森では，「あいち海上の森条例」に基づき，人と自然とが共生する社会の実現を目指した愛知万博記念の森としての保全活動として，自然環境調査や森林・農地の整備が継続されている[2]（②）．また，自然資源の有効な利活用と次世代の人材育成に向けて，多様な主体が協働した取り組みが行われている．

〔中川弥智子〕

【文献】

1) 渡辺ほか (2016) 日本森林学会誌 98: 273-278
2) 愛知県 (2016) 海上の森保全活用計画 2025

① コナラ主体の二次林 (Celegeer)
手前にソヨゴやサカキがみられ，ネットはリター量の測定用である．

② シデコブシ（左上：中川弥智子）とその保全活動（戸丸信弘）

48 台場クヌギ

―室町時代から今に続く菊炭づくりの森

猪名(いな)川上流にある北摂(ほくせつ)地域の里山は，兵庫県と大阪府の府県境に位置し，広葉樹二次林である「台場クヌギ林」がまとまって分布する．大阪・京都南部地域から奈良県北部にかけては，苗木を購入してクヌギを植樹してきた歴史があり，この地域のクヌギは，他の地域で一般的な野生植物利用というより，取引される栽培種という色彩が強い[1)]．

川西市黒川地区は，長年にわたって菊炭(きくずみ)（切り口が菊の花のような模様の炭）の生産の中心地であり，農閑期を利用した炭焼きが行われてきた．黒川地区に位置する「猪名川上流域の里山（台場クヌギ林）」（①左）は日本森林学会により林業遺産に認定されている[2)]．「妙見(みょうけん)の森」には，小径の台場クヌギがあり，炭窯跡も残っている．黒川地区北部に隣接する大阪府能勢町地域にも台場クヌギ林が分布し，今日も菊炭（①右）の製炭が行われている．

② パッチワーク状の台場クヌギ林の里山景観（能勢電鉄）

台場クヌギの特徴

台場クヌギは，台場という頭木(かしらぎ)仕立てで育成されるクヌギであり，植栽され10〜20年経ったクヌギの幹を地上から1〜2mという比較的高い位置で伐り，切り株の上部から萌芽する幹を8〜10年ごとに伐採する，という仕立て方をする．こうした仕立て方は，伐採後の萌芽の生育が早いこと，境界の目印，狭い土地の有効利用，シカ対策などのためだと考えられている．繰り返し伐採することで切り株は太くなり，太いものでは直径70〜80cmに達し，樹齢は200年近くになる．

① 台場クヌギ（左）と菊炭（右）（深町加津枝）

猪名川上流域での炭焼きの歴史は古く，室町時代には銀の精錬用として盛んに焼かれた歴史がある．その後，豊臣秀吉の茶会において茶道の炭として使われるようになった．『伊奈郷農事録』（1726年）には毎年で伐採を繰り返す輪伐について，『広益国産考』（1844年）には台場クヌギについての記述がある．

台場クヌギを原木とした炭は，菊炭の中でも特に「池田炭」と呼ばれ，主に高品質の茶道の炭として利用されてきた．高品質とは，火力が強く香りがよいこと，薄い樹皮が密着していること，断面が真円に近いこと，などの条件を満たしていることをいう．

台場クヌギ林の景観

台場クヌギ林は，伐採年の異なる様々な林分がまとまって分布するため，パッチワーク状の里山景観（②）が形成される．台場クヌギが分布する里山には，オオミドリシジミや オオクワガタなど多種多様な生物が生息し，生物多様性の保全の場としても重要である．猪名川上流域の里山の特徴として，歴史性，台場クヌギの存在，植物の種組成の特殊さ，動物相の多様さ，現在も続く木炭生産，という5つがあげられている[3)]．こうした台場クヌギ林の維持には，適切な管理と持続的な資源利用が今後も不可欠となる．〔深町加津枝〕

【文献】

1) 佐久間（2008）農業および園芸 83：183-189
2) 深町（2017）林野 129：10-11
3) 服部ほか（1995）人と自然 6：1-32

49 六甲山の再生林

―森林生態系の保全と復元

日本の森林の多くは過去に人為的攪乱によって破壊された生態系が極相へと遷移する途中過程にある．国土のほとんどが温暖で湿潤な気候帯に位置する日本の極相植生は森林であるが，人間による森林資源の過度な利用が続いた結果，各地の森林が荒廃し，19 世紀末から 20 世紀初めに相次いで大規模な降雨災害が発生した．これを受けて河川法や砂防法，森林法が制定され，これらの基本方針に従い，国土緑化が推進された．その例として兵庫県南部の六甲山（ろっこうさん）系があげられる．

六甲山系の大部分は花崗岩地帯であり，風化したまさ土は水分，養分の保持力が低く流れやすいため，一度植生が失われると再生しにくい．江戸時代末期までは，人間による過度な森林伐採が続いた結果樹木の生えない山肌が露出した箇所が広がっていたため，19 世紀末から 20 世紀にかけて治山・緑化事業でヒノキ，スギ，クロマツ，アカマツなどの針葉樹や，ヤシャブシ，ニセアカシアなどが植林された（①）．当時は植生の早期回復と災害防止を主目的とし，自然植生の回復よりも土壌改良と被覆を優先したため，窒素固定を行い荒廃地の土壌を改良する肥料木が用いられた．

1980 年代以降は自然回復緑化の考え方が普及し，在来種を主体とする二次林から極相林へと植生遷移させることを目的として，ブナ科の在来種の植林が進められた．六甲山系の神戸市総合運動公園の樹林は，残された天然生二次林との景観的連続性を実現すべく，在来種を植林して造成された森林である（②）．一方で人間による土地開発が広範囲に及び，極相種の種子供給源となる遷移後期林が少なくなった現在，管理放棄された二次林では遷移が進行しない，あるいは外来種や鳥散布種が多い植生へと偏向遷移する例がみられるため，植生変化の定期的な調査と定量的な解析が重要である（③）．二次林が極相林の林分構造に達するには管理放棄から最短でも 100 年以上を要すると予想される[3]．

〔石井弘明〕

① 荒廃した六甲山系再度山（ふたたびやま）の緑化（1900 年頃）（神戸市[1]）

② 神戸市総合運動公園における自然回復緑化（施工後 3 年および 32 年目）[2]

【文献】

1) 神戸市（2003）六甲山の 100 年そしてこれからの 100 年
2) Hotta et al.（2015）Urban Forestry & Urban Greening 14：309–314
3) Kawata et al.（2023）J For Res 28：345–352

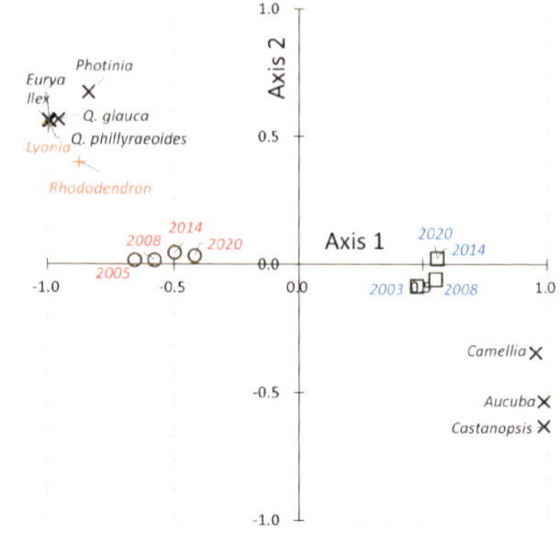

③ 植生変化の定量的解析の例[3]

XY 軸は様々な樹種の個体数を表す尺度である．類似した種組成を持つ森林は図上で近くに配置される．遷移後期林（□）に隣接した落葉広葉樹二次林（○）の種組成が年ごとに遷移後期林に近づいているのがわかる．この手法を用いれば自然回復緑化を目標植生へと誘導するためのロードマップを描くことができる．

50 万博記念公園の森

—大規模造成地における初の森林再生

大阪千里(せんり)丘陵の里地を切り開いて1970年日本万国博覧会(EXPO'70)が開催された．この跡地を万博記念公園「緑に包まれた文化公園」とする構想の閣議決定に基づき，日本で最初の大規模造成地における森林再生事業が始まった．

生物多様性を先取りした造園設計

植栽の基本計画(高山英華・都市計画設計研究所)では，2000年を目途として，持続可能な「自立した森」とする計画で，照葉樹林，里山二次林，サバンナをそれぞれモデルとした「密生林」「疎生林」「散開林」が敷地364 haに配置された．その核心部，自然文化園地区(約100 ha)の基本設計(吉村元男・環境事業計画研究所)では植物社会学的な植生類型を参考とした配植，大気汚染を念頭に海岸林構成種利用の保護林，バードサンクチュアリの配置，肥料木や先駆植生植栽なども工夫された．だが調達可能樹種には限界もあった．1972年から植栽が始まり，多様な課題に直面しながらも，モニタリングに基づく対応がとられてきた．現代の生物多様性への配慮と順応的管理の要請を先取りした，造成地森林再生の先進事例といえる．

当初の緑化工学的課題

1982年からリモートセンシングや土壌調査を含む樹林のモニタリングが行われ，大阪層群・海成粘土層に含まれるパイライト起源の硫酸酸性，造成時の土壌固結，排水不良に伴う樹木生育不良が判明し，排水改良工事などの対応がとられた．

後に判明した景観生態学的課題

ひとまず林冠がほぼ閉鎖されるに至った1995年から，生物多様性にも配慮したモニタリングが行われた．その結果，樹木の成長につれて過密な単層林化と林床植生の衰退や，孤立した緑地のために北摂山系からの種子供給に限界があるなど，「自立した森」の実現に課題があることが判明した．

そこで，本来の自然林の種多様性維持機構であるギャップダイナミクスを模したパッチ状間伐と，苗木植栽，近隣山地の造成で発生した森林表土撒き出しを併用する，「第2世代の森づくり」などの生物多様性を意識した林分管理，さらに微地形要素不足によるシダ類の多様性欠如への溝掘り対応など，「自立した森」の内容を深化した新たな目標の設定，LiDARやUAVなども活用したモニタリングと林分評価に基づく順応的管理が継続している．

近年では，もともとの設計意図にありながら入手不能で導入できなかった多様な樹種の地域性苗の育成と導入や，手入れの行き届いた台場クヌギ(第1部48)のような里山林を目指した取り組みなどが進行中である．

自然文化園では，こうした先進的取り組みの下2007年から5年連続してオオタカが営巣し，2010年代に入ってからアカネズミも定着した．一方，森林の成熟に伴い，園路沿い枯損木の倒木危険性への対応が必要となっており，自然的プロセスの尊重と公園的利用の調整も課題となっている．

2014年にまとめられた文献目録[1]には関連研究論文29本ほか多数の出版，報道などがあり，この森が都市域造成地の森林再生に関する知見集積と社会的認知向上に果たしてきた役割は多大である(①)．

〔森本幸裕〕

【文献】

1) 京都学園大(2014)万博「自立した森」文献目録．https://www.dropbox.com/s/fgrpvkdwke8 msyf/EXPO_Bib_141215.pdf?dl=0

① 「自立した森」に関する文献目録[1]の表紙

51 春日山原始林

―原生的な景観を残す大和の神奈備

春日山(かすがやま)原始林は，奈良県奈良市街の東に位置する暖温帯の照葉樹林である．優占種であるブナ科の常緑広葉樹に，モミ，ツガなどの針葉樹やヤマザクラ，イヌシデなどの落葉広葉樹が混交する．春日大社の御神域として西暦 841 年から狩猟伐採が禁じられてきたため，極相に達した原生林が成立しており，その学術的価値の高さから，約 300 ha の範囲が 1924 年に国の天然記念物に，1955 年には特別天然記念物に指定されている．

春日山原始林の植物相

林冠の主要構成種の中でも，特に個体数が多い種はコジイで，斜面下部から尾根にまで広く分布している(①②)．カシ類は，急峻かつ複雑な地形に対応して，尾根近くにアカガシ，傾斜が急な立地にウラジロガシ，谷筋の近くにツクバネガシ，標高の低い平坦な場所にイチイガシ，とすみ分けている．これらの林冠構成種については，胸高直径が 1 m を超える個体もみられる．耐陰性がやや低いアラカシは多くない．

① 春の春日山原始林（名波 哲）
開花・展葉によりシイ・カシ類の樹冠が薄黄色に染まる．

② コジイの林冠木（名波 哲）
下層にはサカキ（左手前）やカラスザンショウ（右手前）が写っている．

春日山原始林は暖温帯に位置するが，亜熱帯まで分布するイヌガシ，ヤマモモ，カラスザンショウや，温帯性樹種であるホオノキ，コシアブラなども生育している．つる植物も多く，ウドカズラ，テイカカズラ，フジ，キジョランなどがみられる．さらに，林冠層には，フウランなどの着生植物やオオバヤドリギなどの寄生植物が確認されている．

春日山原始林を襲う脅威

春日山には原生的な照葉樹林が残っているが，その存続は危機的な状況にある．第一の要因は，付近に高密度で生息するニホンジカの摂食や踏みつけにより，多くの植物の更新が阻害されていることである．林床にみられる植物の多くはシカの不嗜好性植物であり，マツカゼソウなどの草本，イワヒメワラビなどのシダ植物，そしてアセビなどの木本の実生・稚樹である．シカの食性の変化により，不嗜好性植物の中にもクリンソウのように個体数を減らしている植物もあり，事態の深刻さがうかがわれる．第二に，外来樹種であるナギとナンキンハゼの侵入である．これら 2 種もシカに食べられないことが，侵入と定着の大きな要因であろう．さらに近年は，ブナ科樹木萎凋病（ナラ枯れ）により，ブナ科樹種の大径木の枯死が目立つ．1970 年代初頭には 1277 種もの維管束植物の生育が報告されているが，現在の植物相を詳細に明らかにしたデータは見当たらない．

文化的存在としての春日山原始林

奈良に古の都があった時代より，春日山は神仏の座す峰であり，人々の畏怖尊崇の念を集めてきた．春日山原始林が 1998 年にユネスコの世界文化遺産「古都奈良の文化財」の一要素として登録されたことは，自然を敬い畏れつつ共生の道を探ることの大切さを，私たちに改めて示してくれた．学術的・文化的に貴重な春日山原始林を後世に伝えるために，英知の結集が求められている．〔名波 哲〕

【文献】

1) 奈良市史編集審議会 (1971) 奈良市史．吉川弘文館
2) 前迫 (2013) 春日山原始林．ナカニシヤ出版

52 スギ人工林・ヒノキ人工林

―世界に誇れる先人たちのつくった森

日本では，森林面積の約４割（1020万ha）が人の手によって植栽された人工林である．そのほとんどが木材生産を目的とする単一樹種の林で，スギ（444万ha）とヒノキ（260万ha）で全体の約７割を占めている．現存する人工林の多くは戦後に植栽された一代目の若い造林地であるが，歴史ある林業地や高齢の人工林も各地に存在する．本項では，吉野林業など日本各地の伝統的なスギ・ヒノキ林業地のうち代表的な６つを紹介する．〔横井秀一〕

金山杉（山形県）

金山杉は山形県の北東部，秋田県との県境に位置する金山町で生産されるスギである．金山町は，栗駒国定公園の一端で1000m級の尾根が連なる神室連峰の裾野に広がる盆地に位置し，夏の高温多湿と冬の豪雪が特徴である．

金山町の林業は，江戸時代に新庄藩による部分林制度の下に植栽されたことが始まりとされ，その特徴は長伐期大径木生産である．かつて一町歩一万石ともいわれた巨大な人工林が紹介されたことで着目されたが，この林分は1961年に伐採されてしまった[1]．現在は，樹齢80年以上のものを「金山杉」と称してブランド化し100年，150年を目標とした山づくりの伝統が受け継がれており，樹齢200年を超えるスギの美林が点在するなど全国的にも有数のスギの産地となっている．中でも藩政時代から残る「大美輪の大杉」は圧巻で，木材生産を目的としたスギ人工林としては日本有数の大きさを誇る（①）．このスギ林は，すり鉢状の谷地形に位置しており，0.87haの林分には樹齢約300年，最大胸高直径152cm，最大樹高59mのスギが2268 m^3/ha成立している．興味深いのは，スギの立木間隔が狭く株状に立つ個体がいくつか確認できることである．詳しい施業履歴は不明であるが，当時の植栽方法として巣植えが行われていたのではないだろうか．スギの長伐期林の見本として学術的にも重要であり，永続的に残していきたい林分である．〔上野　満〕

北山杉―台杉と短伐期一斉林（京都府）

京都市北区中川を中心とする北山地方では，室町時代から台杉仕立て（②上）と呼ばれる特異な施業法が発達し，昭和年代からは単木仕立て（②下）に発展していった．どちらも製品は丸太で，それを育林過程でつくり上げる集約的な技術である．台杉仕立ては，数寄屋建築と関わりながら発展した．かつては磨き丸太となる小径材を生産していたが，単木仕立ての発展に伴い衰退し，現在では，さらに小径の垂木を生産する

①「大美輪の大杉」（上野 満）

② 台杉仕立て（上）と単木仕立て（下）（横井秀一）

③ 撮影時 158 年生のスギ人工林（高橋絵里奈）

④ 三ツ岩保護林（左）と林分密度試験林（右）（伊藤 哲）

台杉が小規模に残るだけである[2]．台杉仕立てでは，1 m ほどの高さの枝から立条する複数の幹を枝打ちにより完満・無節に育て，利用適寸になったら択伐的に収穫する．単木仕立ては，皆伐方式の短伐期施業である．通直・完満・真円・無節の小径丸太の生産を目標に，挿し木苗を 5000～7000 本/ha で植栽し，除間伐と枝打ちを経て，25～35 年生ぐらいで主伐する[3]．目標とする材を生産するため，収穫時の本数密度は 2800～3000 本/ha と高く，枝打ちにより樹冠長率が小さく，形状比の高い樹形に育てる．そのため，甚大な冠雪害を何度か経験した．〔横井秀一〕

吉野林業（奈良県）

吉野林業の森林管理の特徴は，「密植・多間伐・長伐期」である．昭和初期には 1 万 2000 本/ha もの遺伝的に多様な実生の苗木から，間伐を何度も繰り返すことで優良個体を選抜育成し，長い期間をかけて年輪幅の揃った大径材を育成してきた．1893 年出版の『吉野林業全書』には，川上郷では 398 年前に人工造林を創始したとあり，「我が吉野杉が，天下に名声を博してゐる」との記載がある．吉野林業の高齢人工林は，林床が緑に覆われて大径木が整然と立ち並ぶ美林である（③）．その美林を守り育ててきたのが，その所有者と熟練技術者である．吉野林業には借地林業制度があり，村外在住者の所有山林を山守と呼ばれる在村の熟練技術者が担ってきた．森林管理の中でも重要な間伐の基準は，「足数を揃える，樹冠を見極める，上の木を伐る」にまとめられる[4]．木の大きさと間隔を揃えながら，緑の葉がついている樹冠の状態で今後の成長を予測し，斜面上側にあって他の木の成長を害する個体を積極的に伐り，よい木を残して育成してきた．残す木に必要かつ十分な生育空間を与えて，年輪幅が揃うように樹木を育成してきた結果，優良大径材の産地となったのである．〔高橋絵里奈〕

飫肥林業と林分密度試験林（宮崎県）

宮崎県南部で江戸時代から発展した飫肥林業は，吉野と対照的な疎仕立ての林業である．旧来，弁甲材と呼ばれる造船用材を得るために 750 本/ha 程度の疎植で造林し，枝打ちや間伐を行わずに，年輪幅の広い造船に適した材を生産してきた[5]．疎植といっても，挿し穂を林地に直接挿しつける「直挿し」造林法がとられていたため活着率が低く，実際には 1 万本近くを挿しつけることもあったという．また，部分林制度の下で造林前の木場作や挿しつけ後数年間の林間耕作が行われていたため，雑草木の繁茂が少なく，これが疎植林業を成立させる重要な要素でもあった．疎仕立ての林は台風にも強く，風土にも合っていた．戦後の拡大造林期以降は柱材を生産目標とした 3000 本/ha 程度の植栽密度が一般的となったため，当時の疎仕立てのスギ林はごく一部にしか残っていない．その代表が 1878 年に植栽された三ツ岩オビスギ遺伝資源希少個体群保護林である（④左）．約 5 ha の保護林内には樹齢 146 年（2023 年現在），平均胸高直径 80 cm，平均単木材積 7.3 m³ の巨木 1100 本強が林立している．拡大造林期の 1973 年には，適切な植栽密度を検討するために円形林分密度試験林が近隣の国有林に設定された（④右）．この試験林は通称「飫肥杉ミステリーサークル」と呼ばれ，三ツ岩とともに多くの林業関係者の視察対象となっている．〔伊藤 哲〕

佐白山（茨城県）

茨城県笠間市，笠間稲荷神社から直線距離で約 900 m 東にあるのが，佐白山の高齢ヒノキ人工林である（⑤）．標高は約 200 m，面積は 7.4 ha，2007

⑤ ヒノキと常緑広葉樹の混交する佐白山（太田敬之）

年に枯死したヒノキの年輪数は230年であった．東日本で最も古いヒノキ人工林の1つであり，江戸時代後期に笠間城の敷地内に植栽されたと笠間営林署施業案説明書に記載されている．

2013年時点でのヒノキの密度は148本/ha，平均胸高直径は約60 cm，最大胸高直径は約90 cmであった．樹高は30〜35 mのものが多かった．推定240年を過ぎたヒノキでも肥大成長は毎年3〜5 mm程度，材積成長量は約10 m³/ha・年と算出された．これは100年生のヒノキ人工林とほぼ同じ値であり，林齢が高くなっても林分としての成長量を保っていた．佐白山ではスダジイ，シラカシ，ウラジロガシなどの常緑広葉樹が混交し，最大胸高直径60 cm，最大樹高32 mに達している．下層ではヒサカキが多くみられ，落葉広葉樹はクリなどが混交している．100年生前後のヒノキ人工林ではこれほどの種数，サイズの広葉樹が混交することはなく[6]，多くの樹種が混交し種の多様性も高い佐白山は「関東ふれあいの道」の1つにも選ばれている．江戸時代後期は木材が窮乏していた時代であったが，佐白山のヒノキが現代まで残っているのは笠間城の城山として伐採が禁じられていたためである．

〔太田敬之〕

尾鷲ヒノキ（三重県）

尾鷲（おわせ）ヒノキ林業地は三重県南部の熊野灘に面した尾鷲市，紀北町の人工林地帯である．1624年に初めて人工造林が行われ，1700年代半ばには植栽-育林-伐採のサイクルによる循環型林業が本格的に始まって今日に至る伝統があり，2017年3月には農林水産省「日本農業遺産」に認定されている[7]．当初の植栽樹種はスギが中心であったが，急峻な地形かつ年間3800 mm以上の降水量により，土壌が発達しにくく林地生産力が低いため，1800年代後半からはヒノキに樹種転換され，現在では民有林人工林面積の90％以上を占めている．

尾鷲林業は建築用柱材の生産を目標とする皆伐一斉更新施業である．6000〜8000本/haの密植，その後の枝打ち，多間伐が特徴で，柱材適寸に達する40〜50年生（本数密度1000〜1500本/ha）で主伐を行う．近年では4000〜6000本/haのやや密植を行い，主伐時まで残す見込みの2000本/ha程度を選木して枝打ちし，複数回の間伐を経て40〜50年生あるいは70年生程度で主伐を行うことも多い．このような施業により，年輪幅が緻密に揃った完満・無節の良質材を得ることができる．なお，林床には常緑多年生シダのウラジロが繁茂していることが多く（⑥），ウラジロの地上部による雨滴衝撃に対する林床被覆，地下部根茎による土壌保持により表土保全に寄与すると考えられている[8]．

〔島田博匡〕

【文献】

1）嶺（1951）金山の大杉林．秋田営林局
2）岩井（1994）林業技術 628：17-22
3）林業試験場関西支場（発行年不明）京都の北山林業
4）高橋・竹内（1999）森林応用研究 8：117-120
5）塩谷・鷲尾（1965）飫肥林業発達史（服部林産研シリーズ No.2）．服部林産研究所
6）鈴木ほか（2005）日林誌 87：27-35
7）尾鷲林政推進協議会（2019）急峻な地形と日本有数の多雨が生み出す日本農業遺産尾鷲ヒノキ林業
8）杉浦（1980）森林立地 21：22-28

⑥ 林床にウラジロが繁茂するヒノキ人工林（島田博匡）

53 大台ヶ原の森林
—シカが存続を脅かす原生的な森

急峻な地形が続く紀伊山地の中で，標高 1695 m の日出ヶ岳（ひのでがたけ，ひでがたけ）を最高峰として 1300 m 以上に広がるなだらかな地形は大台ヶ原（おおだいがはら）と呼ばれている．1961（昭和 36）年に大台ヶ原ドライブウェイが開通し，観光地化とともに，周辺部では天然林の伐採と大規模な造林が行われた．当時は民有地が多くを占めていた大台ヶ原でも伐採が計画されたことから，1974（昭和 49）年から奈良県が買収を進め，10 年後には環境庁に移管され，環境省が国立公園の土地を取得した最初の事例となった．

東大台の針葉樹林

標高約 1500 m を境に，東側の高標高域は東大台と呼ばれ，トウヒやウラジロモミなどの針葉樹が優占する（①）．トウヒはわが国の分布の南限となっている．1916（大正 5）年から 1922（大正 11）年に伐採され，その後に成立した二次林が多い．かつての林床は蘚苔類に覆われ，トウヒなどの倒木更新がみられた．

1959（昭和 34）年の伊勢湾台風に伴うトウヒ林の風倒被害を契機としてミヤコザサの分布が拡大し，トウヒの更新がほとんどみられなくなった．トウヒの立ち枯れは風倒跡地から周辺に広がり，ミヤコザサがさらに拡大した[1]．

トウヒ林保全対策事業は 1986（昭和 61）年に開始されたが，衰退の原因の 1 つにシカの影響が考えられた．ミヤコザサはシカの重要な餌資源であるとともに，採食耐性が高く，シカに食べられると高密度化して，樹木実生の定着を阻害する．2002（平成 14）年からシカの捕獲が開始され，生息密度は低下したものの，ミヤコザサの繁茂により樹木の更新は困難な状態が続いている．

西大台の針広混交林

西大台では，ブナ，コハウチワカエデ，オオイタヤメイゲツなどの広葉樹とウラジロモミやヒノキなどの針葉樹が混生する針広混交林が広がる（②）．ブナが優占するほぼ原生状態の森林としては，太平洋側では最大のものである．

1990 年代に剥皮によるウラジロモミの枯死などシカの影響が顕在化したが[2]，稚樹の減少など影響はそれ以前から生じていたものと思われる．かつて林床に広く分布していたスズタケは 1998（平成 10）年頃までに衰退し，スズタケも稚樹もない見通しのよい森林に変化してしまった．

2003（平成 15）年から防鹿柵の設置が進められ，柵内ではスズタケの衰退もあって多様な広葉樹の更新がみられる．一方柵外では，捕獲によりシカの生息密度は低下しているものの，依然として天然更新は難しい状況である．

崖地に成立する針葉樹林

大台ヶ原の周囲は急傾斜の斜面や嵓（くら）と呼ばれる崖地が多い．嵓や岩尾根には，台地上にもみられるヒノキやハリモミ，ツガなどのほか，コウヤマキ，ヒメコマツ，トガサワラなど多様な針葉樹が生育する貴重な植生がみられる．

〔明石信廣〕

【文献】

1) Ando et al. (2006) J For Res 11: 51–55
2) Akashi and Nakashizuka (1999) For Ecol Manage 113: 75–82

① 衰退が続く東大台の針葉樹林（明石信廣）

② 林床植生の乏しい西大台の針広混交林（明石信廣）

解説5 保護林

―森林のよりよい保護や利用を促す様々な仕組み

意外に思われるかもしれないが，日本の法令に「保護林」という用語は登場しない．このあと述べる「保護地域」も実は同様だ．しかし1915（大正4）年の山林局長通牒「保護林ニ関スル件」は国有林内の原生林や名所旧蹟，景勝地などの森林を保護する制度として，後の「国立公園法」（1931年）などの施策の先駆けになった．最初の保護林は，現在中部山岳国立公園の核心部の1つである上高地の1万1000 haの地域だったという（①）．ここでは「保護林」をより一般的に捉え，本書に登場する森林の多くに適用されている保護地域全般を対象とする．

森林に関わる保護地域制度

森林が対象となる保護地域で，最もカバー率が高いのは，自然公園（国立公園，国定公園，都道府県立自然公園）である．優れた自然の風景地の保護と適正な利用を推進するために指定され，特別保護地区，特別地域（第1種～第3種）といった地域区分に応じて立木の伐採などが制限される．日本の森林の約14%が自然公園に指定され，国立公園区域の約6割は国有林が占めている．このほか自然環境保全法に基づく原生自然環境保全地域，自然環境保全地域，文化財保護法に基づく名勝・天然記念物，種の保存法に基づく生息地等保護区もその多くが森林に関わっている．鳥獣保護管理法に基づく鳥獣保護区内の特別保護地区では立木伐採の規制がある．国有林の保護林制度は，1989年に再編・拡充され現在は「森林生態系保護地域」など3種類の保護林が設定されている．

国際的な森林保護制度

こうした国内法制度による保護を土台として，国際的な認証，登録によりさらにその価値を認識し，高いレベルの保護や活用を目指す制度への注目が高まっている．「世界遺産条約」に基づく世界遺産が著名であるが，日本の世界自然遺産5地域のすべてが，国立・国定公園，原生自然環境保全地域，自然環境保全地域のいずれかと森林生態系保護地域により保護されている．またユネスコが認定する「ユネスコエコパーク」は「人間と生物圏（MAB）計画」（1976年）に位置づけられた生物圏保存地域（Biosphere Reserve）の別名で，コア（核心地域），バッファー（緩衝地域），トランジション（移行地域）という地域区分が特徴である．同じユネスコのプロジェクトである「ジオパーク」は，ジオ（大地）に関するサイトや景観を保護，教育，持続可能な開発に着目しながら管理していくものだ．いずれもその核心部分は国内法制度により守られている．

森林保護の課題とこれから

ここにあげた各種の保護地域は重層的に指定，設定されている例が少なくない．保護・利用の目的や方向性に齟齬がない限りはそれぞれが補完し合うこととなるが，管理手法の違いについて，現場レベルを含め協議・調整が必要な場合もある．

生物多様性条約に基づく世界目標「昆明・モントリオール生物多様性枠組」（2022年）は，陸と海のそれぞれ30%を保護地域およびOECM（other effective area-based conservation measures）により保全する「30by30目標」を掲げた．これを受けて日本は民間の取り組みなどによって生物多様性の保全が図られている地域を「自然共生サイト」として認定し，既存の保護地域との重複を除いたものをOECMとして国際データベースに登録する仕組みを導入した．法令などによらなくても，様々な管理活動が結果として生物多様性の保全に貢献していることを評価するもので，保護地域の概念そのものが拡張されていく可能性を示唆しているともいえよう．〔笹岡達男〕

① 上高地・徳沢の森とニリンソウ群落（笹岡達男）

54 伊勢神宮宮域林

―式年遷宮を支える200年の森づくり

伊勢神宮宮域林(きゅういきりん)は三重県伊勢市の南部に位置し，内宮(ないくう)神域周辺に広がる面積 5512 ha の森林域である．面積の約半分がカシ類，シイ類，タブノキ，クスノキ，カゴノキ，ヤブツバキ，サカキなど常緑広葉樹を主体とする天然林，その他は人工林である．人工林の大半を占めるヒノキ人工林では，大径木の育成，水源かん養や風致機能の発揮を目指して特徴的な施業が行われている．

式年遷宮と御杣山

伊勢の神宮では 20 年に一度新しい社殿を建て，大御神(おおみかみ)にお遷りいただく式年遷宮(しきねんせんぐう)が行われる．宮域林は第 1 回内宮遷宮（690 年）から鎌倉時代の後期（1300 年頃）まで社殿の建て替えに使用する御造営用材(ごぞうえいようざい)（ヒノキ材）を伐り出す御杣山(みそまやま)として役割を果たした．以降は適木の欠乏により御杣山は近隣地域，そして木曽へと移ったが，神宮自らの供給体制を整えるため，1923 年に「神宮森林経営計画」を策定し，この計画に基づいて現在までヒノキの造林，育成を進めてきた．その結果，2013 年の第 62 回遷宮には約 700 年ぶりに宮域林から御造営用材が供給された．これらは間伐木を利用したものであり，供給量は全体の 20% 程度[1]であったが，今後も遷宮の回を重ねるごとに自給率を高め，将来は御造営用材の多くを宮域林から持続的に供給することを目標としている．

200年伐期のヒノキ大径木育成

宮域林のうち 2268 ha のヒノキ人工林で御造営用材生産のための施業が行われている．式年遷宮では，主に胸高直径 60 cm 前後の立木が使用されるが，一部 100 cm を超える立木も必要となる．これらの径級の立木を比較的，短期間で育成するために，4000 本/ha の植栽，初期保育などを経て，成長に個体差が生じる 30～40 年生頃に肥大成長が期待できる木（大樹候補木）を 10～70 本/ha 程度選木して二重ペンキ巻き表示，これに次ぐ成長を期待できる木（御造営用材候補木）には一重巻ペンキ巻き表示を行う（①）．そして，大樹候補木については，肥大成長を促進するために，間伐において枝先が触れ合う隣接木を伐採する方式「受光伐」を実施している（②）．この効果について，宮域林内の試験地において通常の間伐に比べて 1.5 倍程度の肥大成長が期待できることが確認されている[1]．このような間伐を繰り返し行うことで，200 年生の時点で立木密度 100 本/ha 程度，平均胸高直径 60 cm 以上，大樹候補木では 100 cm 以上に育成することを目標としている[1]．

② 受光伐を行った 85 年生ヒノキの樹冠（島田博匡）

① 選木が行われたヒノキ人工林（島田博匡）
下層には多数の常緑広葉樹が侵入している．

針広混交林への誘導

宮域林を水源とする五十鈴川(いすずがわ)の水源かん養と宮域の風致増進を図ることも宮域林の重要な経営方針である．そのため，大径木育成を目指して間伐を繰り返す過程において，林床には多数の広葉樹が侵入するが，これらを育成することで，ヒノキと広葉樹が混交する針広混交林に誘導している[1]．林冠木であるヒノキの下層には，周辺の広葉樹林において林冠を構成する高木性樹種の幼木が多数みられ（①），今後の林分構造の変化が興味深い．

〔島田博匡〕

【文献】

1) 金田（2013）明治聖徳 復刊 50：695–704

55 隠岐・島後のスギ林

―異形のスギたちの島

島根半島の北方80 kmの日本海に位置する隠岐諸島は，知夫里島・中ノ島・西ノ島の島前三島と島後，約180の小島からなる．隠岐諸島全域が隠岐ユネスコ世界ジオパークに登録されている．大陸から日本海に延びた白頭火山帯に属する火山島で，鬱陵島や竹島と同じアルカリ石英粗面岩で構成される．約600万年前から活発化した火山活動で生まれ，島前三島は陥没したカルデラの外輪山と中央火口丘である．天然スギ林は隠岐諸島最大の島・島後に存在する．対馬暖流の影響で夏と冬の気温差が比較的小さい海洋性気候で，暖温帯性の広葉樹林に巨大杉の天然林がある．

① 乳房杉（湯本貴和）

② かぶら杉（湯本貴和）

氷期の退避地

およそ2万年前の最終氷期最盛期には，隠岐諸島と本土はつながっていたと考えられる．島後で得られた花粉分析のデータでは，約2万9000年前から1万3000年前までスギの花粉が増減を繰り返しながらも連続して出土している．また福井県の若狭湾周辺にも最終氷期最盛期でもスギが生き残っていたことがわかっている[1]．このスギ個体群は遺伝子解析から日本海側のウラスギの系統で，逃避地である隠岐と若狭湾周辺では遺伝的多様性が高いことが判明しており[2]，後氷期になってウラスギが分布を回復した際の元集団となったと推定される．

隠岐の異形のスギたち

島後の最高峰である大満寺山（標高408 m）の山腹の崩落地にあるのが，岩倉の乳房杉である（①）．根回り16 m，樹高30 mで，地上10 mぐらいの高さから乳状のこぶが垂れ下がっている．樹齢800年と推定されており，毎年4月23日には御神木として祭りが行われる．また中村のかぶら杉は，樹高38 m，根周り9.7 mで樹齢600年とされる（②）．根本から6本の幹に分かれているが，かつては12本あり，昭和初期に9本まで減ったという．乳房杉とかぶら杉は島根県指定天然記念物になっている．

また森林内ではないが，玉若酢命神社の境内には島根県最大のスギ・八百杉がある．樹高38 m，根回り20 mで，樹齢は2000年とされており，国の天然記念物に指定されている．

異形のスギをとりまく植生

鷲ヶ峰の東北斜面には約15 haの「隠岐自然回帰の森」と呼ばれるスギの天然林がある．スギがおよそ800本，それぞれ樹齢は300～400年とされる．この森林には，ヒメコマツ，モミ，クロベ，カツラ，ケヤキなどの大木が1300本あまり混交しており，胸高周囲6 mに達するものもある．このように暖温帯から冷温帯，亜高山帯など本来は異なった環境に生育している樹木が狭い範囲にみられるのが，島後の大きな特徴になっている．〔湯本貴和〕

【文献】

1) Tsukada (1982) Ecology 63: 1091-1105
2) Takahashi et al. (2005) Journal of Plant Research 118: 83-90

56 西日本のブナ林

—意外に多様なその姿

ブナの分布南限は，九州本土の高隈山地（鹿児島県）である．西日本のブナ林は高標高域に分布が限られ，その多くは小面積で孤立している．中国山地のブナ林は，多雪地に分布する「日本海要素」と呼ばれる常緑種群を含むブナ-クロモジ群集に位置づけられるが[1]，広域的な均一性は低く，日本海要素の植物が東から西に向けて減少する．四国山地と九州山地のブナ林は，いわゆる「ソハヤキ要素」種群（祖先が中国大陸に起源し，襲速紀地域（九州，四国，紀伊半島）に特徴的に残存するといわれている植物群）を含み，太平洋型のブナ-シラキ群集にまとめられる．西日本のブナ林は，過去からの人為的攪乱の影響に加えて，地質や気候，地形などを反映して多様な植物を混生することが多い．進行中の地球温暖化にともない，高山の少ない西日本ではブナ林の劣化や分布域縮小・消失が懸念されている．近年，ブナの結実量や稔性が西日本全般に低いことは心配材料である．

若杉天然林（岡山県）

兵庫県，鳥取県，岡山県の県境付近には氷ノ山（標高 1510 m）ほかの山々が連なる．古くから林業が盛んでスギ人工林が多いが，ところどころにまとまった自然林が残り，鳥取県智頭町芦津のブナ，トチノキ，天然スギ自然林や若杉天然林が代表的である．

若杉天然林は岡山県西粟倉村の標高 950〜1200 m 付近に広がり，このうち 83 ha が保護されている．過去には木地師や炭焼きの活動があったが，遅くとも 1960 年以降の人為的攪乱は記録されておらず，成熟したブナ林が広がっている[2]．高木層はブナに加えてホオノキ，ミズメ，ミズナラが優占する．下層はチシマザサ，ヒメアオキ，ヒメモチなど日本海要素の植物が繁茂し（①），ヤブデマリ，オシダ，ミヤマタニソバなど適湿を好む種が多い．近年，シカ食害による下層植生の衰退が顕著で，ナラ枯れによるミズナラ枯損も目立つ．

伯耆大山（鳥取県）

伯耆大山（1729 m）は中国地方の最高峰で，山岳信仰の霊山として知られる火山である．広い裾野はその大半に人為的攪乱が加わっているものの，標高 800〜900 m を通る環状道路付近から上部には良好なブナ林が残っている（②）．侵食による崩壊と風衝のため，1200〜1300 m 付近で高木限界となり上部は低木林となる．山頂を中心に約 3200 ha が林野庁の「大山森林生態系保護地域」に指定されており，西日本では最大規模のブナ林である．高木層はブナに加えてミズナラ，イタヤカエデ，イヌシデなどが優占する．低木にはクロモジが目立ちチマキザサが主体となるなど，東中国山地とは構成種に多少の違いが認められる．大山周辺では 2020 年にミズナラ大径木の多くがナラ枯れを起こした．今後のシカ食害悪化も懸念されている．

比婆山（広島県）

広島県庄原市北部の比婆山は花崗岩と流紋岩からなる穏やかな山容の連山で，イザナミノミコトの御陵が祀られ，古来から信仰の対象として守られてきた．山

① 若杉天然林のチシマザサ林床（永松 大）

② 大山環状道路沿いのブナ林（永松 大）

③ 比婆山のブナ林（永松 大）

④ 筒上山の緩斜面に成立するブナ林（比嘉基紀）

⑤ ブナ林の分布する標高帯にみられるウラジロモミ林（比嘉基紀）

⑥ 三辻山のブナ林（比嘉基紀）

頂部が草原になりがちな中国山地には珍しく，稜線部にブナ，ミズナラ，イヌシデ，イタヤカエデなどからなる自然林が維持されている．太平洋型の植物が入り交じり，林床はユキザサやエンレイソウなどやや湿性の種を中心に豊かに保たれており（③），一帯は「比婆山のブナ純林」として国の天然記念物に指定されている．

西中国山地では，広島県北広島町の臥龍山（がりゅうざん）山頂部のブナ林が良好である．チシマザサ，ヒメモチ，シノブカグマなどが欠落し，ナツツバキが混生するなど，太平洋型の色合いが強くなる[3]．〔永松　大〕

岩黒山・筒上山（愛媛県・高知県）

四国においてブナ林は標高 1000～1800 m に分布する．四国には急峻な山岳地形が広がるが，まとまった面積のブナ林が分布するのは，四国の中央部を東西に走る脊梁山地，特に石鎚山系と剣山系である．四国東・西部では国内の他地域と同様にニホンジカの個体数増加による自然林への被害が深刻化しているが，石鎚山周辺ではニホンジカの個体密度が低い．石鎚山から西方の堂ヶ森（どうがもり），東方の手箱山（てばこやま）までの山域（約 4200 ha）は「石鎚山系森林生態系保護地域」に指定されている．石鎚山系の岩黒山（いわぐろやま）から筒上山（つつじょうさん）にかけて（1450～1700 m）状態のよいブナ林が残っている．ブナのほかには，ウラジロモミ，コハウチワカエデ，アオダモ，イシヅチミズキ，オオイタヤメイゲツなどが混生し，林床ではイブキザサが優占する（④）．ササの少ない場所では，キレンゲショウマやサラシナショウマ，レイジンソウなどがみられる．筒上山の北側斜面には森林調査区が設置されており，個体群構造などに関する様々な調査が行われている．

四国のブナ林を語る上では，同じ標高帯に生育するウラジロモミの存在が欠かせない．四国のブナ林ではウラジロモミが混生するが，一部ではウラジロモミの優占度が高くなり，純林状となる（⑤）．ブナは北側の急傾斜地で，ウラジロモミは尾根や西側斜面で優占度が高いことが報告されている[4]．ブナとウラジロモミの個体群構造をみると，太平洋側の他地域と同様にブナの小径木は少ないが，ウラジロモミは小径木が多く順調な更新が観察されている．林床にササが優占する森林では，周期的なササ枯れが構成種の更新に重要である．石鎚山系では 1964～1966 年に大規模なササ枯れが発生したが，筒上山周辺ではササ枯れ後にウラジロモミが侵入したことが観察されている．両者がどのように共存あるいはすみ分けているのかについては不明な点が多い．

三辻山（高知県）

高知市の北側に位置する三辻山（みつじやま）（1108 m）には，分布標高下限に位置するブナ林が分布する（⑥）．高木層にはモミやミズメ，アカガシ，コハウチワカエデ，シラキなど多様な樹種が混生し，低木層にはシキミやシロモジ，タンナサワフタギ，ホンシャクナゲなどが生育する．林床にはツルシキミが多い．岩黒山・筒上山と同様にシカによる食害は確認されていない．

〔比嘉基紀〕

三郡山地（福岡県）

福岡市の南東 15 km に位置する三郡（さんぐん）山地のブナ林

は，九州最北端の集団である．福岡県と佐賀県の県境に東西に横たわる脊振(せふり)山地とともに筑紫山地を形成する．最も標高の高い三郡山（936 m）を中心に南北に走る尾根と，東西に交わる支尾根にブナ林がみられるが，北西～北東斜面に偏在する傾向が強い．標高800 m前後では，高木層にモミ，アカガシやシデ類が出現し，ササ類を欠いた草本層には，ウンゼンカンアオイやミヤマシキミなどが多くみられる．標高650 m付近では，ヒノキ人工林に隣接して，暖温帯性樹種のスダジイやクロキなどと大径のブナが混生する林分を確認できる[5]（⑦）．この地域のブナ林にはツクシシャクナゲやコバノミツバツツジの群落なども含まれ，多様な自然を堪能できる．また，草本層にミヤコザサやスズタケを伴う脊振山地などと同じく，シカによる顕著な被害は認められていない．

九州山地（熊本県・宮崎県）

九州山地は九州の中央部，北北東から南南西方向にかけて距離200 kmに及ぶ脊梁をなす山地である．地質的には花崗岩，砂岩および石灰岩などを母岩とする様々なブナ林が混在する．過去の伐採と人工林への林種転換によってブナ林の多くは消失したが，熊本県と宮崎県をまたぐ6000 haを超える地域が「九州中央山地生物群集保護林」になっており，標高1000 m以上の山域には，高木層にミズナラやシデ，カエデ類，モミやツガなどの常緑針葉樹，草本層にスズタケなどのササ類を随伴する典型的な林分が現在でも広く分布する（⑧）．近年，三方岳(さんぼうだけ)（1476 m，宮崎県）や環境省の「自然環境保全地域」に指定されている白髪岳(しらがだけ)（1417 m，熊本県）のように，ブナ老木の衰退・枯死による林冠の消失および下層植生に著しいシカの食害を受けている自生地が現れており，将来的な群落保全のため防鹿柵が各地に設置されている．

紫尾山（鹿児島県）

鹿児島県には，東部の大隅半島高隈山地に南限のブナ林がある一方，西部の薩摩半島北部に位置する紫尾山(しびさん)にも孤立したブナ林が残る．標高1067 mの山頂からは，雄大なパノラマとアカガシやモミと高木層を優占するブナ林を展望できる．ブナ林分布の南限域でありながら，山頂部を中心にブナ成木が4000本以上分布する林相は一見の価値がある．山頂部の32 ha程が「紫尾山ブナ等遺伝資源希少個体群保護林」に指定されている．標高800 m以下では，ヤブニッケイやイスノキなどの常緑広葉樹種と混生する林分があり，その周辺はスギ・ヒノキ人工林となっている．他地域の例も踏まえると，天然林の伐採がブナ林分布標高の下限を決定していることを想起できる．近年は，シカによる下層植生への食害が目立ち，ブナ林の存続は危ぶまれており，防鹿柵設置や気候変動の影響調査が進められている．

〔金谷整一・作田耕太郎〕

【文献】

1) 福嶋編著（2017）図説 日本の植生（第2版）．朝倉書店
2) 水永ほか（1996）岡林試研報 13: 1–24.
3) 西尾・福嶋（1994）植生学会誌 13: 73–86
4) Ishikawa et al. (1991) Mem Fac Sci Kochi Univ Ser D (Biol) 12: 31–39
5) Funato et al. (2023) Ecological Research 38: 753–763

⑦ 暖温帯性樹種と混生するブナ（作田耕太郎）

⑧ 石楠越(しゃくなんごし)（熊本県）におけるブナと九州山地の眺望（金谷整一）

57 指月山の萩城城内林
—対馬暖流が育んだ暖温帯性の自然林

指月山（しづきやま）は，山口県萩市の日本海に面した標高145 m，面積28 haの花崗岩の山である．海に突き出した陸繋島で，萩の城下町が形成された三角州に接続している（①）．1604年に毛利氏が山麓に居城を築き，頂上に詰丸を設けたことから，城山とも呼ばれている．本州のほぼ西端に位置することから温暖で，日本海側ではあるが冬季の降水量は多くない．

指月山は築城の際に花崗岩が切り出されるなどの攪乱を受けたが，藩政時代には森林の伐採が禁じられた．明治になると本丸跡に志都岐山（しづきやま）神社が創建され，一帯は指月公園として整備された．このため，古くから開発が進み自然植生が少ない中国地方沿岸域の中で，良好な森林がまとまって維持されている（②）．高木層は高さ20 m，直径1 mを超えるスダジイが優占し，タブノキ，モチノキ，カゴノキ，イスノキ，クスノキなどが交じる．亜高木にはヤブツバキ，ヒメユズリハが多く，オガタマノキもみられる．低木はアオキが多く，林床にはテイカカズラやベニシダが目立つ．群落分類としては島根半島以西に分布するホソバカナワラビ–スダジイ群集に区分される[1]．

① 指月山山頂から萩市街の展望（永松 大）

② 萩城天守台と指月山（永松 大）

北限の暖地性植物群

指月山は日本海に面して対馬暖流の影響を受け，一帯には暖地性の植物が多い．晩秋に咲くサザンカの自然分布は南西諸島から九州，四国西南部に限られるが，本州では唯一，指月山に自生が報告されている[2]．常緑低木で横に広がり，ややつる状になるカカツガユも当地が分布北限とされる[3]．このほか，ハマセンダンやオガタマノキ，イスノキも分布北限に近い．指月山はこれらの特徴により国の天然記念物に指定されている．

笠　山

指月山から北東に4 kmほど離れた場所には，同様に日本海に突き出した陸繋島，笠山（かさやま）がある．笠山は周辺約40の小火山体からなる阿武（あぶ）火山群に属する標高112 mの小さな火山である．約1万年前に噴火し，安山岩の溶岩台地とスコリア丘で構成されている．笠山は萩城の鬼門の方角にあたることから，藩政時代には樹木の伐採が禁じられ自然が残された．明治以降は里山利用が行われ，まとまった自然林は消滅したが，植物の種多様性が高いことで知られ，植物研究者の注目を集めてきた．森林としては明神池周辺に指月山と似たホソバカナワラビ–スダジイ群集の残存林が認められるほか，北端部の「椿群生林」がよく知られている．多数の風穴があり，多孔質の岩石に雨水や海水が浸透・蒸発することで冷風が生じ，寒地性のコタニワタリやホソイノデと暖地性のフウトウカズラやバクチノキが同所的にみられるなど特異的な環境をつくっている[3]．このほか笠山はサンゴジュ，タマシダ，タチバナ，ハマボウの自生北限，コウライタチバナの唯一の自生地などで知られる．指月山の成熟林と対をなす，当地の特徴的な存在である．〔永松　大〕

【文献】

1) 宮脇（1983）日本植生誌 中国．至文堂
2) 東京農工大学（2003）東京農工大学のサザンカ．http://www.sato-tsubaki.co.jp/source/C.sasanqua.pdf
3) 吉松（1989）萩市郷土博物館研究報告 3

58 弥山原始林

―瀬戸内海に残る自然林

宮島（厳島）は広島県の西部に位置する島で，周囲が約 30 km ある．宮島は古くは日本三景の 1 つとして，また 1996（平成 8）年にユネスコの世界文化遺産に登録された「嚴島神社」で知られる風光明媚な土地である．世界遺産の構成要素の 1 つにもなっているのが弥山原始林である．国の天然記念物としての「瀰山原始林」は島の中心にある弥山の北斜面に広がる面積約 160 ha の森林で，1929（昭和 4）年に国指定にされている．この指定には植物学者アドルフ・エングラーが 1913（大正 2）年に宮島を訪れて弥山を登山した際にヤマグルマやマツブサなどの植物をみて激賞し，三好学に進言したことが背景にある[1, 2]．

弥山原始林と標高による植生の違い

弥山は山頂が標高 535 m と，それほど高い山ではないが標高による植生の違いが認められる．弥山原始林を含む北斜面の森林植生は大きく 3 つに分けられる．山頂付近や尾根ではツガ林が発達し，一部はモミも混生する．以前は蘚苔類やラン科植物が着生する大木もみられたが，1990 年代の度重なる台風の影響で大きな被害を受けている．標高 300～400 m 以下かつ 100～200 m 以上の尾根から中腹は，アカガシやツクバネガシ，ウラジロガシなどを伴う常緑広葉樹林が発達する．1970 年代までは常緑樹を伴うアカマツ林であったが，マツ枯れなどの影響もあり，現在ではコジイを含む常緑樹が優占している．標高 100～200 m 以下の山麓は，ミミズバイやイヌガシなどの暖温帯の植物を伴うモミ林が成立している．宮島は島全体が風化花崗岩あるいは真砂土であり，土砂災害の多い場所である．ウラジロガシやモミなどは地形や露岩に依存した分布をしていることから，地表変動攪乱としての土砂災害の影響が示唆されている．

弥山原始林と宮島の歴史

宮島は古くから島自体が信仰対象であった一方で，全くの手つかずの場所であったわけではないことが古文書や絵図などの古い資料から読み取れる．江戸時代に入ると広島藩の燃料補給の拠点の 1 つになった．林野火災や土砂災害がたびたび発生していたことをうかがわせる記録もある．絵図は正確性などを考慮する必要があるが，コウヤマキなどの植物が細かくかき分けられたものがあり，一部に禿山に近い状態が認められ，アカマツ林を主体とした植生が成立していたことがみてとれる．その後も明治時代にかけても何度も火災に見舞われ，1962 年頃に始まった松くい虫被害が拡大するまではアカマツ林を主体とする植生が成立していた．このような歴史を経て残ってきた弥山原始林は，攪乱や林野火災の多い瀬戸内海島嶼部では貴重な存在であり，西日本の暖温帯を代表する森林の 1 つといえる．一方，過去の報告[1-3]と比較するとアカマツの衰退で林相に変化が生じている．ナラ枯れの侵入やニホンジカなど野生動物の影響評価，文化財として保存活用などの観点からも総合的な学術調査が求められる．

宮島でみられる希少種や特色のある植物

宮島島内の弥山原始林以外の植生も原則として自然に任せた管理がされている．また，土砂災害などの公共事業に関わる緑化では地域性種苗が活用されている．島内ではコウヤマキやミヤジマシモツケ，トサムラサキ，モロコシソウ，ヒナノシャクジョウ，ウエマツソウなど多くの希少種の生育も確認されている．貧栄養の土壌環境で生育できるヤマモガシのような植物も存在する[4]．

〔坪田博美〕

【文献】

1) 乾・本田（1930）嚴島瀰山原始林調査報告
2) 堀川（1942）生態学研究 8：101-120
3) 鈴木ほか（1975）厳島（宮島）の森林植生．厳島の自然，総合学術調査研究報告
4) 山内ほか（2015）植物研究雑誌 90：102-108

① 常緑広葉樹が優占する弥山原始林（坪田博美）

59 小豆島のアベマキ林

—氷河期の瀬戸内の面影

小豆島の森林

香川県の小豆島はほぼ二次林に覆われ，主な優占種は西日本低地に広く共通するアカマツやシイ，ナラ，カシ類である．気候は温和で暖温帯にあたる．

標高と乾燥という2つの立地条件から，一見変哲のないこの島の森林の特色を考えてみたい．小豆島は古い火山であり，さほど広くないのに頂きは瀬戸内海の島では最高の800 mに達する．上部には冷温帯樹種が生育し，また峡谷部には比較的自然度の高い森林もみられる．そして火山岩の崖には特有の低木林が発達し，植生に変化を生んでいる（①）．星ヶ城山頂でロープウェイを降り，モミ林が残る山頂部から登山道を下っていくと，イワシデ，チョウジガマズミ，イブキシモツケなど，希少な低木種が崖を覆っている．また谷筋に生育するイタヤカエデやウラジロガシなども，瀬戸内海の島には珍しい存在だろう．そして，それらの間を埋めて広がるのがアベマキ林である[1]．

乾燥気候とアベマキ林

アベマキは関東では馴染みがないが，東海から北陸地方以西，中国・四国地方までの里山ではごく当たり前にみられる（②）．しかし森林植生の中での位置づけは難しい．近縁のクヌギが移入種であると考えられるのに対し，アベマキは自然分布とされている[3]．しかし，現在の天然林ではほぼみられないため，本来どのようなところに生育しているのかがわからない．暖温帯性といわれているが，気温と分布の関連は明瞭ではない．国内の分布東限は天竜川左岸で，そこではかなり高密に産する．しかし，気候が類似する隣の大井川流域にはほとんど出現しない．韓半島南部では，標高1000 m近い尾根筋の岩石地にもチョウセンゴヨウなどと混生するが，その気候は暖温帯どころか冷温帯上部に近い．

海外に目を向けると，アベマキはインドシナ半島山地から中国，台湾に広く分布し，実は東アジアで最も普遍的なドングリの木である．Chenら[4]は，アベマキの遺伝情報とやや乾燥に偏る分布域の気象条件を解析し，最終氷期の最寒冷期には東シナ海から瀬戸内海周辺にも分布していたと推定している．当時，小豆島周囲の瀬戸内海は陸化し，寒冷でやや乾燥した気候に支配され，ブナを欠く落葉広葉樹林が広がっていたようだ[5]．

ここで，2つ目の立地条件を考えてみよう．それは小豆島が，現在の日本列島で最も乾燥した場所の1つであることだ．小豆島は年間降水量が1100 mm前後と低い上に，年平均気温は16℃台と北海道東部，信州などの小雨地帯より高く，乾燥は一層厳しい．氷期，間氷期を通して乾燥気味の環境であり続けた瀬戸内地方は，アベマキの生育適地であったと考えられる．小豆島のアベマキ林はその名残なのだろう．

〔大住克博〕

【文献】
1) 太田ほか（2011）Naturalistae 15：1-11
2) 田中・松井（2007〜）植物社会学ルルベデータベース．https://www.ffpri.affrc.go.jp/labs/prdb/
3) 齋藤ほか（2018）森林遺伝育種 7：1-10
4) Chen et al.（2012）PLoS ONE 7：e47268
5) 亀井・ウルム氷期以降の生物地理総研グループ（1981）第四紀研究 20：191-205

① 小豆島寒霞渓の森林

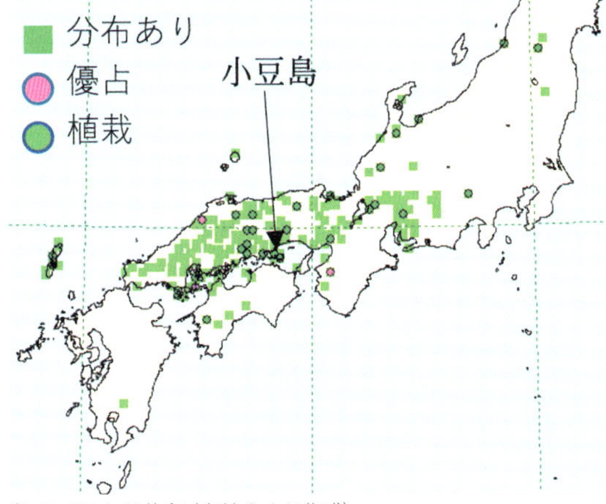

② アベマキの分布（文献2より作成）
中国地方から東海地方にかけて多産するが，それより南北，東西にはまれ．現在の気象条件だけでは説明が難しい．

60 択伐が行われるスギ・ヒノキ人工林

―高度な育林技術の結晶

人工林における択伐とは，森林内の成熟した木を収穫のために単木的または小面積で帯状・群状に伐採し，そこに生じた空間に苗木を植栽して更新を図るものをいう．択伐が行われる人工林を指す択伐林とほぼ同じ意味で用いられるものに複層林がある．複層林は間伐時にできた空間に苗木を植栽することで樹齢の異なる集団をつくり，葉群が複数の層からなる森林である．層の数によって二段林，三段林などと呼ぶ．複層林は皆伐を行わず裸地化を避けられるため，景観保全や水土保全などに適しているとされている．その一方で下層木の生育不良や上層木伐採時の下層木への損傷といった問題点も指摘されている[1]．

四国の久万（くま）地方（愛媛県久万高原町）では明治時代から始まった久万林業と呼ばれるスギ・ヒノキの優良大径材を生産する林業が行われてきた．その中で集約的な保育管理を行いながら優良大径材を生産してきた複層林がある．

久万複層林の構造と保育管理

久万地方の篤林家（とくりんか）である岡信一氏の所有する人工林の一部は，スギを主体としてヒノキが混交する複層林である（①）．大きく分けると上・中・下層からなる三段林であり，上層木は2023年時で119～144年生，中層木は56～59年生，下層木は37～48年生の樹木で構成されている．1965年に先代から譲り受けた高齢人工林を間伐し，その後にできた空間に苗木を植栽して二段林に移行した[2]．その後も順次間伐と苗木の植栽を進め現在に至っている．上層木は大きいもので樹高40mを超え，幹直径は120cmに達する．複層林では中・下層木の生育のため光環境をコントロールすることが難しいことが問題点の1つであるが，この複層林では中層木の成長も良好である点が特徴である．上層木が80年生以上の時点で間伐により十分に密度を下げてから苗木を植栽した結果，中層木も十分な光を得ることができていたと考えられる．その一方で下層木の成長は良好とは言い難い[3]．

今須択伐林との比較

今須（います）（岐阜県関ケ原町）のスギ・ヒノキ択伐林は江戸時代から続く伝統的な択伐林として知られ，枝打ちによる光環境のコントロールを特徴とする．今須択伐林と久万複層林を比較すると，久万複層林は上層木の密度が低く下層木の密度が高いことが特徴のようである[4]．上層木の密度が低い理由は，先述の通り低密度の高齢人工林から複層林に移行したためであり，下層木の光環境を良好にする目的がある．下層木の密度が高い理由は，優良大径材だけでなく下層木を利用した柱材生産を目標としていたためである．上層木の密度管理により光環境をコントロールしながら中・下層木の高い密度を維持していたと考えられる．今須では近年，上層木の枝打ちや収穫が不十分となり林内の光環境が悪化した影響で下層木の衰退・枯死が進んだ[5]．このように択伐林・複層林の構造を維持するためには高度な密度管理技術が必要である．

久万複層林は複層林の保育管理における数少ない優良事例といえるが，択伐林を含む複層林は集約的な保育管理を必要とするため，どこでもできるわけではない．しかしながら，複層林の今を知ることで，自然に配慮した木材生産と森林管理について多くを学ぶことができる．〔宮本和樹〕

【文献】
1) 竹内（2007）複層林施業（主張する森林施業論．森林施業研究会編，日本林業調査会）．157-165
2) 上浮穴林材業振興会議（2020）久万林業
3) 宮本ほか（2020）森林総研研報 19：45-53
4) 藤本ほか（1994）愛媛大演習林報 32：35-48
5) トビアスほか（2020）山林 1630：26-34

① 上・中・下層からなる久万複層林（宮本和樹）

61 石鎚山の森林

―西日本に残された温帯〜亜高山帯の針葉樹林

愛媛県に位置する石鎚山（いしづちさん）（標高 1982 m）は，西日本最高峰で古くから山岳信仰の対象とされてきた．石鎚山山頂から面河渓（おもごけい）にかけての流域は，1933（昭和8）年に国指定の名勝「面河渓」に指定された．1956（昭和 31）年に石鎚国定公園，1990（平成 2）年に石鎚山系森林生態系保護地域に指定された．石鎚山山頂の天狗岳や弥山（みせん）の地質は約 1500 万年前の火山活動の火砕流堆積物に由来し，現在の山体は主に第四紀の中央構造線の南側の急激な隆起により形成されたと考えられている．古くから保護されてきた石鎚山では，面河渓から山頂にかけてモミ・ツガ林-ブナ林-ササ草原-シラビソ林といった垂直分布を観察することができる[1]．石鎚山にはイシヅチミズキなど，イシヅチの名を冠する植物も多い．

面河渓のモミ・ツガ林，ヒノキ林

花崗岩の岩肌を清流が流れる面河渓は紅葉の名所として知られているが，温帯性針葉樹を堪能できる場所でもある．面河渓（約 700 m）から石鎚登山の起点となる土小屋（つちごや）に至る石鎚スカイランを進むと，標高 1500 m にかけてモミ・ツガ林が谷を埋めつくす様子を一望できる（①）．標高 1000 m までは，モミやツガの大径木に交じり常緑樹のウラジロガシやシキミ，ツルシキミが生育する．標高 1000 m 以上では，ブナやヒメシャラと混生する．渓谷沿いの岩塊が堆積した斜面下部では，トチノキやケヤキ，サワグルミなど渓畔林要素の落葉樹が混生し，林床ではカンスゲやコカンスゲが生育する．

斜面ではモミ・ツガが優勢であるが，痩せ尾根ではヒノキ林をみることができる．この森林では，コウヤマキやヒメコマツ，アカマツなどの温帯性針葉樹のほか，ツクシシャクナゲ，ヒカゲツツジ，アセビ，ウスノキなどのツツジ科植物，クロソヨゴやリョウブなど，乾燥した岩場に特有な植物が多い．

南限のシラビソ林

面河渓から登山道を進みモミ・ツガ林，ブナ林を抜けると，一気に視界が開けてイブキザサのササ草原，さらには石鎚山の山頂部から二ノ森にかけてシラビソ林をみることができる．石鎚山は亜高山帯針葉樹林の分布南限にあたる．四国のシラビソ（変種シコクシラベ）は，本州産と比べて遺伝的多様性が低く，形態的には球果が小型で丸みをおび，葉が短く先端が丸い[2]．シラビソ林では，ダケカンバやナナカマド，ナンゴクミネカエデが混生する．本州の亜高山帯針葉樹林では，縞枯れあるいはパッチ状の枯死木が観察されることがあるが，石鎚山ではシラビソのパッチ状の枯死木はあまり観察されない．林床では，岩礫が多い場所ではコミヤマカタバミやマイヅルソウなどが生育し，岩礫の多い場所，特に枯死木の周辺にシラビソの稚樹が多い．岩礫の少ない場所ではイブキザサが優占する（②）．山頂南側斜面には森林調査区が設置されており，シラビソの個体群構造に関する調査が行われている．

〔比嘉基紀〕

【文献】

1) 山中（1972）植物と自然 6: 23-25
2) 岩泉ほか（2016）森林遺伝育種 5: 172-179

① 石鎚山南側斜面のモミ・ツガ林（比嘉基紀）

② 林床にササが優占するシラビソ林（比嘉基紀）

62 樵木林業を支えたウバメガシ林

―択伐によって維持された矮生林の歴史と今

徳島県南部の海部(かいふ)郡では，古くから樵木(こりき)林業と称される常緑広葉樹林の管理が実施されてきた．良質な備長炭の材料であるウバメガシが海岸部に分布しており，樵木林業はこのウバメガシを中心にカシ類やコジイなどの常緑広葉樹林で行われてきた．

樵木林業を支えたウバメガシ林

樵木林業の施業は，「択伐矮林(わいりん)更新法」と呼ばれる方法で，皆伐を行う通常の薪炭林施業とは異なるものである．他に類を見ない特殊な施業であることから，日本森林学会が 2017 年度に「林業遺産」に選定している．

具体的な作業方法は，胸高直径 1 寸（約 3 cm）以上の個体を伐採して，1 寸未満のものを残す択伐方式である．択伐率は材積換算で 70～80%，本数で 40～50%，回帰年は 8～12 年[1] となる．このような択伐の結果，かなり明るい森林の様相（①）を呈するのも樵木林業の特徴であろう．また，皆伐した場合との比較では，択伐によって期間あたりの収穫量が増加することが知られている．

樵木林業は伐採方法も独特である．斜面下部から上部に向かって伸ばす幅約 3 m の皆伐帯の「さで」と，45 度の角度で斜面の上方向に幅 1～1.5 m の皆伐帯である「やり」を 3 m ほどの間隔で魚骨状につくり搬出路にする（②）．伐採は「やり」と「やり」の間ですることになる．通常の択伐施業よりも短い年数での伐採のため，結果的に低木林を意味する「矮林」となる．海部郡一帯は台風の常襲地でもあるが，このような矮林に仕立てることは台風攪乱への抵抗性を増すという利点もある．

樵木林業の現在

樵木林業では従来，伐採は斧，鉈，鋸で行い，木製のそりである「木馬(きんま)」や河川を利用した「管流し」で搬出をしていたが，現在では小型チェーンソーや簡易作業道の導入によって生産方法が変化している[2]．このような生産方法の変化だけではなく，薪炭の需要の激減もあり，かつては農家の副業的な位置づけでもあった樵木林業は衰退の道を辿っていた．これに加えて，管理放棄された林分では，カシノナガキクイムシによるナラ枯れや鳥獣被害が顕在化している．しかし，近年のアウトドアブームや薪ストーブの燃料として薪炭の需要は増えつつあり，これまでほとんど無視されてきた広葉樹資源に注目が集まりつつある．

このような時代の流れとともに先に述べた林業遺産の選定が追い風となり，地域での樵木林業再生の動きが出てきている．2021（令和 3）年に発足した「とくしま樵木林業推進協議会」は自治体関係者や森林組合とともに民間企業が参画し，徳島県のサポートの下，現代版の樵木林業の再興を目指している．このような地域づくりと森づくりを関係づけた取り組みは，持続可能な社会の実現に向けて，多くの地域で参考になる事例になるであろう．　〔佐藤　保〕

【文献】
1）網田・柿内（2019）森林科学 86：34-35
2）徳島県南部総合県民局（2022）「海部の樵木林業」の再興に向けた森づくりの方向

① 択伐後の林分（佐藤 保）

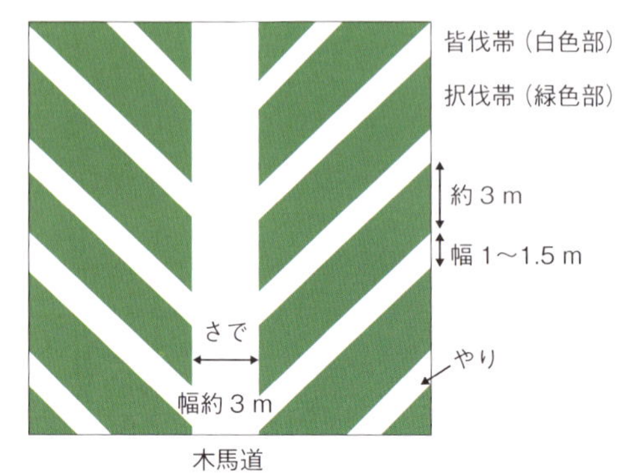

② 搬出路に用いる「やり」と「さで」

解説6 暖温帯の里山

—かつて薪炭林として管理されてきた森林

1960年代以前の日本では家庭での燃料は薪や炭が中心であり，里山に多くみられた二次林（いわゆる薪炭林）がその供給源であった．暖温帯に属する西南日本の里山は常緑広葉樹の二次林が中心であり，その分布域は最寒月の平均気温が5℃以上の地域と一致することが知られている[1]．常緑広葉樹の二次林は，シイ・カシ萌芽林とも呼ばれ，その名の通りにシイ・カシ類などの遷移後期種が優占する．一方，瀬戸内地方などの降水量の少ない地域では，二次林はアカマツが主体となる．また，過去に強い人為攪乱を受けた場所では，コナラなどの落葉広葉樹の二次林になる場合もある．

① コジイ二次林の断面（鹿児島県伊佐市）（佐藤 保）

② 絹皮病により幹折れしたコジイ（鹿児島県伊佐市）（佐藤 保）

コジイを主体とする二次林

西南日本の森林は鬱蒼として緑が濃いとの印象を受けるが，これは常緑広葉樹が優占しているためであろう．かつて薪炭林として管理されてきた二次林は，20～30年周期で伐採を繰り返し，切り株から発生する芽生え（萌芽）による更新で成り立っていた．温暖な気候であることから，生産力も高く，萌芽での更新は薪炭生産に適した方法である．西南日本では，コジイ（ツブラジイ）やアラカシが二次林で優占するが，これは上記の種の萌芽能力が高いことによる．これらコジイを主体とする二次林では，伐採直後の明るい環境のときに定着したカラスザンショウ，アカメガシワ，ヤマハゼなどのパイオニア種（先駆種）を交える場合が多い．しかし，コジイが成長して林冠が閉鎖するに従ってパイオニア種は消失し，より単純な階層構造を持つ林分（①）に変化していく．

管理放棄の影響

近年では薪炭林としての管理が放棄され，短い周期での伐採がなくなったため，樹木個体の大径木化が進んでいる．薪炭林管理を支えていた萌芽更新の能力は，樹木個体が大径化すると著しく衰えてしまうため[2]，管理放棄された二次林では萌芽による更新が難しい場合もある．すなわち，薪炭林としての管理が長期間放棄された二次林で，萌芽更新による薪炭林としての循環利用をそのまま再開することは難しく，伐採した後に一度苗木を植栽し直すなどの作業が必要となる．大径木化による問題は，これに限らない．南九州の大径化したコジイ林では，絹皮病による幹腐れが発生し，台風などの強風によって幹の折損が生じやすくなる（②）．これらの被害はコジイの林齢が50年を過ぎると発生しやすくなり[3]，林冠ギャップの形成によって種子による天然更新を促進する効果が期待できる一方で，周囲に種子供給源となる広葉樹林がない場合，更新が上手くいかない可能性もある．今後，管理放棄され大径化したコジイ二次林をどのように管理していくか解決すべき問題が多く存在する．〔佐藤　保〕

【文献】

1) Itow (1983) Secondary forests and coppices in southwestern Japan. In Man's Impact on Vegetation. Holzner et al. (eds), Dr W. Junk Publishers, 317-326
2) 佐藤 (2013) 関東森林研究 61 (1)：37-40
3) 埣田 (1987) 風害によるコジイ林植生遷移の促進（中西哲博士追悼植物生態・分類論文集．中西哲博士追悼植物生態・分類論文集編集委員会，神戸群落生態研究会），379-382

63 上勝町高丸山千年の森

—科学的根拠に基づく順応的自然林再生

徳島県は2001年度から徳島県勝浦郡上勝町(かみかつちょう)で「高丸山(たかまるやま)千年の森づくり事業」を実施し，スギ植林の伐採跡地16.3 haに自然林を再生している[1-4].

森づくりの計画から植栽まで

まず，伐採跡地での自然林再生に際して人為的関与が必要かを検討するため，自然林からの飛来種子量，埋土 種子量，萌芽再生の現状把握が行われた．その結果，自然林に近い区域以外では種子の飛来はほとんどなく，埋土種子もほとんどなかった．また，自然林回復に重要な高木性樹種の萌芽再生も確認されなかった．これらのことから，特に林冠を形成する樹種を植栽することが効率的な自然林再生につながると結論づけられた．

植栽計画は「モデルとなる自然林で地形と樹種との関係を見出し，それを植栽予定地に反映することで自立的な森林を再生できる」との仮定で策定された．植栽予定地近傍の自然林での調査から，谷部斜面ではカエデ類，緩斜面の斜面中部ではブナ，斜面上部ではヨグソミネバリ，尾根ではツガやモミが優占していることを確認した．そして，事業地内の地形区分によりゾーニングし，モデル林で見出された37種の高木性樹種を骨格樹種として地形に対応させて植栽するよう計画された．

森づくりは，上勝町内の林家が高丸山周辺で採取した種子からコンテナ苗を生産することから始まった(①)．林家は試行錯誤を繰り返し，30種を超える広葉樹の苗木生産技術を確立した．植栽・育林作業は，4.5 haは29のボランティア団体，7.3 haは森林組合に依頼し，4 haは放置して推移を見守ることとされた．

順応的管理の体制

2006年度からは，主に上勝町内で活動してきた林業ボランティアグループ，第三セクター，NPOなどの12団体の連携によって組織された「かみかつ里山倶楽部」が指定管理者となって，管理運営が担われるようになった．

シカの食害が顕著である当地では，植栽木保護のために事業地の周囲に防鹿柵が張りめぐらされている．防鹿柵の維持は困難な課題だが，2週間に一度程度，近傍の八重地(やえじ)集落など，上勝町内の方に見回ってもらい，破損箇所があれば報告してもらって補修するという仕組みをつくって対応している．

植栽された樹木の密度や成長度合いについては，2004年，2008年，2019年に徳島大学との連携で行われたモニタリング調査で確認された．当初の調査でブナの植栽本数が計画を大きく下回っていることが確認されたことから，ボランティア団体とのワークショップで情報共有・合意形成が図られ，成り年を待って生産されたブナ苗木の補植活動が，2010年3月に行われた．

このような順応的管理の下で森づくりが進められてきた結果，立派な森が姿を現してきている(②)．

〔鎌田磨人〕

【文献】

1) Kamada (2005) Landscape and Ecological Engineering, 1: 61-70

2) 鎌田 (2007) 自然林再生のあり方 (主張する森林施業論―22世紀を展望する森林管理．森林施業研究会編，日本林業調査会)．301-319

3) 鎌田 (2009) 千年の森づくり―生態学的計画から森づくり・地域づくりへの展開 (森林のはたらきを評価する，市民による森づくりに向けて．中村・柿澤編著，北海道大学出版会)．20-28

4) 鎌田 (2010) 協働による自然林の順応的再生活動―徳島県上勝町における「高丸山千年の森づくり」の実践から (森林環境2010，生物多様性COP10へ．森林環境研究会編著，朝日新聞出版)．77-87

① マルチキャビティコンテナで育てられているブナ苗 (鎌田磨人)

② 事業開始から約20年が経過して成立した森林 (2019年5月10日) (鎌田磨人)

64 龍良山の照葉樹林

―信仰により護られてきた極相の森

龍良山(たてらやま)は長崎県対馬市厳原町の南西部に位置する標高 559 m の山で（①），古来より天道信仰(てんどうしんこう)の対象とされてきた．このため，北側斜面の標高 120 m から山頂にかけて保存状態の良好な照葉樹林が現存しており，1923 年に「龍良山原始林」として国の天然記念物に指定されている．また，龍良山は壱岐対馬国定公園の特別保護地区であるほか，1965 年に約 97 ha が林木遺伝資源保存林に指定され，1989 年には「豆酘(つつ)龍良山スダジイ等遺伝資源希少個体群保護林」として約 117 ha に拡大された．なお現在は，他の 2 地域とともに「対馬スダジイ等遺伝資源希少個体群保護林」に統合されている．

山麓の照葉樹林

緩斜面の広がる標高約 350 m 以下の山麓部には，板根が発達し胸高直径が 2 m を超すスダジイ，胸高直径が 1 m を超すイスノキやウラジロガシなどを主要構成種とするイスノキ－ウラジロガシ群集が成立しており，林冠高が 25 m 以上に達している部分も存在する[1, 2]（②）．

極相状態にあると考えられるこの林では，台風による林冠ギャップの形成やそこからの修復状況[3]（③），光などの資源をめぐる樹木の個体間や階層間の競争関係[4]，主要樹種の遺伝子流動などが研究されている[5, 6]．

中腹から山頂の照葉樹林

標高 350 m 付近より上部は傾斜が急になり，アカガシを優占種とするアカガシ-ミヤマシキミ群集に移行する．また，龍良山の雲霧帯の下限に該当する標高約 400 m を境に，山頂にかけてタンナサワフタギやコハウチワカエデなどの落葉広葉樹が増加し，山頂付近では林冠高が約 6 m に低下する[7]．山頂部には基岩である変成岩が露出する地点があり，チョウセンヤマツツジ群落やハクウンキスゲ群落などの岩角地植生が成立している[1]．

島内の他地域と同様に龍良山でもシカの食害による林床植生の貧化が起きているが，標高の変化に伴う構成種や群落構造の変化，形成直後のギャップから様々な発達段階にあるパッチなどが今も観察できる．山麓には龍良山麓自然公園センターもあり，極相状態の照葉樹林における様々な現象を体感し，学習するには絶好の場である．〔真鍋　徹〕

【文献】

1) 伊藤ほか（1993）長崎大学教養部紀要 33：111-121
2) Manabe et al.（2000）Plant Ecology 151：181-197
3) Miura et al.（2001）Journal of Ecology 89：841-849
4) Nishimura et al.（2002）Plant Ecology 164：235-248
5) Ueno et. Al.（2000）Molecular Ecology 9：647-656
6) Nakanishi et al.（2005）Molecular Ecology 14：4496-4478
7) Itow（1991）Journal of Vegetation Science 2：477-484

① 龍良山遠景（真鍋 徹）

② 極相状態にある山麓の照葉樹林（真鍋 徹）

③ 林冠ギャップが形成された林内（真鍋 徹）

65 虹の松原

―白砂青松を後世に

虹の松原は佐賀県北西部，唐津湾に注ぐ松浦川と玉島川に挟まれた松浦潟に沿って東西に弧をなす松原で，全長約 4.5 km，幅 500 m 前後，面積は 200 ha を超える特別名勝（1955 年指定）であり，日本の三大松原の 1 つでもある．唐津藩初代藩主寺沢志摩守広高が江戸時代早期に新田開発を行うにあたり，防潮・防砂のために砂丘へのクロマツの植栽を進めたこと（第 1 章 44）を起源とし，1869 年に国有林となった[1]．

南に座す鏡山（標高 284 m）などとともに玄海国定公園（1956 年指定）を構成し，日本の白砂青松百選や渚百選などにも選定されている（①）．

花崗岩地帯を流下する玉島川に運ばれた白砂で形成された浜辺には，ハマヒルガオやハマゴウなど匍匐性の海浜植物，内陸側周縁部ではタブノキ，センダンなどの暖温帯性広葉樹が目立つが，松原の大部分はクロマツ（一部アカマツ）の純林を呈し，その本数は約 100 万本，樹齢 400 年ほどの老松もあるとされる[1]．

松くい虫（マツ材線虫病）防除

1940 年代末から松くい虫被害が目立つようになり，衛生伐（枯死，衰弱した個体の伐倒，処分）によって被害の蔓延は抑えられていたが，激甚化したことを契機に 1966 年に「虹の松原保護対策協議会」が発足し，1973 年から空中散布（航空機による薬剤散布）による特別防除が行われている．

松原内には生活道路や鉄道路線と 3 つの駅もあり，また江戸時代には御松原とも呼ばれていたことなど，地域住民の生活とは物理的，心理的に強く結びついているため，空中散布は自治体，住民および国（森林管理署）が一体となった綿密な計画の下に行われている．現在は薬剤使用（空中散布，地上散布，樹幹注入剤）のほか伐倒から駆除の一貫した作業も並行して実施されている[2]．

② 虹の松原の林内（作田耕太郎）
松葉かきが行われているため，林床に落葉・落枝が少ない状態が維持されている．

松原の再生・保全活動

松くい虫防除の一方で，戦後に植栽されたニセアカシアや外部からの侵入広葉樹の成長および分布拡大によって，松原の景観変化が顕わとなった[3]．そのため，2008 年に「虹の松原再生・保全実行計画書」が策定され，NPO 法人をはじめとする地域 CSO（市民社会組織）および自治体が主体となった，松原の再生・保全のための各種活動（広葉樹の除去や松葉かき，落葉・落枝の有効利用など）が推進されている．アダプト制度（公共施設里親制度）による民間企業の参加もあって，松原はかつての景観を取り戻しつつある[2,3]（②）．

〔作田耕太郎〕

【文献】

1) 村井ほか（1992）日本の海岸林．ソフトサイエンス社
2) 虹の松原保護対策協議会（2019）虹の松原再生・保全実行計画書（第 2 次改訂版）
3) 薗田ほか（2020）東アジアの「伝統の森」100 撰．サンライズ出版

① 脊振山地西端部の十坊山山頂からの眺め（作田耕太郎）
中央に虹の松原，左に万葉集にも詠まれる佐用姫伝説の残る鏡山（領巾振山，松浦山），そして右に湾内に浮かぶ高島などが一望できる（撮影にはドローンを使用した）．

66 九州の照葉樹林

―西日本の原風景の森

九州における低標高域は暖温帯域に位置し，日本の照葉樹林の中では，南西諸島に次いで照葉樹林を構成する植物の種多様性が高い地域である[1]．低標高域を中心に成立している照葉樹林は，古くから生活に必要な資源の採取地や林業の場として人々に利用されてきたため，大部分は二次林やスギ・ヒノキの人工林，竹林となっている．残されている自然性の高い照葉樹林はごくわずかであり，植物の種多様性保全の観点から極めて重要といえるだろう．そのよい例である綾（第1部67），霧島（第1部68），対馬（第1部64），屋久島は（第1部69）別項に譲り，ここではそれら以外の地域に注目したい．

九州山地の照葉樹林

祖母山，傾山，国見岳，市房山といった九州山地の山々では，海抜1000m付近に照葉樹林の上限がある．上限域の照葉樹林ではアカガシやウラジロガシが優占し，シキミ，ハイノキなどの樹種が下層に生育する[2]．また，しばしばモミ，ツガや，下限域のブナと混生して冷温帯落葉樹林との移行帯をつくる．海抜600～700m以下の地域ではコジイ，スダジイ，イチイガシなどが優占樹種となる[2]．ところによってはイスノキ，マテバシイ，ハナガガシなどが混性する林分もあるなど，地域によって林冠構成種が異なっていて興味深い．

三方岳（標高1479m）の南東側斜面にあたる宮崎県美郷町の樫葉地区には，樹齢150～500年の巨木を含む自然林が残されている[3]．海抜1000m以下の斜面では，ウラジロガシ，ツクバネガシ，アカガシとともに，モミ，ツガが林冠をつくっており，樹高40mに達する林分もあるという．ムギラン，セッコク，マメヅタランなどの着生植物の出現頻度も高い．これらの林分は，宮崎県内ではほとんど失われてしまった最上部の照葉樹林として保全上極めて重要であることが指摘されている．

市房山でも，熊本県側山麓に見事な照葉樹林がある．全体的にはウラジロガシ，イチイガシが優占してシイ類は少なく高標高域の照葉樹林の様相となっているが，ツクバネガシ優占林分がある点は注目される[4]．市房神社参道沿いのスギの巨木とともにカシ類の大径木も多く，それらの樹幹につく大量の着生植物には驚かされた（①）．着生植物のシシンランは国の天然記念物に指定されているチョウであるゴイシツバメシジミの食草であり，保護活動が行われている．

水俣上山国有林の研究林

熊本県水俣市と鹿児島県伊佐市との境界付近に位置する海抜400～500mの上山国有林には，IBP（国際生物事業計画）として指定を受け，1967（昭和42）年から主に植物の物質生産に関する研究が続けられた照葉樹林がある．

コジイが優占し，イチイガシ，ウラジロガシ，シラカシ，ツクバネガシ，アラカシ，タブノキ，イスノキなどとともに林冠をつくっている（②）．この森林は1910～1920年頃の炭焼きによる皆伐後にできた再生林で[5]，国有林の平成28年度現況で林齢101年である．現在は胸高直径約70cmにまで成長した個体もみられるほど発達した二次林となっている．かつては，林床のシダ類，ラン類，小低木は豊かであった

① 市房山のツクバネガシ（川西基博）

② 上山国有林のイチイガシ（左）とヤマザクラ（右）（川西基博）

というが[5]，現在はシカの採食の影響で林床植物はほとんどみられない．

紫尾山の照葉樹林

鹿児島県北西部に位置する紫尾山(しびさん)では海抜約1000 m の山頂付近に南限域のブナ林が成立しており，その下部にアカガシ，ウラジロガシなどが優占し，モミ，コハウチワカエデ，ヤマボウシなどの混生する照葉樹林が成立している（③）．

さらにその下部，標高 700 m より低い地域で人工林化を免れたところは主にツブラジイ（部分的にスダジイ）林となっており，イチイガシ，ハナガガシ，カゴノキ，トキワガキ，リンボクなどがみられる．ここでは，珍しい樹種としてチャンチンモドキが自生しているほか（③），シビカナワラビ，シビイタチシダなど紫尾の地名を冠したシダ植物も分布しているなどフロラからみても興味深い地域である．

③ 紫尾山系のアカガシ林（左）とチャンチンモドキ（右）（川西基博）

肝属山地の照葉樹林

大隅半島南部の肝属(きもつき)山地一帯は山麓から標高 450 m 付近まではシイ林，タブ林が多く，800 m 付近まではイスノキやウラジロガシの群落となる[6]．800 m 以上はアカガシやモミの優占林となり，山頂一帯はイヌツゲ，アセビなどの風衝性の低木林へと推移する．稲尾(いなお)岳の山頂周辺と稜線に残されたアカガシ，イスノキ，モミからなる原生的な照葉樹林は国指定天然記念物，自然環境保全地域特別地区に指定されている．

④ 甫与志岳山麓のスダジイ林（川西基博）

標高 600 m 以下の原生的な照葉樹林は稲尾岳南麓や甫与志岳(ほよしだけ)西麓の国有林にわずかに残されているのみである．スダジイ，タブノキ，イスノキの巨木を多数含む見事な照葉樹林もあり[7]（④），林床にはコバノカナワラビ，カツモウイノデなどのシダ植物や，寄生植物のヤッコソウ，腐生植物のキリシマシャクジョウなどが生育している．また，樹幹にはオオタニワタリ，カタヒバ，セッコク，シシンランといった着生植物も豊富で，様々な生活型の植物をみることができる．

⑤ 肝属山地低地部のタブノキ林（川西基博）

タブノキは照葉樹林のほぼ全域に分布するが，肝属山地低地部の国有林内に残存しているタブノキ林は，大径木が多くオオタニワタリやヘツカランなど大型の着生植物が豊かな林分として注目される（⑤）．

〔川西基博〕

【文献】

1）服部（2011）環境と植生 30 講（図説生物学 30 講〈環境編〉1）．朝倉書店．
2）宮脇編（1981）日本植生誌 九州．至文堂
3）河野（1998）みやざきの自然 16：103-131
4）宮田ほか（1989）熊本大学教養部紀要自然科学編 24：67-88
5）吉良（1978）自然 33：26-39
6）大野（1997）大隅の植生（大隅の自然．鹿児島県立博物館編，鹿児島県立博物館）．26-34．
7）鈴木・中園（2010）Nature of Kagoshima 36：23-27

67 綾生物圏保存地域

—国内最大規模の照葉樹林

宮崎県の中西部に位置する綾町（あやちょう）には，約 2500 ha に及ぶ国内最大級の照葉樹林が残る．この森林は偶然残ったわけではない．綾の照葉樹林は昔から人との関わりが強く，拡大造林期以前から林業活動が行われ，カヤやモミ，ツガなどの温帯性針葉樹が伐採されていた．今でも川中神社周辺の林では製材所や森林鉄道の跡をみることができる（①）．その後，1967 年の照葉樹林の伐採計画の中止を発端に，綾町は自然生態系に配慮した持続可能なまちづくりに半世紀以上にわたり取り組み，その結果，大規模な照葉樹林が残った．2005 年からは官民協働の自然林の復元を目指した「綾の照葉樹林プロジェクト」が始まった．これらの取り組みが評価され，2012 年に町の全域が生物圏保存地域（ユネスコエコパーク）に登録された．

ユネスコエコパークと綾の照葉樹林

ユネスコエコパークは，自然との共生を目指し，自然を厳格に保護していく「核心地域」，核心地域を保護するための「緩衝地域」，人が生活し自然と調和した持続可能な発展を実現する「移行地域」で構成される．綾の照葉樹林で人手の全く入っていない部分は少ないが，原生状態に近い発達した照葉樹林も残り，林野庁が森林生態系保護地域に指定するとともにユネスコエコパークの核心地域となっている．また，核心地域を取り囲む二次林や人工林は緩衝地域に指定され，レクリエーションによる利用や人工林を照葉樹林へ復元するプロジェクトが行われている．

核心地域の発達した照葉樹林

核心地域の中には「綾リサーチサイト」（②）が設けられ，1989 年から原生的な照葉樹林の長期的な動態の観察が行われている[1]．リサーチサイトは標高 380～520 m の北向きの急峻な斜面に位置し，年平均気温は 14.2℃，年降水量は 3070 mm である．主要な林冠構成種は，イスノキ，タブノキ，アカガシ，ウラジロガシ，ホソバタブ，シイ類，イチイガシである．林冠の高さは 25～30 m を超えるものがあり，胸高直径が 1 m 以上のウラジロガシ，アカガシ，タブノキも生育する（②）．亜高木層では，サカキ，ヤブツバキ，バリバリノキ，イヌガシ，ヒサカキがみられる．照葉樹林の優占種はシイ・カシ類とされるが，個体密度・胸高断面積ともにイスノキが最も高い割合を占める．イスノキは萌芽再生力が低く伐採後に優占度が低下しやすい樹種であり，これが優占することは人為の影響が少ないことを意味する．植生全体としては，九州の内陸低山地帯と山地の照葉樹林の特徴をあわせ持つ[2]．1990 年頃からは，ニホンジカによる食害が進行し，林床植生の衰退が大きな問題となっている．

〔山川博美〕

【文献】

1) Sato et al. (1999) Bull Kitakyushu Mus Nat Hist 18: 157-180
2) 永松ほか (2002) 九州森林研究 55:50-53

① 林内に残る製材所（上・下右）と森林鉄道（下左）の跡（伊藤 哲・光田 靖）

② 綾リサーチサイトの遠景（左）と胸高直径 1 m を超えるイスノキ（右）（山川博美）

68 霧島山周辺の森林

―天孫降臨の地にして日本で最初の国立公園

宮崎県と鹿児島県にまたがる霧島山は大小20座余りの火山群の総称で，1934（昭和9）年に日本最初の国立公園の1つである霧島国立公園に指定された（現在は霧島錦江湾国立公園）．火山活動の影響を強く受けた遷移途上の森林が多いが，発達した森林も各所に存在し，低標高帯の照葉樹林–モミ・ツガ林–高標高帯の夏緑林といった垂直分布をみることができる．

大浪池斜面のモミ・ツガ林

霧島山には照葉樹林と夏緑林の中間に分布するモミ・ツガ林が多くみられるが，中でも標高1412mの大浪池の西側登山道沿い斜面に成立するモミ・ツガ巨木林（①）は圧巻である．林冠にはアカマツ大径木を混じえ，風倒木の伐根で確認したアカマツの樹齢は250年を超える．典型的な火山植生としてえびの高原周辺に広がるアカマツ一斉林とは大きく様相が異なる．高標高域ではミズナラやブナと共存し，低標高域では常緑樹のアカガシも混交する．古いギャップと思われる部分にはヒメシャラがオレンジ色の幹を輝かせ，林内景観の彩りも美しい．霧島山系には最終氷期の遺存種ともいわれるトウヒ属のハリモミが点在しており，大浪池の斜面やカルデラ内にもハリモミの個体が確認できる．また，県道を挟んだ下方斜面には，モミ・ツガ天然林施業試験地[1]があり，天然更新などの試験が実施されている．

御池の照葉樹林とイチイガシ人工林

天孫降臨説話の高千穂峰の麓，霧島山の東端に位置するカルデラ湖の御池と小池の周辺には，発達した照葉樹林が残る．小池カルデラ内の小扇状地にはモミの巨木を擁するイチイガシ林があり，流路沿いや湖岸近くにハルニレやムクロジなど撹乱依存型の落葉樹が混生する，種多様性の高い森林を形成している[2]．御池カルデラ内壁（②奥）にも立派な照葉樹林があるが，外側斜面や御池に注ぐ渓流の小扇状地上に発達するイチイガシ林（②右側）に騙されてはいけない．この森は林齢100年を超える人工林で，南九州で明治–大正期に活発であった広葉樹造林の名残である．熱帯雨林のフタバガキと見紛う通直なイチイガシが林立し，モミやハルニレの巨木と混交する．近年はシカ食害や風倒被害で衰退気味なのが残念だが，人工林と天然林の違いを学ぶには絶好の教材だろう．

① 大浪池斜面のモミ・ツガ林（伊藤 哲）

② 御池照葉樹林とイチイガシ人工林（伊藤 哲）

③ 大幡山のヒノキ林（伊藤 哲）

大幡山のヒノキ林

大幡山東側の急斜面，標高1200m付近には，ヒノキ大径木が数十本まとまってブナ，ミズナラに混生する森林がある（③）．「天然ヒノキ」との記載をみることもあるが，定かではない．霧島で最も老齢のヒノキ集団であることは間違いない．〔伊藤　哲〕

【文献】

1) 西園ほか（2001）九大農学芸誌 55：149–159
2) Ito et al.（2006）J For Res 11：405–417

69 屋久島の森

―世界自然遺産の植生垂直分布とスギ巨木林

鹿児島県の屋久島は1993年12月に白神山地とともに日本初のユネスコ世界自然遺産に登録された．屋久島といえば「縄文杉」が有名である．樹齢7200年ともいわれたこのスギの巨木を一目みようと，多くの登山客が屋久島を訪れる．しかし，屋久島の森林の魅力は縄文杉だけではない．そもそも屋久島が世界自然遺産に登録されたのは，縄文杉に代表されるスギ巨木の存在だけでなく，植生が標高によって移り変わる様子，すなわち「垂直分布」が世界的に「顕著な普遍的価値」を持つとして評価されたからでもある．ある場所が世界自然遺産に値するかどうかは，自然景観（自然美）・地形地質・生態系・生物多様性保全という4つの評価基準による．屋久島はこのうち，自然景観と生態系の基準を満たす．スギ巨木の存在は自然景観として評価され，海岸部から山頂まで連続する自然植生，すなわち，高標高のスギ林（針葉樹林）だけでなく低標高の照葉樹林（常緑広葉樹林）を含めた植生の垂直分布が生態系として評価された．

屋久島の植物相

屋久島はトカラ海峡（生物の分布境界線としては渡瀬線）の北に位置し，その植物相は基本的には九州の延長である．屋久島の維管束植物種数は1840種で，トカラ海峡以南に位置し面積がより大きな奄美大島の1582種よりも多く，固有種も42種ある[1]．これは屋久島が周辺より高い山を含み，気候の多様性が高いためである．屋久島の最高峰宮之浦岳（標高1936 m）は九州～南西諸島の山で一番高い．ただし，森林調査区における本数あたりの樹木種数（直径5 cm以上）は隣接する奄美・沖縄や九州南部よりも少ない[2]．オキナワウラジロガシ・イジュなど多くの亜熱帯性常緑広葉樹種だけでなく，ブナ・ミズナラなど多くの冷温帯性落葉広葉樹種も屋久島には分布しない．このように屋久島の樹木相は南北からの隔離の影響により貧弱化している側面もある．

植生の垂直分布

垂直分布の主な原因は標高上昇とともに低下する気温である（屋久島では100 mごとに0.6℃低下）．海岸部の年平均気温は約20℃だが，宮之浦岳山頂では約8℃になり，北海道中部に相当する．このため，屋久島の植生は日本列島の縮図ともいわれる（ただし，屋久島より南の南西諸島は除く）．屋久島の自然植生は山頂部（約1800 m以上）のヤクシマダケ草原を除くと森林であり，標高約700～1000 mを境にして，低地では照葉樹林，山地では針葉樹林となっている（①）．たとえ縄文杉がなかったとしても屋久島の森林の価値に変わりはない．平均気温で10℃以上も違う低地から山地まで，原生林の垂直分布が途切れずにみられることが，屋久島の森林の一番の魅力である．

低地の照葉樹林

低地の照葉樹林の優占種はイスノキ・ウラジロガシで，標高500 m付近まではスダジイ・タブノキ，それ以上にはアカガシも多く，森林を構成する樹種は九州本土とほとんど同じである．しかし，日本本土ではほとんど伐採されてしまった原生林が，まだ広い面積で残っている点に大きな価値がある（②）．川や尾根沿いに断片的に残された原生的な照葉樹林からは，現在も次々と新種の植物が見つかっている．海岸部にはマングローブの構成種メヒルギ（1か所のみ）と絞め殺しイチジクのガジュマル・アコウがあり，モク

① 照葉樹林と針葉樹林の移行部（相場慎一郎）

② 屋久島西部の照葉樹林（相場慎一郎）

③ 針葉樹林のスギ大径木（吉良友祐）

タチバナ・フカノキも多く，亜熱帯林的な相観を示す．屋久島西部の照葉樹林には野生のヤクシマザルとヤクシカ（それぞれニホンザル・ニホンジカの亜種とされる）が高密度で生息していて，野生動物の生態の重要な研究フィールドとなっている．

山地の針葉樹林

山地の針葉樹林ではスギ，モミ，ツガの3種の針葉樹が直径2m樹高30m以上に達し，日本有数の巨木林となる（③）．屋久島では江戸時代からスギが伐採され，屋久島の針葉樹林のほとんどは厳密には原生林ではない．特に，スギの密度が高い場所は伐採後に成立した二次林である可能性が高い．山地では年によっては1万mm以上の降水量があり，巨木の幹や倒木にはびっしりとコケが生え，幻想的な雰囲気となる．豊富な着生植物も特徴的で，特にヤマグルマの大木が根を伸ばして針葉樹やスギの切り株に着生しているのは屋久島特有の現象である．縄文杉はこの針葉樹林帯に位置する日本最大のスギである（幹直径5.2m）．針葉樹林の下層ではハイノキ，サクラツツジなどの広葉樹が高密度の低木層を形成し，その点を考慮すれば針広混交林と呼ぶ方が適切である．標高1200mで1haを調べた結果では，広葉樹は直径3cm以上の幹本数の95%以上を占める[3]．屋久島の針葉樹林の上部は暖かさの指数では冷温帯落葉広葉樹林に相当するが，針葉樹はすべて常緑で，広葉樹のほとんども常緑樹であり，垂直分布全域にわたって常緑樹が優占する点で，熱帯型垂直分布の北限とみなすことができる[4]．

保護の歴史

1879（明治12）年，屋久島の森林の大部分は国有林とされ，これに反対する島民は下戻訴訟を起こすが敗訴し，1921（大正10）年から国有林経営が開始された．施業開始にあたり，4314haが保護林に指定され，1924年には「屋久島スギ原始林」として天然記念物に指定された（1954年には特別天然記念物に昇格）．天然記念物指定地域の一部はスギが自然分布しない低地にまで延びており，スギ巨木だけでなく植生垂直分布の保護も意図されていた．さらに1964年には，特別天然記念物指定地域を含む区域が霧島国立公園に編入され，霧島屋久国立公園の一部となった（2012年には屋久島国立公園として独立）．一方，国有林の拡大造林政策は屋久島にも及び，1960年代後半には大規模伐採反対の機運が島内外で高まって，1973年には上屋久町議会で「屋久杉原生林の保護に関する決議」が可決された．1975年には，天然記念物指定地域に隣接する地域1219haが南硫黄島とともに日本で最初の原生自然環境保全地域に指定され，1983年には環境庁による総合調査が行われた[5]．この総合調査より前の1970年代後半から西部地域を中心にヤクシマザルと森林動態の生態学的研究が活発に行われるようになった．これらの自然保護と研究の歴史が後の世界自然遺産登録の基礎となった．

〔相場慎一郎〕

【文献】

1）鈴木ほか（2022）鹿児島県の維管束植物分布図集―全県版．鹿児島大学総合研究博物館
2）Aiba et al.（2021）J For Res 26：171-180
3）明石ほか（1994）屋久島原生自然環境保全地域の山地針葉樹林における林木群集の構造（屋久島原生自然環境保全地域調査報告書．日本自然保護協会編，日本自然保護協会）．71-86
4）大沢（1993）科学 63：664-672
5）環境庁自然保護局（1985）屋久島の自然．日本自然保護協会

70 奄美・琉球の森林

―世界自然遺産の亜熱帯林

奄美大島，徳之島，沖縄島北部および西表島は，生物多様性の高さが評価されて 2021 年に国内 5 番目のユネスコの世界自然遺産に登録された．陸域には亜熱帯性の照葉樹林が広がり，河口の汽水域にはマングローブ林をみることができる．また，人為活動の影響や台風などによる撹乱を受けた森林なども広く確認できる．

奄美大島・徳之島の森林

鹿児島県に属する奄美群島の奄美大島と徳之島の森林はアマミノクロウサギ，ルリカケス，オオトラツグミといった固有動物種が生息する種多様性の高い生態系を育んでいる．渡瀬線（トカラ海峡に設定された生物地理学的な境界線）以南の南西諸島では最も北方に位置している非火山性の「高島」（高い山を持つ島）であり，分布の北限となっている生物が多い．しかも，標高 600 m 以上の山地があるので生物相が大変興味深い．奄美大島と徳之島における植物の固有種数はそれぞれ 18 種，3 種で，数多くの分類群が絶滅危惧種に指定されている[1]．

奄美大島の照葉樹林はスダジイが優占し，イジュ，ウラジロガシ，イスノキなどが混生する林分が多い[2]．奄美群島以南の南西諸島で最も標高が高い湯湾岳（694 m）の山頂付近は風衝性の樹高が低い照葉樹林になっており，一帯にアマミヒイラギモチ，アマミアセビ，ミヤビカンアオイ，アマミヒメカカラなどの固有植物が分布している．低標高域では北限のオキナワウラジロガシも分布するが，奄美大島で優占林がみられるのは大和村大和浜などごく限られている．

伐採履歴のない発達した照葉樹林では，スダジイなどの大径木にシダ類やラン科植物が着生していて林内の景観は実に見事である[3]．谷沿いではシマサルスベリの大株がみられるほか，林床のシダ植物の種多様性が特に大きく，ヒロハノコギリシダ，ヘツカシダ，アマミシダなどの大型の種が密な林床植生をつくる（①）．

ヒカゲヘゴはしばしば谷沿いに生育しているが，そこは崩壊地や開けた河岸など明るい立地であり，シマウリカエデ，ウラジロエノキ，イイギリなどとともに先駆群落をつくっている．やや乾いた崩壊地や放棄耕作地などでは，リュウキュウマツ林が成立し，かつては集落近くの斜面に発達した林分が広くみられた．しかし，2005 年頃から奄美大島南部で松くい虫被害が出始め，その後島全体に広がったため，現在では発達したリュウキュウマツ林はほとんどなくなった．

徳之島は，島の中央部は四万十帯の堆積岩と花崗岩を基盤とした山地地形をなし，最高峰は井之川岳の 644.9 m である．その山地を中心に照葉樹林が成立している．スダジイ，イスノキが多い点は奄美大島の照葉樹林と似ているが，ウラジロガシやイジュが少なくオキナワウラジロガシが優占している点で異なって

① シマサルスベリの生育する谷部の森林（川西基博）

② 徳之島三京（みきょう）の照葉樹林で優占するオキナワウラジロガシ（川西基博）

いる[2]．丹発山山麓には原生的な照葉樹林が残されており，板根を発達させたオキナワウラジロガシの大径木が林立する様子は圧巻である[4]（②）．

低標高域は琉球層群の石灰岩地帯である．大部分が耕作地やリュウキュウマツ林となっているが，犬田布の明眼の森にはアマミアラカシ林が残存しており，国指定天然記念物に指定されている．

沖縄島やんばる地域の森林

南西諸島の中央付近に位置する沖縄島では，人口の多い都市が中南部に集中し，まとまった森林はやんばる（山原）と呼ばれる北部に広がっている．中でも，国頭村，大宜味村，東村の北部三村と呼ばれる地域は森林率が高く，標高 503 m の与那覇岳を最高峰に，スダジイやイジュなどが優占する亜熱帯性の照葉樹林が広がっている（③）．頻繁に襲来する台風による攪乱が森に与える影響も大きい．

やんばるの森は，北部三村を中心に，鳥類ではノグチゲラやヤンバルクイナ，哺乳類ではケナガネズミやオキナワトゲネズミ，昆虫類ではヤンバルテナガコガネといった固有種が多く生息している．そのため，2016 年に国立公園に指定され，その後，2021 年の世界自然遺産登録につながった．

その一方で，やんばるの森は琉球王朝時代から人々に利用されてきた歴史がある．中でも，第二次世界大戦後の 1940 年代後半から沖縄が本土復帰する 1970 年代にかけては，戦後復興や幅広い木材需要で広域にわたり強度な伐採活動が行われた[5,6]．そのため，現在では脊梁部を中心に残存する皆伐履歴のない森林（以下，非皆伐林）の周辺に，多くの二次林や人工林が広がっている．

やんばる地域の非皆伐林では，スダジイやイジュの大径木に，イスノキやオキナワウラジロガシの大径木が混交する（④）．樹高は谷間でも最大 20 m 程度で，尾根では 15 m 未満である．胸高直径が 30～40 cm 以上に達したスダジイやイスノキなどの大径木は，ケナガネズミやヤンバルテナガコガネが繁殖などに利用する樹洞を形成しやすいこと[7]，さらには標高の高い雲霧帯では着生植物をつけやすいことなどから，やんばるの森の生態系維持にとって欠かせない存在であると考えられている．

やんばる地域の二次林では，萌芽更新が旺盛なスダジイの優占度が一段と高くなる．イジュが混交し，谷間ではオキナワウラジロガシが再生している場所もあるが，70 年生に達した林分でも大径木の密度は非皆伐林と比べると大幅に低くなっている[8]．

林道沿いなどの明るい場所には，リュウキュウマツの定着がみられる．リュウキュウマツは，琉球王朝時代から 1970 年代まではやんばる地域の代表的な造林樹種であった．しかし，マツ材線虫病の拡大に伴いリュウキュウマツの造林は急激に減少し，1980 年代からは造林樹種はイジュ，イスノキなどの広葉樹へと移行した．マツ材線虫病は，現在でも沖縄島の中でまとまった被害が確認されるが，北部三村では過去の対策などからやや落ち着いた状態になっている．

比較的大きな河川の河口付近では，汽水域にマングローブ林が形成されている．メヒルギ，オヒルギ，北限のヤエヤマヒルギの 3 種が生育している東村慶佐次湾のヒルギ林は，面積が約 10 ha に及び，国指定

③ やんばるの新緑（高嶋敦史）

④ 大径木を育むやんばるの非皆伐林（高嶋敦史）

⑤ 多様性豊かな西表島の森林（渡辺 信）

天然記念物になっている．

八重山諸島の森林

沖縄県に属する八重山諸島は南西諸島南西部に位置し，12 の有人島と 20 の無人島で形成される．亜熱帯で生物多様性が高く，年間を通じて温度差が小さく降水量が多い．一方，数年ごとに直撃する大型台風は生態系の攪乱要因となるだけでなく，栽培可能な地域農作物を限定する要因ともなっている．八重山諸島の森林の主要樹種は照葉樹で，優占樹種はオキナワウラジロガシやスダジイを主とするシイ・カシ類と，クスノキ科のタブ類である．

西表島と石垣島には西表石垣国立公園が設定されている．西表島は八重山諸島最大の島で，東西 20 km，南北 18 km，周囲長 130 km，面積 289 km² である．面積の 9 割は自然植生に覆われた「高島」で，古見岳（470 m），波照間森（447 m），テドウ山（441 m）をはじめ，標高 300～400 m の山頂高度が揃った山々が島の大部分を占めている[9]．これらの山地は大半が第三紀八重山層群の砂岩，泥岩で形成され，海外線には断続的に安山岩とサンゴ由来の琉球石灰岩が分布する[10]．堆積岩が隆起して形成された準平原は豊富な降雨によって生じた地表流に侵食され，沖縄県内最長の河川である浦内川をはじめ仲間川，仲良川など大小多数の河川が生じた．汽水域の河口沿岸湿地にはマングローブ林が形成され，珊瑚礁や藻類とともに水域の生物多様性を高めている．西表島のマングローブ林は国内のマングローブ林総面積の 7 割を占め，日本に分布する 7 種すべてが存在する．しかし熱帯アジアの植生と比較した場合，日本のマングローブ林は種組成と構造の単純化，矮小化が認められる[11]．観光を主産業とする西表島では，これら汽水域のマングローブと河川に形成される大小様々な滝を巡るエコツアーが盛んである．

西表島の優占樹種であるシイ，カシ，タブ類のまとまった群落が認められる景観は多くない．森林内にはクロツグなどのヤシ科植物，ツルアダンやハブカズラなどのつる植物，シダ植物が混在し，熱帯林的な複雑で多様性豊かな環境に豊富な種類の昆虫が生息している（⑤）．特に水環境にも恵まれた低山の森林は，天然記念物であるイリオモテヤマネコやカンムリワシ，セマルハコガメの生息場所となっている．標高 400 m 前後の風衝地ではゴザダケササの大群落が形成され（⑥），その周辺にはヒカゲヘゴの分布が認められる．20 世紀半ば迄炭鉱開発と炭焼きが盛んだった集落に近い場所では，樹木伐採跡地にリュウキュウマツの二次林の形成も認められる．

〔高嶋敦史・川西基博・渡辺　信〕

⑥ ゴザダケササの大群落（渡辺 信）

【文献】

1）宮本（2010）奄美群島の植物（鹿児島環境学 II．鹿児島大学鹿児島環境学研究会編，南方新社）．65-83
2）Aiba et al.（2021）J For Res 26: 171-180
3）川西（2023）本州や九州と似ているけどちがう照葉樹林（愛しの生態系―研究者とまもる陸の豊かさ．植生学会編，文一総合出版）．12-17
4）米田（2016）薩南諸島の森林（奄美群島の生物多様性―研究最前線からの報告．鹿児島大学生物多様性研究会編，南方新社）．40-90
5）高嶋ほか（2008）九州森林研究 61: 57-60
6）齋藤（2011）環境情報科学論文集 25: 245-250
7）Takashima et al.（2021）J For Res 26: 410-418
8）高嶋・稲福（2017）九州森林研究 70: 17-20
9）初島（1971）沖縄生物教育研究会 琉球植物誌 Flora of the Ryukyus: 10
10）国土調査：沖縄県（1987）土地分類基本調査西表島地域：37
11）宮脇編著（1980～1996）日本植生誌 沖縄・小笠原，至文堂：311

解説 7 残念な姿のスギやヒノキの人工林

―不適地に植栽された人工林・適切に管理されない人工林

全国の森林の約 4 割にあたる 1020 万 ha の人工林は, 日本の森林を語る上で無視できない存在である. 人工林のほとんどは, 建築用材などを生産するため, 植栽によってつくられた. その目的は木材の収穫により達成されるので, 人工林は収穫するに値する林木が育つ森林でなければならない. 収穫までは森林として存在するので, それまでの時間は水源かん養や土砂災害防止などの公益的機能の発揮も期待される. しかし, 日本各地に, これらを満足させられそうにない人工林が存在する. 残念ながら, これも日本の森林の姿の 1 つである.

不適地に植栽された人工林

日本の人工林の多くは, 第 1 部 52 で紹介した地域ごとに発達した林業とは一線を画す, 国策によりつくられたものである. それは, 戦後復興期から高度成長期にかけての木材不足への対策として, 復旧造林・拡大造林 (草地や広葉樹林からの人工林への転換) という形で推し進められた. その過程で, 造林が手段ではなく目的化し, 成林が見込まれない不適地 (瘦せ地や豪・多雪地) にも人工林が造成された. 合自然の原理を無視した結果, いつになっても目的を果たせない人工林が各地に存在する (①). これらは, 公益的機能を少しでも発揮できるような管理が必要である.

適切に管理されない人工林

人工林は, ある意味, 人が無理矢理つくった森林である. 目的を達成するために適切に管理されていればいいが, 目的もなくつくられた, あるいは目的を失った人工林の管理は投資ではなく, もはやコストでしかない. 当初から適切に管理されなかった人工林や, 途中で管理を放棄された人工林が日本各地に存在する.

下刈りなどの初期保育が適切になされず, 植えられた針葉樹が侵入した広葉樹と混交している森林は逆に救いがあるが, アカマツが侵入してヒノキが被圧され, その後にマツ枯れでアカマツ優勢木が枯死したヒノキ人工林は悲惨である (②). 一方, 間伐が不十分なために過密になった人工林は全国に多く, これらは冠雪害や風害の被害を受けることも多い (③). やはり, 森林としての機能を少しでも高められるような管理が求められる. 〔横井秀一〕

① 積雪により成林に失敗したスギ人工林の相観 (上) と内部 (下) (横井秀一)

② 初期の手入れ不足で天然更新のアカマツに被圧されたヒノキ人工林 (横井秀一)

③ 間伐がなされずに過密になったスギ人工林 (左) と間伐遅れの過密人工林に発生した冠雪害 (横井秀一)

第 2 部

生き物たちの森林

1 森を維持する

―生きることでも死ぬことでも森を支える

樹木の種子を運んで森を維持する哺乳類

森林を構成する植物は自ら移動ができないため，種子を生産して親植物から離れたところに移動させる（種子散布）ことで，生育場所を広げている．種子散布は，同種の他個体が生育していない新しい場所に遺伝子を定着させるといった役割も持つ．したがって，種子散布は森林内での植物の配置や，森林の世代交代，森林内の植物の多様性の維持において大きな役割を担っている．

植物には，風や水などの非生物的な要因によって種子を移動させるといった散布様式を持つ種もいれば，動物に種子の散布を頼っている種もいる．中でも哺乳類が関わっている散布様式には，周食散布，貯食散布，付着散布がある．

果実を食べて運ぶ

周食散布とは，哺乳類に果実を食べてもらうことで種子が運ばれる散布様式である．そのため，周食散布を行う植物には，種子の周りの果肉部分が多肉質な果実を結実する種類が多い．果実が哺乳類に丸ごと飲み込まれた後は，口から種子が吐き出されるか，消化されて糞と一緒に種子が排泄される．消化管を通過する過程で，発芽を抑制する物質が含まれる種子の周りの果肉部分が取り除かれるため，体内を通過することで種子が発芽しやすくなる植物種も存在する．

日本において，ツキノワグマ，ニホンザル，ホンドテン，タヌキ，ニホンアナグマの5種の哺乳類の間で種子散布者としての役割を調べた研究では，種によって体の大きさ，移動能力，行動様式が異なるため，種子の散布される距離や量が異なることがわかっている[1]．哺乳類各種がどのような樹種の種子を運んでいるか，それらの種子が発芽や成長に適した環境に散布されるか否かも，種や季節によって異なる[2]．例えば，夏はツキノワグマが，秋はニホンザルとホンドテンが，種子の発芽に適した環境に高い確率で散布しており，種子散布者としての哺乳類と果実との間にはとても複雑なネットワークが築かれている（①）．

このように，果実の種子の運び手として異なる役割を持つ複数の哺乳類種が同じ森林内に生息する日本では，植物にとって様々な環境条件の場所に種子が散布される機会が確保されている．

種子を貯える

貯食散布とは，ブナ科樹木などが生産する果実（以

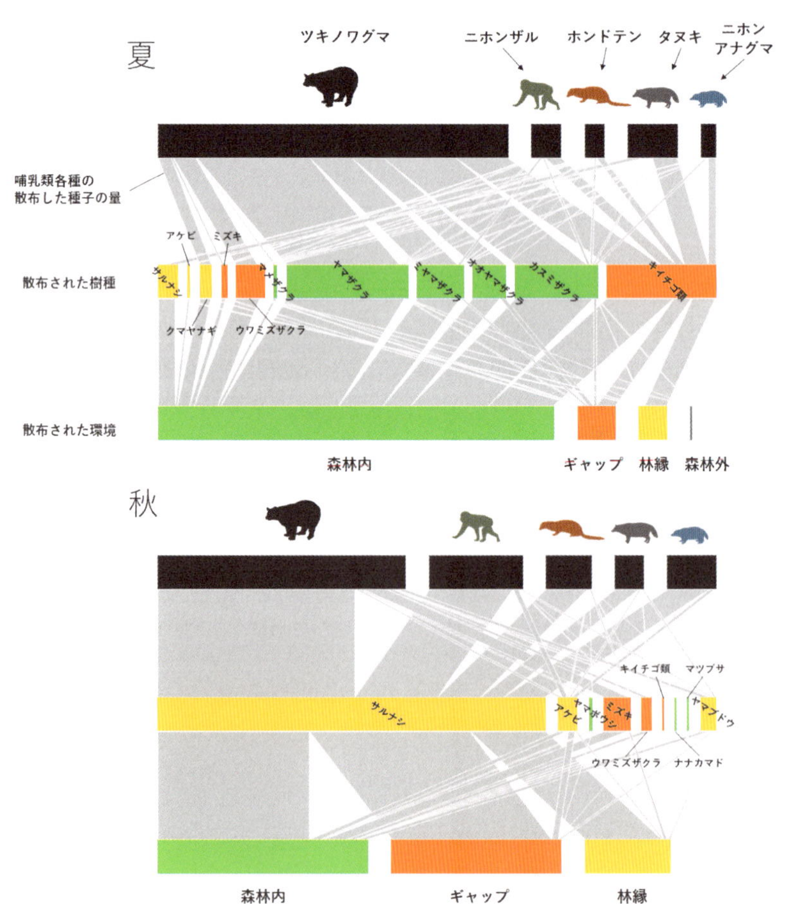

① 果実を食べる哺乳類-種子が散布された樹種-種子が散布された環境のネットワーク図（文献2を改変）

散布された樹種の四角の色は，発芽や成長に適した環境を示す．「ギャップ」とは倒木などで森林内の林冠が開けている場所を，「林縁」とは森林とそれ以外の環境の境目の場所を示す．

下，ドングリ）とネズミの関係が代表的である．食べ物を地中などに貯える習性を持つ哺乳類（ネズミ，リスなど）は，落下後のドングリを持ち去り，貯蔵場所に運ぶが，食べ残したり食べ忘れることで，その場で種子が発芽することができる．ネズミなどの哺乳類は大量にドングリを消費する種子捕食者である一方で，ドングリを持ち運び，土の中に貯蔵する貯食散布者としての役割を果たすことで，樹木の更新の手助けをしている．

種子をくっつけて運ぶ

付着散布とは，動物の体表に付着しやすい独特の構造（フック，とげ，粘着物質）を種子の付属器官として持つ草本植物に多くみられる散布様式である．動物の体表に種子を付着させることで，動物に種子を運んでもらう．日本の中型哺乳類６種（キツネ，ニホンアナグマ，アライグマ，タヌキ，ニホンイタチ，ハクビシン）の間で，付着する種子の量や植物種が違うことを明らかにした研究がある[3]．その違いには，哺乳類種ごとの体毛の長さや，種子の結実している位置と哺乳類の体の各部位の高さの重なり具合，季節（植物の結実位置が変化するため）といった，動物と植物双方の要因が関係する．今後は付着した種子が哺乳類各種のどのような行動によって，どのような場所で散布されるのかといった，種子の散布過程の解明が期待される．

死体を食べて食物網を支える哺乳類

哺乳類はその生命を終えた後も，森林生態系に様々な形で影響を与えている．動物の死体は，微生物，昆虫類，鳥類，哺乳類など多くの生物を介して分解・消費され，生態系の物質循環に組み込まれる．動物死体は分解されることで土壌特性を変化させ，植物の生長やその植物を採食する動物に影響を及ぼす．

哺乳類の一部は死肉を食べる動物（スカベンジャー）である．動物死体の周りに様々なスカベンジャーたちが集まることで発生する数々の種間関係は，食物網をより複雑にすることで，生態系の安定に寄与している．さらに生態系から迅速に死肉を除去することは，病原菌の発生を抑制するという点でも生態系サービスを提供しているといえる．

日本においても多くの森林性の哺乳類が死肉採食（スカベンジング）を行っている．ハゲタカのようなスカベンジングに特化した生き物が存在しない日本では，様々な哺乳類（ツキノワグマ，イノシシ，タヌキ，キツネ，ホンドテン，ハクビシン）がスカベンジャーとして大型哺乳類の死体を消費する役割を果たしている[4, 5]．森林内に設置したニホンジカの死体には，タヌキとツキノワグマが最も頻繁に訪問し，長時間にわたって死体を採食していることが明らかにされていて[4]，中でもタヌキが最も高い死体の発見能力を有している[5]．鳥類による上空からの死体の発見が難しい日本の春から秋にかけての森林内では，ニホンジカの死体は約１週間で消失するが，驚くことにこの消失時間はハゲタカが生息する生態系などと比較しても大きな違いがない[5]．日本の森に棲む哺乳類たちは死体をめぐる複雑なネットワーク構造をつくり上げることで（②），森林生態系の維持に大きく寄与している．

〔栃木香帆子〕

【文献】

1) Koike et al. (2023) J For Res 28: 64-72
2) Tochigi et al. (2022) GECCO 40: e02335
3) Sato et al. (2023) Acta Oecol, 119: 103914
4) Inagaki et al. (2020) Ecol Evol 10: 1223-1232
5) Inagaki et al. (2022) Sci Rep 12: 16451
6) Inagaki et al. (2022) Vertebrate Scavenging on Sika Deer Carcasses and Its Effects on Ecological Processes. In Sika Deer: Life History Plasticity and Management. Kaji et al. (eds), Ecological Research Monographs. Springer, 375-385

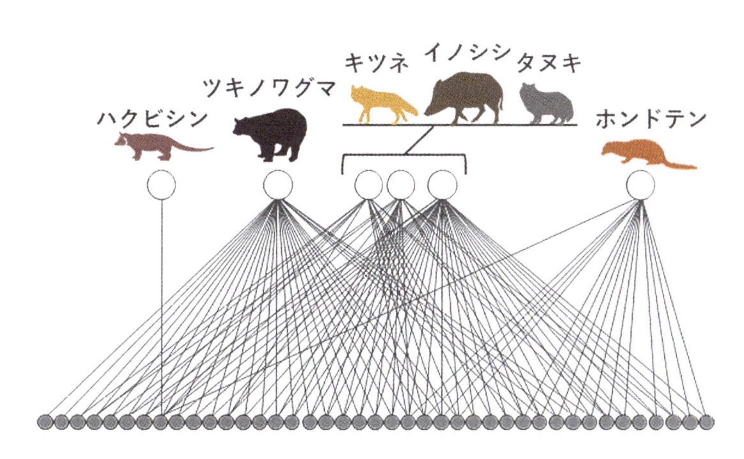

② 死体を食べる哺乳類-シカ死体のネットワーク図（文献６を改変）
白丸は哺乳類のスカベンジャー６種，灰丸はシカ死体を示す．哺乳類各種の各死体でのスカベンジングを線で表している．

② 森を枯らす

―増えすぎたシカと変わりゆく生態系

森林では，多種多様な生物が，食う食われるなど，様々な形で相互に関わり合いながら生息している．その中には森林の環境を大きく改変し，他の生物に大きな影響を及ぼす生物も存在する．

ニホンジカ（以下シカ）は，南は屋久島から北は北海道まで広く分布する大型の植食性哺乳類である．シカが生息する場所では，採食や土の踏み固めにより，何かしらの「攪乱」が引き起こされる．シカの生息密度が低い場合には，その影響は目立たないが，生息密度が高くなった場合，森林生態系の構造や機能が大きく改変されることになる．近年，高密度化したシカが森林生態系に及ぼす影響が全国各地で顕在化しており，大きな問題となっている（①）．

下層植生への影響

植物がシカに採食されると，程度やタイミングによってはその植物の開花・結実が阻害され，個体数の減少につながる[1]．採食による影響の受けやすさは植物種によって異なり，特にシカの口の届く高さよりも低い空間に生育する中～大型の草本類や低木類が消失しやすい．シカの生息密度が高くなると，有毒物質や棘などで植物体を防衛することにより採食を免れる種（不嗜好性植物）や，採食された後に補償的な再成長を行うことによって生き延びる種（採食耐性植物）のみが生育するようになる．さらに，周囲に食べる植物がなくなってくると，それまで避けていた不嗜好性植物や落葉も食べるようになる．このような状況で，シカの口が届く範囲（高さ約2 m以下）の緑被がほとんどない状態を「ディア・ライン」と呼ぶ（②）．

シカが高密度化し，下層植生が失われた場合，生態系の機能にも重要な影響が及ぶ．例えば，森林の下層植生は，リターの捕捉や土壌侵食の緩和といった水源かん養機能に貢献しているが，シカの高密度化により下層植生が衰退すると，林床を覆うリターも移動しやすくなり，土壌侵食が促進される[2]．このように生態系が基盤から変わってしまった場合，元の状態には回復しない「不可逆的な変化」が起こる場合がある[1]．

森林の構造への影響

シカが高密度化すると，森林の後継ぎとなる稚樹も採食される．また，シカは樹木の樹皮を剝ぎ，時として枯死させることもある[1]．シカの密度が低い段階では，採食や樹皮剝ぎの影響は小径木を中心に発生するため，森林が短時間で消失することにはならない．し

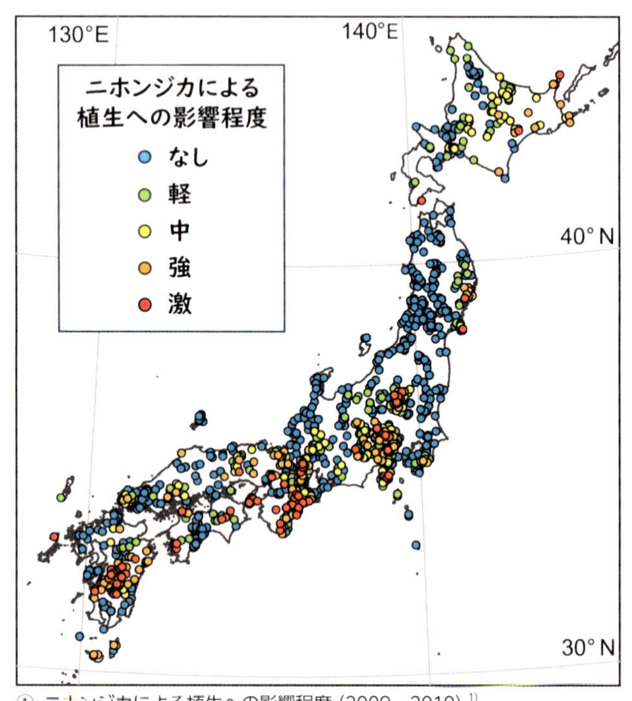

① ニホンジカによる植生への影響程度（2009～2010）[1]
軽：注意すれば食痕などの影響や被害が認められる．中：食痕などの影響が目につく．強：影響により草本・低木が著しく減少している．激：群落構造の崩壊や土壌流亡など，自然の基盤が失われつつある．

② ディア・ラインの例（東京都奥多摩町）（大橋春香）

かし，稚樹がシカに食べつくされ，後継樹が成長できなくなると，長期的には森林が維持できず，草地化が進む[3]．

このような稚樹の採食や樹皮剥ぎは，人間が植栽した樹木であっても発生するため，林業被害としても深刻な問題になっている[4]．

他の動物に波及する影響

シカの高密度化は，同じ森林で暮らしている他の動物にも影響を及ぼす（③）．例えばシカの高密度化により下層植生が衰退すると，ニホンカモシカの餌資源が減少し，個体数の減少や分布域の変化をもたらす可能性がある[5]．下層植生の変化は，下層植生に営巣する鳥類の減少や[6]，その鳥類を宿主として托卵を行うカッコウなどの減少にもつながっている[7]．また，シカの高密度化は，餌資源となる植物の量や質の変化をもたらすため，植食性の昆虫にも影響が及ぶ[1]．防鹿柵の内外を比較した事例では，柵外でササ類が消失し，不嗜好性植物へと入れ替わったことにより，ミミズの密度が高く，ミミズを食べるタヌキなど雑食性動物の密度も同様に高いことや，ササをカバーとして利用するネズミの密度が低く，ネズミを捕食するフクロウの密度も低いことが報告されている[1]．

このほかにも，シカの高密度化により，シカの糞や死体を餌資源として利用する昆虫類が影響を受ける．例えば，シカが高密度化した地域では糞食性コガネムシ類やシデムシ類が多いことが報告されている．その一方で，糞食性コガネムシ類の中でも，下層植生の減少による負の影響を強く受け，シカが高密度化した地域で減少する種が存在するなど，種の生活史に応じて多様な反応がみられる[1]．

シカの高密度化により下層植生が減少し，土壌の流出が進むことで，河川の水生昆虫群集にも影響が及ぶ．例えばシカの高密度地域では，河川への細かい土砂の流入が増加することにより，砂質の環境を好む種が増加する一方で，礫質を好む種が減少したことが報告されている[1]．

このように，シカの高密度化は多岐にわたって森林生態系に影響を及ぼしており，その構造や機能を大きく変えつつあるといえるだろう．〔大橋春香〕

【文献】

1) 梶・飯島（2017）日本のシカ―増えすぎた個体群の科学と管理．東京大学出版会
2) 初磊ほか（2010）日林誌 92：261-268
3) 菅野ほか（2021）景観生態学 26：87-93
4) 林野庁（2023）令和 4 年度 森林・林業白書
5) Koganezawa（1999）Biosphere Conserv 2：35-44
6) 植田ほか（2019）Bird Res 15：S11-S16
7) Seki and Koganezawa（2013）J For Res 18：121-127

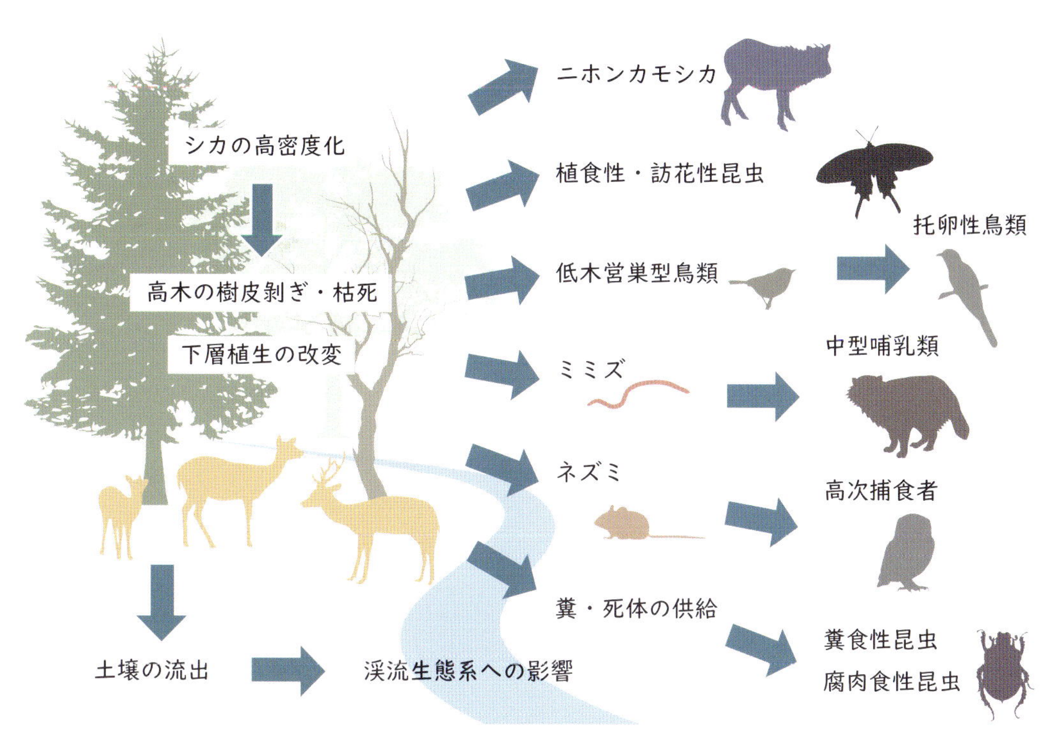

③ シカの高密度化に伴う生態系への影響の例

3 森を出る

―人・環境・野生動物，それぞれの変化の結果

近年，シカやクマなどの野生動物の里山や市街地への出没が増加している．本来，山林などの自然の中で，人と交わることのないように生息していた野生動物たちに何が起きているのだろうか．狩猟者の減少，天敵の絶滅，気候の変動，休耕地や草地の拡大など様々な要因が複合的に絡み合って起きていることと考えられる．本項は，野生動物と人を取り巻く状況の変化という観点から，野生動物の人里への出没の問題について述べていく．

森林の連続性と野生動物の分布拡大

日本は，森林が国土の約 2/3 を占める世界有数の森林国である．そして，国土が南北に長く，山地が多いことから標高差も大きい．人々は限られた平野や山間地に住み着き生活を営んできた．中山間地域では，人の生活圏とほぼ隣接または一部重なるように野生動物の生息圏が分布する．一方で，日本のいくつかの大都市において，ニホンジカ，イノシシ，ツキノワグマ，ヒグマ，ニホンカモシカ，およびニホンザルなどの野生動物が，市街地に隣接する山林または山林から都市部につながる林地や河畔林などを利用して移動してきている（①）．2021 年に，ヒグマが札幌市の市街地中心に迷い込み，大きな騒動となった．また，同年の旭川市では，市内を流れる河川内にヒグマが長期間滞在し，市民生活に大きな影響をもたらした．両方の事例において，ヒグマは生息地である山林につながる河畔林を利用し，市街地へと侵入してきていたのだ．

東京の都心という，緑が少ない環境であるにもかかわらず，ほんの少しの林や人の家の庭などを利用してハクビシンやアライグマなどの野生動物が住宅街の中に移動してきている（②）．

野生動物の生息域の連続性において重要視されてきた緑の連続性であるが，都市部周辺から内部に形成されたそのような環境が，野生動物の市街地内への移動を許す原因となっている．特に，クマ，シカ，イノシシなどの大型哺乳類は，人身事故や交通事故の恐れがある．今後，都市部内外の緑の連続性について，野生動物の侵入を考慮した管理が必要になるだろう．

里山放棄がもたらした野生動物の進出

第二次世界大戦以前，人は薪や炭，木材，きのこ，山菜，および食肉など，生活に必要な資源やエネルギーを森林中心に得ていた．特に里山は，集落近くにある身近な山林として，人が維持管理をしながら生活資源を得るために活用をしてきた．当時，里山は隣接する田んぼや畑と同じく人々の生活を支える重要な山林であった．同様に，里山は人だけでなく，たくさんの野生動物も利用していた．里山において人と野生動物との遭遇も少なからずあったであろう．餌付けをされていれば話は違うが，野生動物は基本的に人を避けるので，警戒心が強い野生動物が里山を越えて頻繁に人の活動が活発的な人里内に出てくることは多くなかったと考えられる．

① 日中，建物があり車が通っていても気にせず草地に出るエゾシカ（伊藤哲治）

里山は，「人と野生動物の緩衝地帯」としての役割があったのである．ところが，昭和中期に人々の生活が大きく変化し，薪・炭・石炭に変わり石油・ガス・電気が人々のエネルギー資源となった．その結果，薪や炭の生産量は激減し，里山で得られていた薪炭林は人の手で管理がされなくなっていった．さらに，高度経済成長により農村への人離れが顕著となり，農村部の過疎化と高齢化が進み，里山だけでなく農耕地にも手が入らなくなった．放棄された里山や農耕地は，竹林，ススキ，ササ，クズに覆われ，林床植生が豊かな広葉樹二次林やマツ林が増加した．このような環境変化は，野生動物がかつて里山だった山林に定着し，さらに人里へ移動しやすい状況を生んだのである．農村部の過疎化と高齢化は，さらに人里内外の人間活動の低下にもつながった．捕獲により野生動物にプレッシャーを与える狩猟者，田畑の被害対策や集落内の環境整備などを行う人員が不足していったのである．このように，人の活動が少なくなり，環境が変化した里山，農耕地，および人里において，野生動物の出没が頻繁となった．

② 東京の住宅地に生息するハクビシン（伊藤哲治）

③ デントコーン畑に侵入するヒグマ（占冠村）

人里や市街地周辺に住み慣れて増える野生動物

人里や市街地にまで出没する野生動物が増加した要因は何があるのか？

1つ目に，前述の通り，人の活動が少なくなった里山や林縁部が，野生動物の恒常的な生息地として利用できるようになったことがあげられる．市街地周辺には，農耕地が林縁部沿いに分布していることが多い．大規模な農耕地は機械化が進み，人の存在がほぼない畑が広がっている．そのような環境が，市街地周辺の環境・市街地の喧騒・車・人に馴れる野生動物を生んでいる要因と考えられる．

2つ目に，人里周辺に進出・定着した野生動物は，農作物や人里や林縁部のカキ，クリ，および果樹などを餌として頻繁に利用するようになったことがあげられる．さらに，残飯などを含んだゴミを利用することもある．かつては山林のブナ，ミズナラ，コナラなどの堅果類の実りが凶作になると人里へのツキノワグマの秋の大量出没が発生するものだったが，近年では春先の人里近くの出没も増加傾向にある．この時期は，若齢個体の分散の時期であるが，人の生活圏に慣れた，あるいはその周辺で成長したクマが人目につくようになったことも要因と推察される．北海道に生息するヒグマでも，同様に春の出没は増加傾向にある（③）．イノシシでは，農耕地や耕作放棄地を利用する個体は，日中は低標高地の森林内に，夜間は低標高の林縁周辺や農耕地や耕作放棄地を選択的に利用することが報告されている[1]．

3つ目に，農作物などを餌として利用する野生動物の栄養状態がよくなり，繁殖能力が向上したことがあげられる．ニホンジカでは，農作物利用をしたシカは成熟が早くなり，妊娠率が上昇することが報告されている[2]．兵庫県のニホンザルの群れにおける個体数調査では，メスの新生児保有率が高くなっていたことから，農作物などの栄養価の高い食物への依存により，出産ができるメスの数が向上していることが推察された[3]．

野生動物は，自然の中で本能のままに生きている．人の生活圏に，自分達が生きていける環境や食べ物があり，そこに何も障害となるものがない場合，彼らは生きるため，子孫を残すために，人の生活圏を利用することは必然となるだろう．私たち人間は，野生動物と言葉を交わすことや意思の疎通をすることはできない．しかし，効果的・継続的な被害対策，すなわち「野生動物への意思を伴った行動」により，彼らに私たちの意思を伝え，彼らの行動を変えることはできるのではないか．森を出た野生動物と人の関係，そして野生動物に対する人の心構えについて，私たちは再考し行動を起こさなければならない．〔伊藤哲治〕

【文献】

1) 本田ほか（2008）哺乳類科学 48：11-16
2) Hata et al.（2021）Ecosphere 12：1-13
3) 鈴木ほか（2013）兵庫ワイルドライフレポート 1：68-74

4 森の中での関わり合い

—食べ物をめぐる種間の関係

森の中では様々な種類の哺乳類が生活をしている．それらの哺乳類は他の種類の哺乳類や哺乳類以外の動物と様々な関わり合いを持っている．こういった関わり合いを種間関係とも呼ぶ．中でも，食べ物をめぐる種間の関わり合いには，様々な形が存在する[1]．

食べ物をめぐる競争

その１つに，食べ物をめぐる種間の「競争」がある．種間の競争とは異なる種が，供給が不足している資源をともに利用する過程で発生する．一般的に，競争関係にある種間では，同じニッチ（生態的地位）にある複数の種は，安定的には共存できないという競争的排除の原則により，多くの場合では共存が不可能である．そのため，どちらかの種が排除されるか，活動の場所を分ける「すみ分け」，または異なる種類の食べ物を食べる「食い分け」といったニッチ分割により，実際の森の中では似た生態を持つ複数の種が共存している．

例えば，植物食動物の多くは，種間で異なる植物種を食べ物として利用するか，同じ植物種であっても異なる部位を食べ物として利用するといった食い分けのニッチ分割を展開することで種間の競争を回避し，同所的に生活することがある．日本の森にはニホンカモシカ（以下，カモシカ）（①）とニホンジカ（以下，シカ）という２種類の大型の植物食の哺乳類が生活している．カモシカとシカの分布は，北上山地と関東北部から中部地方に至る地域では部分的に重なり，近畿，四国，九州地方ではほぼすべてのカモシカの分布域がシカの分布域と重複している（②）．両種は植物食ではあるものの，その実態は大きく異なる．カモシカはブラウザータイプといわれ，森の中には限られる高栄養な広葉草本や木の葉を主に食べる．一方，シカはグレイザータイプといわれ，栄養価が低いものの，大量に存在するイネ科などの単子葉草本類を中心に幅広い植物種を食べる．そのため，比較的食べ物が豊富で，両種の分布が重複する地域では，食い分けの種間関係がみられる．さらに，両種はすみ分けも行っていて，シカはササなどの食べ物が多い場所によく滞在する一方で，カモシカは落葉広葉樹の低木が存在するとともに，地形がより急な斜面な場所によく滞在する．しかし，食べ物が少ない環境や食べ物が減少する冬には，食べ物の好みの異なる種間であっても食べる植物の種が重複し，両

① ニホンカモシカ（小池伸介）

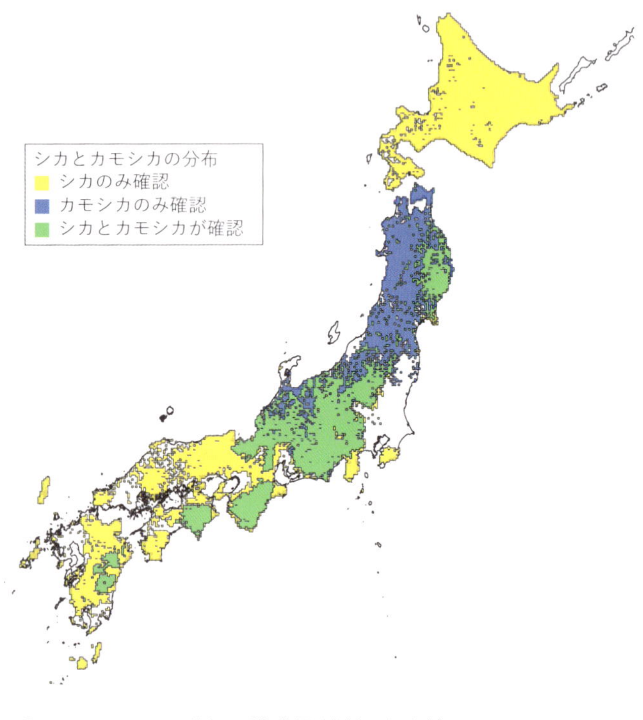

② カモシカとシカの分布の重複状況（文献２を改変）

種の間で食物をめぐる競争が起きる．また，近年のシカの分布域の拡大や個体数の増加によって，従来はシカが生息していなかった高標高地域などでは，カモシカに必要な質の高い食べ物がシカの採食活動によって激減することで，カモシカの生息密度が低下している可能性も示唆されている[2]．

また，食べ物の種類の幅が広い雑食動物の種間でも食べ物をめぐる競争は発生する．林床において樹冠から落下してくる果実は，木に登ることができない哺乳類にとっては重要な食べ物である．一般的には，体が大きな動物種の方が食べ物を巡る競争では有利である．そのため，体の大きなイノシシが不在の状態ではタヌキやニホンアナグマ（以下，アナグマ）（③）は林床において，独占的に樹冠から落下してきた果実を採食することができる．しかし，より体の大きいイノシシが存在する状態ではイノシシが果実を独占するため，タヌキはイノシシがあまり活動できないような急な斜面で果実を多く食べるようになる．さらに，アナグマは果実を採食する時間帯をイノシシとずらすことで，林床で果実を食べるというように，これらの種では空間と時間のすみ分けがみられる[1]．

③ ニホンアナグマ（稲垣亜希乃）

食べ物をめぐる共生

また，食べ物をめぐる種間の関係には，複数種が相互に関係を持ちながら生活する「共生」も存在する．一般的には異なる生物種が同所的に生活することで，互いに利益を得ることができる共生の関係である「相利共生」を指すことが多いが，一方が共生によって利益を得るが，もう一方にとっては共生によって利害が発生しない関係である「片利共生」も存在する．

樹上で暮らすニホンザル（以下，サル）と地上で暮らすシカは互いに，一見何の関係がないようにみえるが，両者の間には食べ物をめぐる共生の関係が存在する．サルが樹上で葉や果実を食べるとき，サルたちは枝を手元に引き寄せるが，このときにうっかり手を滑らせて枝が落ちたり，あるいは食べている途中で枝が折れたりする．また，サルたちは食べかけの枝を途中で地面に向けて捨てることもある．その結果，サルが食べている木の下には，多くの枝が落ちる．その際，地面にはシカが集まり，サルが樹上から落とす葉や果実を食べることがある．特に，シカの食べる草本の量が乏しい晩冬から早春にこの現象がよく観察される．さらに，サルが落とす枝葉や果実は，草本よりも脂肪やタンパク質が豊富で，エネルギー量が多いことから，シカにとっては冬の貴重な食べ物となっている．このように，シカにとってサルは食べ物の乏しい季節に，自分では獲得できない栄養価の高い食べ物を落としてくれる存在といえる．この種間の関係では利益を受けているのはシカだけなので片利共生といえる[3]．

寄生も共生

さらに，寄生も広義には共生に含まれる．哺乳類には様々な生物が寄生する．例えば，多くの哺乳類の腸内に寄生する回虫やアカギツネに寄生するエキノコックス属は宿主の体内に寄生することから内部寄生虫という．一方，体表に寄生するものを外部寄生虫といい，ノミ類，マダニ類などが該当する．マダニ類は様々な脊椎動物から吸血するが，特にシカの密度が高い地域ほどマダニ類が多く生息する．さらに，マダニは下層植生で宿主が通過するのを待つため，森の中でも下層植生が繁茂する林縁に多く生息する．また，ヒル類の一部の種には脊椎動物から吸血する種が存在し，ヤマビルもその１種である．ヤマビルの宿主は爬虫類，両生類，哺乳類と多岐に及ぶ．シカの分布の有無でヤマビルの宿主となる動物の種類組成が異なり，シカの分布しない地域ではカエル類が重要な宿主であった．しかし，シカが分布する地域のヤマビルの宿主の４割はシカが占める．そのため，シカの増加にともない，宿主をシカに変えることでヤマビルも個体数や分布を拡大させている可能性が示唆されている[1]．

〔小池伸介〕

【文献】

1) 小池ほか（2021）哺乳類学．東京大学出版会
2) 小池ほか（2019）森林と野生動物．共立出版
3) 辻（2020）与えるサルと食べるシカ．地人書館

5 日本の森の哺乳類の多様性

—生物多様性の由来と仕組み

哺乳類は基本的に夜行性であるため，私たちの目に触れる機会は少ない．ともすると，哺乳類の多様性を実感できずに，夜の森で密かに，そしてダイノミックに展開する多様な哺乳類による活動まで考えが及ばないかもしれない．実は，飛翔性のコウモリやアライグマなどの外来種，人に随伴するハツカネズミやドブネズミなどを除くと，日本には63種もの陸生哺乳類が知られている[1]．そして，そのほとんどは森を生息の場としているのだ．つまり，森が国土の2/3を占める日本には，哺乳類の豊かな多様性を維持するための「寛容さ」が備わっている．なぜ，日本にはかくも多様な哺乳類がみられるのだろうか？

日本の哺乳類の由来

日本に多様な哺乳類がみられるのは，それらの由来，つまり，「いつどこから来たのか？」が多様であることに1つの理由がある．ここでは日本の哺乳類の分布と起源の特徴について紹介したい．まず，日本には広域に分布する種が存在する．例えば，アカネズミ，ヒメネズミ，アカギツネ，タヌキ，ニホンジカ，イイズナ，オコジョ，ヒグマは，化石の記録まで含めると北海道と本州以南に分布する（ヒグマの化石は本州の更新世の地層から見つかっている）．アカネズミとヒメネズミの起源は古く，ユーラシア大陸の近縁種との遺伝的距離から分岐年代を算出すると，後期中新世と推定される[1]（①）．これら2種以外の広域分布種については，比較的起源が新しく，ユーラシア大陸にも分布し，そして何よりも何度も日本列島に渡来している点に特徴がある[1]．起源が古いこと，そして分布拡大能力が大きいことが，日本列島における広域分布を確立した理由であろう．

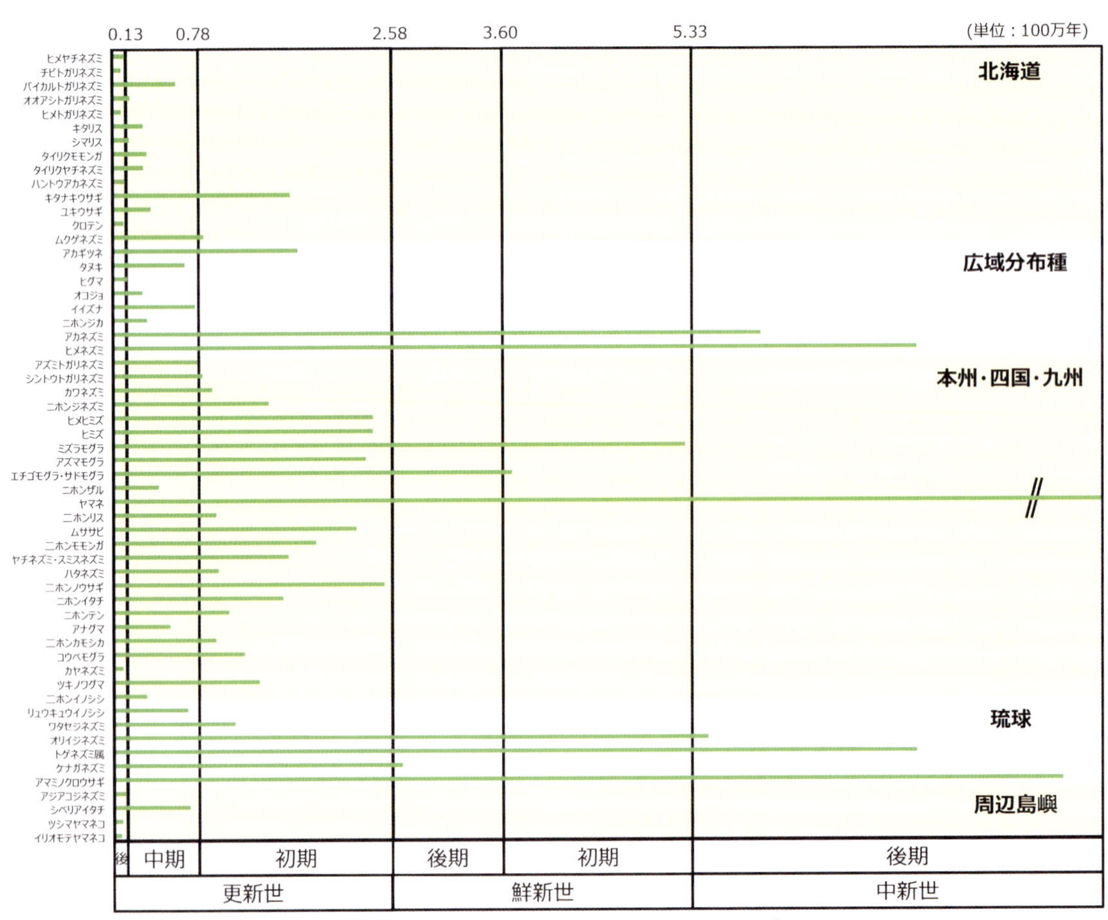

① ユーラシア大陸の同種あるいは近縁種との遺伝的距離から算出した日本の哺乳類の分岐年代[1]

次に，広域分布種を除いて考えてみよう．北海道に分布する陸生哺乳類は，ムクゲネズミを除き，すべての種がユーラシア大陸にも分布する．ユーラシア大陸と北海道に分布する同種の間で，同様に分岐年代を算出すると，多くは後期更新世に分岐したと推定され，最も古いキタナキウサギでも初期更新世に起源がある[1]（①）．新しい起源の原因は，ユーラシア大陸とサハリンを隔てる間宮海峡と，サハリンと北海道を隔てる宗谷海峡の水深が浅いために，更新世の氷期に陸橋が形成され，北海道がユーラシア大陸から系統を受け入れてきたからである．これらの北海道の哺乳類が示すもう1つの特徴は，本州以南にみられないことである．これは，北海道と本州を隔てる津軽海峡の水深が深く，哺乳類の移動を妨げたこと，そして本州以南にニッチの重複する近縁種がすでに存在したことが原因と考えられる[1]．以上の理由から北海道には新しい起源の哺乳類相が確立した．

② 因島のアカネズミ（安田皓輝）

一方で，本州以南の哺乳類には，ユーラシア大陸にはみられない多くの日本固有種が分布する．ユーラシア大陸の近縁種との分岐年代を算出すると，大方の哺乳類は初期更新世以前に起源を持つ[1]（①）．本州以南の森林生態系を代表するツキノワグマについては，ユーラシア大陸にも同種が生息するものの，遺伝的には別種レベルの違いがあると言っても過言ではない[1]．本州・四国・九州に北海道よりも古い系統が存在するのは，津軽海峡に加えて，同様の深さを持つ朝鮮・対馬海峡により隔離された期間が長いこと，そして古い系統が後から来た新しい系統を受け入れない傾向にあったことに理由があると考えられる[1]．

さらに南に下ると，琉球諸島がある．琉球諸島の哺乳類はさらに固有である．分岐年代を算出すると，後期中新世（トゲネズミ，アマミノクロウサギ，オリイジネズミ）や鮮新世（ケナガネズミ）に起源を持つ哺乳類が分布していることがわかる[1]（①）．琉球諸島周辺でも，北琉球（種子島，屋久島，悪石島など），中琉球（奄美大島，徳之島，沖縄島など），南琉球（宮古島，石垣島，西表島，与那国島など）を隔てるトカラギャップとケラマギャップといった深い海峡が遺伝的分化や種分化に大きな影響を与えたと考えられる．以上，遺伝的にみると，日本の哺乳類は，(1) 北海道，(2) 本州・四国・九州，(3) 琉球の3層構造に分類できる[1]．こうした過去の地質学的な変動と系統史の違いが日本の哺乳類の多様性をつくり出してきたのである．

森の資源を利用する哺乳類

それでは現在の森で哺乳類の多様性がどのように維持されているのだろうか？　ここでは森の資源を利用する齧歯類の食性に関する研究を紹介したい．昨今，DNAの分析技術が進み，糞中の動植物のDNAから，糞をした動物の食性を知ることができるようになった．この手法をDNAメタバーコーディング法と呼ぶ．この手法により，北海道大学雨龍研究林のアカネズミとヒメネズミの植物食性を調査してみると，ヒメネズミがドングリをめぐる競争を回避するために植物食性を多様化させたことが示唆された[2]．森の資源を分けることで，森のネズミの多様性が維持されているのだ．また，瀬戸内海の島における果樹園周辺の森に生息するアカネズミは，ドングリに加えて，農業害虫を含めた多様な無脊椎動物に依存していた[3]（②）．つまり，森におけるアカネズミの活動が，里山の農業被害の抑制にも関わることがわかった．さらに，天然記念物かつ森の象徴種としても知られるヤマネは，冬眠前に多くのサルナシの実を食べていた[4]．変動する森の資源を哺乳類が効果的に利用することで，森の生物多様性が維持されている．DNAメタバーコーディング法は，食物網の解明を通して，日本の森の哺乳類の多様性の仕組みを明らかにしつつある．〔佐藤　淳〕

【文献】

1) 佐藤（2022）進化（哺乳類学．小池ほか著，東京大学出版会）．9–99
2) Sato et al. (2018) Journal of Mammalogy 99: 952–964
3) Sato et al. (2022) Mammal Research 67: 109–122
4) Sato et al. (2023) Mammal Study 48: 245–261

6 森を維持する

—鳥による虫取り，種まき

日本に自然分布する鳥類は日本鳥類目録によると633種とされている[1]（世界全体では約1万種）．その多くは森林性鳥類である．日本に生息する鳥類の生活史などをまとめたデータベース（JAVIAN）では，日本で一年中みられる留鳥と日本で繁殖する渡り鳥（夏鳥）222種のうち，森林を生息環境とする種は133種である[2]．日本で越冬する渡り鳥（冬鳥）はカモ類，シギ・チドリ類，カモメ類など水鳥が多いが，それでも274種のうち森林を生息環境とする鳥類は66種を占める．これらの鳥類は森林生態系を維持する様々な役割（生態系機能）を持っている．ここでは鳥類による虫の捕食，種子散布を中心に紹介する．

鳥類による虫の捕食

鳥類は非常に多くの虫を捕食している．夏鳥は春に熱帯の常緑樹林から温帯の落葉樹林に繁殖のため渡ってくるが，これは落葉樹の柔らかく栄養豊富な若葉を食べて大量に発生するイモムシが目当てだと考えられている．植物は葉を食べられると光合成を制限されて成長を阻害され，ひどい場合は枯死してしまう（①）．そのため，鳥類による虫の捕食は森林生態系を維持する大切な機能の1つである．シジュウカラの仲間では30秒に1回の割合でイモムシを捕まえるという[3]．また，シジュウカラ1羽が1か月に食べる虫の数は1万2000匹にもなると推定されている．さらに，鳥類は種によって採餌場所（利用する樹種や樹高など）や餌の種類（イモムシや飛翔昆虫など）が異なり，それぞれが効率よく虫を捕食している．鳥が虫を捕食することで植物に与える影響は，鳥を排除した場合とそうでない場合で植物の状態を比較することで評価できる．これまでに鳥を排除すると植物の葉の損傷，死亡率が増加し，バイオマスが低下することが報告されている[4]．また鳥を排除すると果実生産量が減少したという報告もある．

鳥類による虫の捕食を利用して病虫害をコントロールしようという森林管理の考え方もある．マツ枯れはマツノマダラカミキリが媒介するマツノザイセンチュウによって発生する．キツツキ類は木の中に潜っているマツノマダラカミキリ幼虫を捕食することで，マツ枯れの蔓延をある程度抑えると考えられている．そのため，キツツキ類を増やすために森林に巣箱を設置する取り組みが一部地域で行われている．

鳥類による種子散布

生態系の基盤となる植物の過半数は種子散布を動物に依存している．アリからゾウまで実に多様な動物が種子散布に関わっているが，特に鳥類と哺乳類が主要な種子散布者と考えられている[5]．動物による種子散布は付着散布，貯食散布，周食散布の3種類である．付着散布は種子にフックや粘着物質があり，鳥類・哺乳類の毛にくっついて移動することで成立する散布である．ひっつき虫といわれるオナモミやイノコヅチなど草本の一部でみられる．貯食散布は後で食べるため地面に貯えた種子が食べつくされず発芽することで成立する散布である．温帯林で優占するブナ科樹木，またハイマツやエゴノキなどでみられる．日本の鳥類ではカケス，ホシガラス，ヤマガラが主要な種子散布者である．周食散布は動物が種子の周りの果肉を目当てに果実ごと飲み込み，糞として種子を排出することで成立する散布である．この散布タイプは植物の1/3以上でみられ，日本の冷温帯林では50%，暖温帯林では71%の樹種が該当する[6]．鳥類向けの果実も進化しており，それらは小型で色鮮やかな一方で匂いが少ないという特徴がある．これらの特徴は哺乳類に比べ小型で色覚に優れ，嗅覚が発達していない鳥類の性

① 虫の食害によって丸坊主になったヤマボウシの枝（直江将司）

質を反映している．周食散布は多様な鳥類が行うが，日本の鳥類では 100 種以上の植物を散布するヒヨドリとツグミ[7]，またメジロやハシブトガラスなどが代表的な種子散布者である（②）．

近年では人為攪乱や温暖化と動物散布との関係が盛んに研究されている．森林の断片化や狩猟といった人為攪乱で動物が減少すると種子散布が行われず，植物の更新が阻害される．例えばヒトが持ち込んだヘビによって在来鳥類のほとんどが絶滅したグアム島では種子散布が極端に制限され，樹木の実生更新が 61～92% 減少している[8]．森林率の高い日本においても，人工林に囲まれた広葉樹林でヒヨドリやクロツグミなどが減少して種子散布量が減少したという報告がある[9]．また，温暖化によって植物の生育適地がより寒冷な高標高・高緯度の場所に変化しつつあり，植物が動物散布によって移動できるかが注目されている．このような標高方向・緯度方向の種子散布を実測した研究はごく限られているが，鳥類によって 100 m 以上高標高に種子散布されているという報告がある[10]．また，渡り鳥によって高緯度に種子散布されることを示唆した研究がある[11]．しかし，必ずしも高標高・高緯度に種子散布されるわけではなくむしろ低標高・低緯度に偏って散布される可能性も指摘されており，今後の研究の進展が待たれる．

② **ミズキの果実をくわえるハシブトガラス**（直江将司）
未熟な緑の果実が多い中，熟した黒い果実を選んで食べている

③ **キツツキによる採食痕**（直江将司）

その他の生態系機能

森林生鳥類の生態系機能はほかにも報告がある．例えば，植物の一部は送粉を鳥類に依存している．このような植物は熱帯に多く日本のような温帯ではあまりみられないが，ヤブツバキやマツグミ，ヤッコソウなどはメジロやヒヨドリによって送粉されている．キツツキ類は枯死木や生木に営巣のため樹洞をつくる．樹洞はキツツキが放棄したのちにムササビ，エゾリス，コノハズク，オシドリ，ニホンミツバチなど様々な動物の巣となる．さらにキツツキのくちばしには木材腐朽菌が多く付着しており，キツツキによる採食や営巣活動による直接的な損傷，また腐朽菌の打ち込みが樹木の分解を促進している可能性がある（③）．カワウやサギ類では，海や河川で魚を食べ，ねぐらである森で糞をすることで窒素やリンなどの栄養塩を森に供給していることが知られている．〔直江将司〕

【文献】

1) 日本鳥類学会（2012）日本鳥類目録（改訂第 7 版）．日本鳥学会
2) 高川ほか（2011）Bird Research 7：R9-R12
3) 日野（2004）鳥たちの森（日本の森林 / 多様性の生物学シリーズ 4）．東海大学出版会
4) Mäntylä et al.（2011）Oecologia 165：143-151
5) 直江（2015）わたしの森林研究—鳥のタネまきに注目して．さ・え・ら書房
6) 大谷（2005）名大森研 24：7-43
7) Yoshikawa et al.（2009）Eco Res 24：1301-1311
8) Rogers et al.（2017）Nat Com 8：14557
9) Naoe et al.（2011）Eco Res 26：301-309
10) Tsunamoto et al.（2020）bioRxiv 2020.05.24.112987
11) González-Varo et al.（2021）Nature 595：75-79

⑦ 森の中での関わり合い

—生きるための種間の関係

生物の種間関係は一般に，捕食-被食，寄生，競争，相利，片利などに分類される．森林に生息する鳥類の種間にも，こうした様々な相互作用がみられ，鳥類は複雑な相互作用ネットワークの中で直接的・間接的に影響を及ぼし合っている．そして鳥類はこうした異種との関係性の中で，視覚情報や聴覚情報に基づいて意思決定をして行動していることがわかっている．

捕食-被食関係

鳥類同士の捕食-被食関係では，タカ科やフクロウ科，モズ科などの肉食性の鳥類が捕食者となり，小型や中型の鳥類が被食者となる（①）．またカラス科の種も小型・中型鳥類の卵やヒナの捕食者である．捕食回避は特に小型・中型の鳥類にとって極めて重要であり，その生活を大きく規定している．これらの鳥はしばしば周りを見回すなどして捕食者への警戒に時間を割き，また捕食者の存在に気づくと，鳴くのをやめて身を隠す．繁殖時は捕食者に見つかりにくく襲われにくい営巣場所を確保できるかが子孫を残せるかを左右する．営巣期には小型の鳥も，縄張りや巣に近づいてきた捕食者に対して，追い払おうとする干渉行動を示すこともある．

こうした捕食者に対する防衛行動の波及現象として，小型猛禽類であるツミ（①）の巣に近接して営巣するオナガの事例がある[1]（②）．ツミは小型の鳥を捕食するが，中型のオナガを捕食することはまれである．営巣中のツミは，巣に近づいてきた捕食者を攻撃して排除する．そのためツミの巣の周辺は捕食者が近づきにくく，これらの捕食者による捕食を免れやすい．こうした利益を求めて，オナガはツミの巣の近くに営巣すると考えられる[1]．

① 小鳥を捕食する猛禽類ツミ（内田 博）

② オナガはツミの巣の近傍に営巣することが知られている（内田 博）

寄生関係

鳥類間でみられる寄生関係としては，ホトトギスやツツドリなどのカッコウ科などにみられる托卵という労働寄生がある．寄主の巣に密かに産卵されたカッコウ類の卵はいち早く孵化し，そのヒナは寄主の卵を巣から排除して寄主親からの給餌を独占して成長する．一方，寄主はこれに対抗してカッコウ類の卵を識別して排除するようになり，寄生者も卵の模様を寄主のものに似せるように対抗進化するなど，両者の間には密接な共進化が生じていることが知られている[2]．

また別の労働寄生として，貯食した食物に対する盗みがある．貯食とはカラス科のカケスやシジュウカラ科のヤマガラなどの鳥類でみられる，食物を土壌などに蓄える習性である．植物種子に対する貯食は，種子散布の重要な経路となっている[3]．こうした貯食食物は異種あるいは同種の個体に盗まれることがある．こうした盗みに対して貯食者側も行動を変えて対応している．北米のアメリカカケスは同種他個体にみられている状況では，種子の貯食を止めたり隠す場所を変えたりしていた[4]．こうした知能戦ともいえる攻防も，同種・異種の個体間で行われているとみられる．

競争関係

競争は個体間のネガティブな相互作用であり，鳥類の種間では食物や営巣場所をめぐる競争がみられる．マッカーサー(R. MacArthur) によるアメリカムシクイ類の古典的研究[5] で示されたように，同所的に生息する同一ギルドの鳥類種間では採餌場所のニッチ分割が認められ，これは種間競争を受けて生じたものとみられている．競争は一般に消費型と干渉型に大別される．消費型競争は，ある個体が資源を消費することで，別の個体が利用できる資源が減少して損害を被る間接的相互作用である．いっぽう干渉型競争は，資源をめぐって個体同士が直接干渉することで起こり，鳥類ではなわばりをめぐる場面でよく観察される．繁殖なわばりや採餌なわばりをめぐる干渉は，同種だけでなく異種に及び，これは森林鳥類の群集組成にも影響しているとみられる．

外来種

外来種の侵入は，競争関係などの相互作用を介して在来種にネガティブな影響を与えうる．日本でも古くから数多くの外来鳥類が導入されている．飼い鳥として持ち込まれた中国原産のチメドリ科のソウシチョウ(③) やガビチョウが野生化し，1980 年以降，分布を拡大させている[6]．両種とも 2003 年に日本生態学会が指定した「日本の侵略的外来種ワースト 100」に選定されている．これら 2 種は山地のササ原や藪に営巣するために，同様の営巣環境を必要とするウグイスなどの鳥に，直接的あるいは間接的に悪影響を与えているとみられる[6]．九州の事例では，ソウシチョウが捕食者を呼び寄せることで，同所的に繁殖するウグイスの繁殖成功を下げている可能性が指摘されている[7]．

複数種からなる群れ

鳥類では複数種の個体が行動をともにする現象があり，こうした群れを混群と呼ぶ．日本の温帯林でよくみられる混群は，シジュウカラ科の種に，メジロやエナガやキツツキ科などが混ざったもので，秋から早春にかけてみられる．混群に参加する種間でも競争は存在しており，混群に参加することにはそのコストを超えた利益があると考えられている．そうした利益としては，多種で共同で警戒することで捕食者に早く気づき捕食リスクが下がる点，あるいは共同で探索することで採食効率が上がる点などがあげられる[9]．

こうした同所的に生息する異種の個体間でも，鳴き声などを介した情報伝達が起こっていることがわかっている．鳥類は捕食者を検知すると警戒声と呼ばれる特有の声を発することがあり，警戒声を聞くと即座に警戒態勢に入る．日本のシジュウカラ科の鳥では同属異種の警戒声から，捕食者の存在だけでなく，捕食者の種類についての情報も得ていることがわかっている[10]．このように，種間の相互作用ネットワークと重なるように存在する情報伝達ネットワークも考えることができる．〔吉川徹朗〕

③ 中国原産のソウシチョウ (Alpsdake[8] を改変)

【文献】

1) Ueta (1994) Animal Behaviour 48: 871-874
2) デイヴィス著，中村・永山訳 (2016) カッコウの托卵—進化論的だましのテクニック．地人書館
3) Yoshikawa et al. (2018) Ecological Research 33: 495-504
4) Dally et al. (2006) Science 312: 1662-1665
5) MacArthur (1958) Ecology 39: 599-619
6) Eguchi and Amano (2004) Ornithological Science 3: 3-11
7) 江口・天野 (2008) 日本鳥学会誌 57: 3-10
8) Alpsdake (2018) CC BY-SA 4.0 DEED. https://commons.wikimedia.org/wiki/File:Leiothrix_lutea_(Mount_Miroku_s3).jpg
9) 上田 (1990) 鳥はなぜ集まる？ —群れの行動生態学．東京化学同人
10) Suzuki (2020) Current Biology 30: 2616-2620

8 森の姿が変わると

―人工林林業が鳥類の多様性に及ぼす影響

1000万ha，森林の4割を占める広大な針葉樹人工林を有する日本は人工林大国といえる．その多くは第二次世界大戦後に天然林や草地を置き換えることによって造成された．本章では森林の様相と鳥類の関係を整理し，鳥類保全の基礎としたい．

天然林と人工林の鳥類の違い

一般に人工林の鳥類の多様性は天然林よりも低い[1]．広葉樹は針葉樹よりも葉を摂食する昆虫が多く[2]，樹洞が形成されやすい[3]．そして多くの鳥類は繁殖期に昆虫を採食し，ねぐらや営巣のために樹洞を必要としている[4]．樹木は葉のつき方が種類によって異なり，鳥類は種類によって昆虫を採食しやすい「得意な」方法や樹種がおおよそ決まっているが[2]（①②），天然林は多様な樹種から構成される．また林齢が150年を超える天然林は大径木（第2部9②）や立ち枯れ木が多く，大小様々な樹洞が形成され，低木から亜高木，高木が混成し，多様な階層構造を有する．こうした広葉樹の採食・営巣場所としての質の高さ，多様な樹木組成と階層構造が天然林，特に天然老齢林の多様な鳥類群集を形成している．

一方で針葉樹人工林は単一の樹種が植栽され，それ以外の樹木，例えば立ち枯れ木や樹冠層を構成しうる広葉樹は施業の過程で伐採・排除される．このため人工林の樹種組成や階層構造は一般に単純で，特に樹洞を営巣に必要とする鳥類の個体数が少ないことがよく知られる[4]．例えば国内の天然林を代表するキビタキやゴジュウカラ（②）はその代表で，単純な人工林では個体数が少ない．コノハズクなどより大型の樹洞営巣性の鳥類はさらに稀有な大型の樹洞を必要とする．このように営巣資源・採食資源の量や多様性が人工林で少ないことで人工林の鳥類の多様性が低いことが説明される．ただし，針葉樹の細かな葉層の中で採食することが得意なヒガラやキクイタダキなどの小型種や針葉樹の種子を採食するアトリやマヒワのような種類は天然林よりも人工林の方で個体数が多いことがある[5]．

人工林の鳥類

人工林の鳥類多様性は一般に乏しいものの，一口に人工林といっても様々な様相を呈し，例えば植栽樹種によって多様性に及ぼす影響は異なる．国内ではスギやヒノキの人工林の方がカラマツやトドマツのマツ科の人工林よりも鳥類を含めて影響が深刻である[1]．針葉樹人工林の鳥類多様性を増加させるその他の要因として，混交する広葉樹や立ち枯れ木の量，下層植生の発達度合い，周囲の天然林の量や配置などがあげられる[5,6]．全国の鳥類調査の結果を解析した由井・鈴木[7]は，広葉樹がよく混交した針葉樹人工林は，鳥類の多様度が最も高い森林タイプの1つ，つまり天然林よりも鳥類の生息地として優れている可能性を示している．

伐採地・幼齢林の鳥類

人工林を含め，階層構造が複雑な森林には多くの鳥

① 日本の森林性鳥類の代表種，シジュウカラ（山浦悠一）
樹洞に営巣するが，繁殖期は葉食性の昆虫の幼虫を探し出して採食することが多い．ミズナラの葉からマイマイガの幼虫を摘み取ったところ．

② ハリギリで探餌するゴジュウカラ（山浦悠一）
シジュウカラ同様に樹洞に営巣するが，樹幹を回りながら樹皮にいる節足動物を採食する．

③ **日本の幼齢人工林の代表種，ヨタカの雛**（山浦悠一）
ヨタカは夜行性だが，日中でも卵や雛，付き添う親鳥を見かけることがある．7月初旬，高知県いの町のスギ幼齢人工林にて．孵化後9日と推測される雛を赤丸で示した[9]．

④ **道東の幼齢人工林の代表種，ノビタキ**（山浦悠一）
5月初旬，浦幌町のカラマツ人工林に渡来したばかりのオス．植栽木の梢に止まっていることに注目したい[10]．

類種が生息することが明らかにされてきたが，林冠が閉鎖し下層植生に欠ける人工林でも，例えば越冬期のクロジのような種が好んで生息することも注意が必要である[8]．そして草地が国内・世界的に減少する中で注目したいのが，伐採地や植栽後10年生までの幼齢人工林に開放地・草地性の鳥類が生息することである．そうした種として本州以南ではホオジロやモズ，ヨタカ（③），高標高・北方地域ではビンズイやノビタキ（④），オオジシギがあげられる．

天然林の消失・分断化

天然林など元来の生物の生息地林が農地や人工林によって置き換えられて消失し，残存する一続きの生息地（生息地パッチと呼ばれる）は面積が小さくなり，互いに離れ離れになる（分断化する：⑤）．人工林による天然林の消失の影響も国内外で調査され，周囲の天然林が消失し，残存天然林パッチの面積が縮小すると，パッチ内の鳥類の密度が低下することが示されている[6, 11]．

一方で，生息地の量とは独立な配置（分断化自体）の効果に関しては近年大きな議論を呼んでいる．Fahrig[12]は一連の研究で実証研究を収集し，生息地の量に対して分断化自体の効果は概して小さく，多くの場合正であることを見出した．つまり生息地パッチが離れ離れになるほど生物の種数や個体数が増加していた．この結果は，人工林景観における隔離された小面積の天然林パッチの大きな価値を示唆している．

〔山浦悠一〕

【文献】
1) Kawamura et al.（2021）J For Res 26：237-246
2) Hino et al.（2002）Ornithol Sci 1：81-87
3) Kikuchi et al.（2013）J For Res 18：389-397
4) Newton（1994）Biol Conserv 70：265-276
5) Yoshii et al.（2015）J For Res 20：167-174
6) Yamaura et al.（2008）Can J For Res 38：1223-1243
7) 由井・鈴木（1987）山階鳥研報 19：13-27
8) Yamaura（2013）Ornithol Sci 12:73-88
9) 山浦ほか（2022）面河山岳博物館研報 9:33-38
10) Yamaura et al.（2016）Ecol Evol 6:4836-4848
11) Yamaura et al.（2009）Biol Conserv 142：2155-2165
12) Fahrig（2017）Annu Rev Ecol Syst 48：1-23

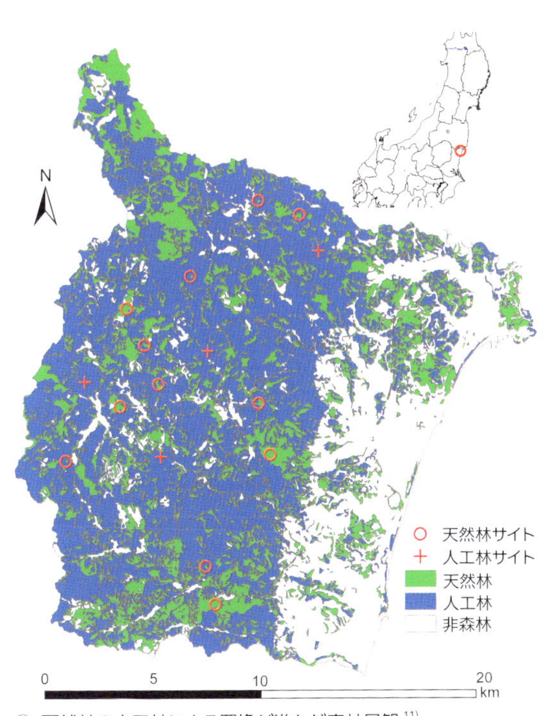

⑤ **天然林の人工林による置換が進んだ森林景観**[11]
面積の異なる天然林と人工林で鳥類調査が行われた．

9 森の鳥を守る

—木材を生産しながら保全に配慮する

採食や営巣を樹木に大きく依存する鳥類は伐採や林種転換に大きな影響を受け，林業活動によって大きく減少してきたと考えられる．本章では林業による影響を軽減しながら鳥類を保全する方策について整理したい．

老齢林や天然林を保護する

天然林が老齢林になるまでは一般に150年ほど必要といわれ，大型の樹洞営巣性鳥類を含め多くの生物が依存している．人工林化が進んだ地域では特に残存する老齢林や天然林を伐採せずに保護することは重要である．森林景観における老齢林や天然林の保全・再生の目標として20～40%が目安としてあげられる[1-3]（①）．

なお，この数値目標に達していなくても，老齢林や天然林が増加するほど保全の効果が大きくなり，また（第2部8）で触れたように，散在する小面積パッチにも保全上の役割が期待される（単木の広葉樹であっても[4]）ことにも留意したい．

人工林内で広葉樹を残す

広葉樹が混交した人工林は鳥類の優れた生息地になりうる．このため主伐や下刈り，除伐といった一連の造林作業で広葉樹が生育している場合には伐らずに残すことで人工林内での鳥類の保全が可能になる．ここで特に注目されるのが，主伐時に広葉樹を伐らずに意図的に残す「保持林業」という枠組みで，北海道で大規模な検証実験が行われている[5]（②）．

この実験の鳥類調査の結果に基づくと，伐採の前後でいずれも広葉樹が増加すると森林性鳥類の個体数は凸型で増加した（③）．つまり少量の広葉樹を人工林内に残すことで，多くの鳥類を保全できることが示された．

② トドマツ主伐後に残された広葉樹（森林総合研究所）
haあたり50本の広葉樹が残された実験区．中央にみえるのはシナノキの大径木で多くの樹洞を有している．

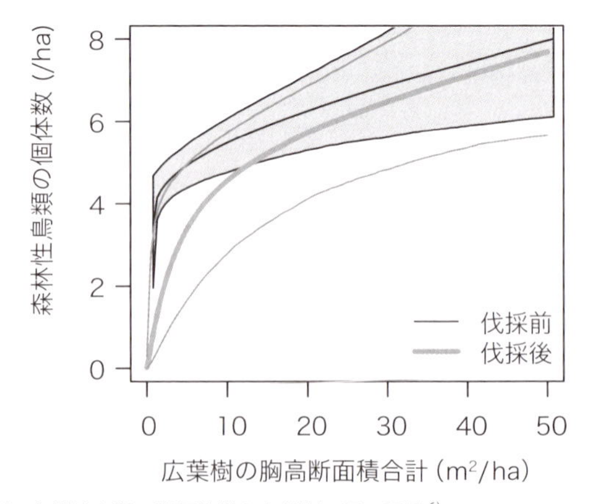

③ 森林性鳥類の総個体数と広葉樹の量の関係[6]
伐採の前と後で鳥類個体数の変化をモデル化し回帰曲線を95%信用区間とともに描いた．

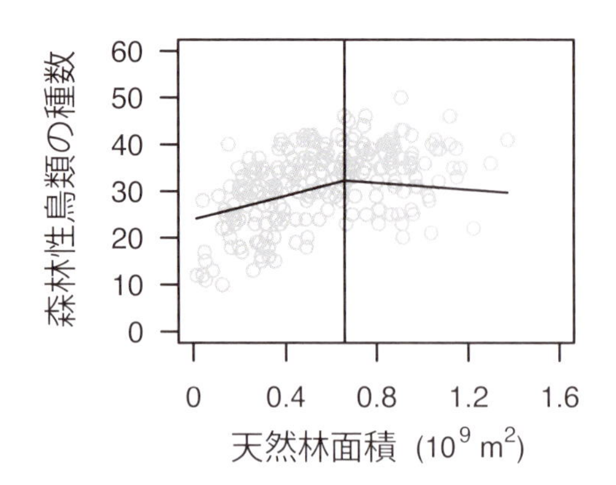

① 森林性鳥類の種数と天然林面積の関係[1]
全国の鳥類調査の結果を40 km四方の正方形で集計したところ，森林性鳥類の種数は正方形内の天然林面積が660 km²（40%：縦線で示した）を切ると減少した．回帰直線と種数のポイントが多少ずれるのは他の変数（調査努力量など）の影響による．

具体的には，ha あたり 20～30 本広葉樹を残せば，広葉樹を全く残さない皆伐よりも人工林内の鳥類の個体数が有意に高いと期待される結果が得られた．施業地で保持する樹木の本数としては，ha あたり 10 本の立ち枯れ木や大径木が樹洞営巣性鳥類の個体群を維持するために提案されてきており[7,8]，スウェーデンでは ha あたり 10 本の樹木の維持が森林認証の要件となっている[5]．またチェコのオウシュウトウヒの人工林では，胸高直径が 70 cm を超える広葉樹大径木が ha あたり 5 本あれば，保護区と同程度の鳥類の個体数を維持できることが示されている[9]．本州以南のスギやヒノキの人工林で混交する広葉樹の樹冠木がなければ，高木性の稚樹や主伐後の更新木も保持の有望なターゲットとしてあげられる．

④ 草地性の生物の生息地，幼齢人工林（山浦悠一）
愛媛県中部で 7 月初旬に撮影．ヨタカも確認された．

定期的な伐採で草地性種を守る

国内外で草地が近年減少しており，草地性生物の保全が急務となっている．こうした中，皆伐再造林による林業活動によって創出される 10 年生以下の幼齢人工林が保全方策の 1 つとして注目される[10]（④）．

このための数値目標の一例として，幼齢人工林でウサギを捕食するイヌワシに関する由井[11]の試算がある．由井は，イヌワシの繁殖成績のモニタリングデータから繁殖成功率に幼齢人工林面積が寄与することを明らかにした上で，イヌワシ個体群の減少を食い止めるために必要な繁殖成績を上げるためには行動圏内で毎年 57 ha の伐採新植を行えばよく，人工林率 40% の地域では巣から半径 6.4 km 圏内で 88 年に 1 回の伐採で間に合うとしている．なお幼齢人工林で下刈りをする際，鳥類の巣や雛への配慮や時期の調整，かつて草地として管理されていた人工林に注目することでその保全の効果がより大きくなる可能性がある．

景観のデザイン

人工林内で広葉樹を保持することによってつくられる半自然人工林は，残存する老齢林や天然林の周囲に緩衝帯のように配置し，他の老齢林・天然林と連結することで保全の便益が向上する可能性がある[12]（⑤）．例えばニシアメリカフクロウの分散を促進するために，米国西部では保護区間の森林の 50% で樹冠を残すよう求められた[13]．

保全と生産を同時に達成するための模索は続く．このような試みは，森林と林業，そして木材の社会的な価値を大きく向上すると期待される．〔山浦悠一〕

【文献】

1) Yamaura et al. (2011) Oikos 120: 427-451
2) Arroyo-Rodríguez et al. (2020) Ecol Lett 23: 1404-1420
3) Garibaldi et al. (2020) Conserv Lett 14: e12773
4) Fahrig (2019) Global Ecol Biogeogr 28: 33-41
5) 柿澤ほか (2018) 保持林業．築地書館
6) Yamaura et al. (2023) Ecol Appl e2802
7) Newton (1994) Biol Conserv 70: 265-276
8) Hunter (1990) Wildlife, Forests, and Forestry. Prentice Hall
9) Kebrle et al. (2021) For Ecol Manage 496: 119460
10) Yamaura et al. (2012) Biodivers Conserv 21: 1365-1380
11) 由井(2018)イヌワシと林業との共存(保持林業．柿澤ほか編，築地書館)．55-58
12) Yamaura et al. (2022) J Appl Ecol 59:1472-1483
13) Franklin (1993) Ecol Appl 3:202-205

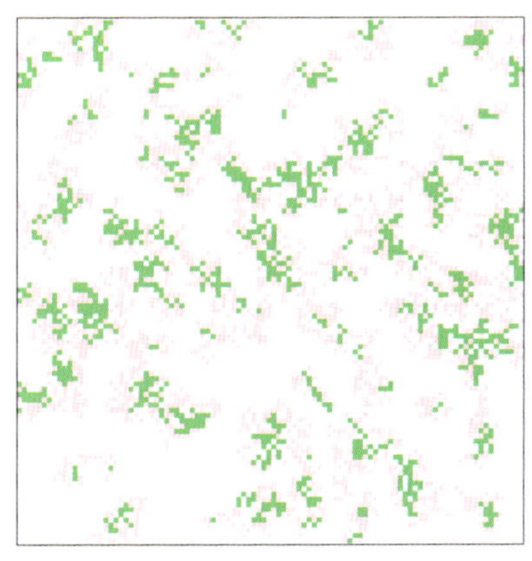

⑤ 保持林業の便益を向上させるための空間的配置の一例
3 つの土地利用を色分けして示した仮想的な景観．

⑩ 日本の森の鳥類の多様性

—多様なルーツを育む日本の森

島は固有種の楽園である．海で隔離された島では，生物は大陸とは異なる独自の進化を辿るためである．一方，日本は島とはいえ，大陸との最短距離は45 km しかなく，幾度も大陸と地続きになった歴史を持つ．そのため通常は，日本の鳥類は大陸の種によって「上書き」され，独自の進化を辿れず，固有種は進化しにくいと予測される．

しかし，日本でしか生息・繁殖しない固有種もしくは固有繁殖種はよく知られている．さらに，遺伝子解析によってより多くの隠蔽固有種が判明した[1]．固有種は，最近大陸から日本にやってきた種と同所的に生息しており，日本の森林は異なる進化史を持つ鳥のるつぼとして多様性を育んでいる．ここでは，日本の森の鳥類の多様性をその進化的側面の違いから紹介したい．

日本で固有化した飛翔が苦手な鳥たち

過去数百万年の間，世界は現在のように温暖な間氷期と，気温が低く乾燥した氷期を頻繁に繰り返した．氷期の間，東アジアの大部分は乾燥した草地や針葉樹林が広がっていた．一方，日本には，これらに加えて温帯林や暖帯林が残っていた[2]．そのため，大陸では中国南部など遠く離れた地域のグループが，「遺存固有種」として日本で生き残っている．例えば，奄美大島固有のルリカケスの最も近縁な種はヒマラヤに生息するインドカケスであり，2 種の分布は，多様な環境に適応して分布を拡大したカケスによって分断されている[3]（①）．これは，古くから分布していたルリカケスとインドカケスの祖先が，大陸でのカケスの多様化に取り残されて生き残った痕跡としてみてとれる．ほかにもヤマドリがこのタイプである．

また，日本列島の温帯林が大陸と海で分断されていたことで，「隔離固有種」が進化した．例えば，カケスは 240 万年もの間大陸で 30 以上もの亜種に多様化したが，日本の亜種カケスは我関せずと日本で生き延びた[3]（①）．ほかにも，キジやアオゲラなどがあげられる．いずれも海上移動が不得意で，大陸からの「上書き」を免れやすかったことで，固有化が駆動されたと考えられている．

飛べるのに固有化した日本の渡り鳥

日本を代表する渡り鳥であるキビタキ（②），コマドリ，メボソムシクイなども日本列島とその周辺島嶼でしか繁殖しない．しかし，これらは前述の種と違い，越冬地との間を毎年数千 km も渡りをする，移動特化型の鳥である．このような種は大陸から「上書き」されてもおかしくないはずだが，日本の固有繁殖種として進化した．このような渡り鳥が日本で固有化したプロセスは不明な点が多いが，南北に長い日本列島の中で森林環境がダイナミックにシフトして維持されたことが関連している可能性がある．

例えば，複雑な河畔林景観で繁殖する亜種アカモズは，サハリン南端から山陰地方にかけてのみ分布する列島固有亜種である．本亜種の分布をモデル化し，氷期中の分布を推定すると，好適な生息域は本州から当時干上がっていた東シナ海に分布していたが，大陸にはあまり広がっていなかったことが推定された[4]（③）．日本での進化の過程で，日本とその近隣特有の

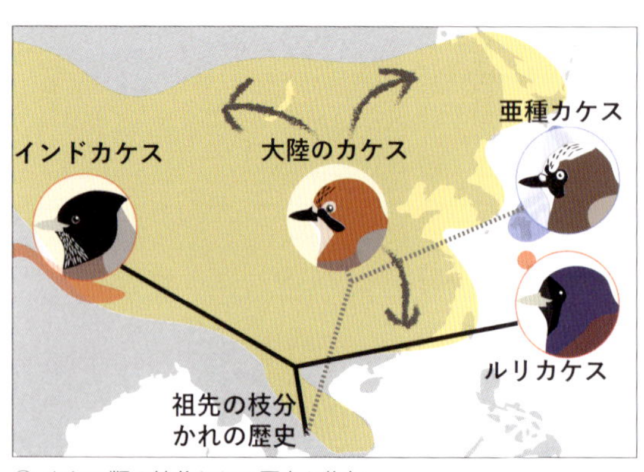

① カケス類の枝分かれの歴史と分布
ルリカケスや亜種カケスは日本で孤立した．実・点線は分岐の歴史を模式的に表す．

② キビタキ（青木大輔）
日本列島近辺に固有な種．

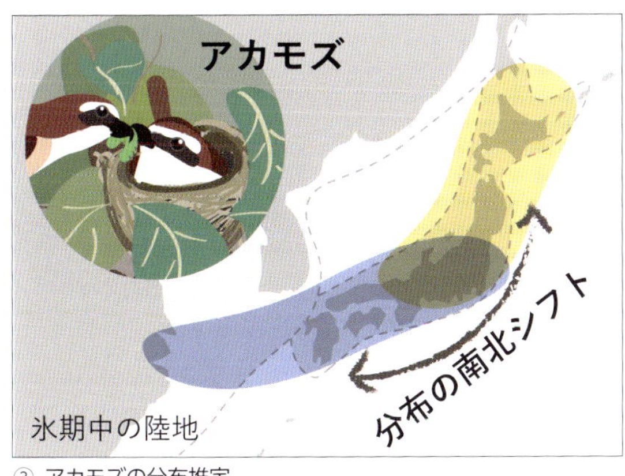

③ アカモズの分布推定
間氷期（黄）と氷期（青）で好適な生息域が列島近辺に限定して南北シフトした．

環境で集団を維持するようになり，大陸に適応した集団からの「上書き」の影響を受けにくかったのかもしれない．

そもそも大陸にはいない鳥たち

ヒヨドリ，ヤマガラ，メジロ．これらは私たち日本人からみると普通種で，さぞ世界にもたくさんいるのだろうと無意識に想像してしまう．しかし世界地図を俯瞰してみると，これらの種やその近縁種は日本列島のほかに，朝鮮半島，台湾，もしくはフィリピンといった東アジアの島・半島にしか生息していないことがわかる．これらは大陸を介さずに日本へやってきたようである．例えば，ヤマガラは，フィリピン，台湾，琉球列島，というように，島を北上してそして日本列島および朝鮮半島に辿り着いたと考えられている[5, 6]（④）．

日本の島の中でさらに固有化した鳥たちもわずかながらいる．伊豆諸島のオーストンヤマガラ（④）や，伊豆諸島とトカラ列島のアカコッコやイイジマムシクイ，薩南諸島のアカヒゲが代表例である．これらにはそれぞれ，日本列島に広く分布するヤマガラ，アカハラ，センダイムシクイ，コマドリという近縁種がいる．辺縁島嶼で列島本土と独立した種が進化するメカニズムは未解明だが，森林環境の分布との深い関わりが隠れているだろう．

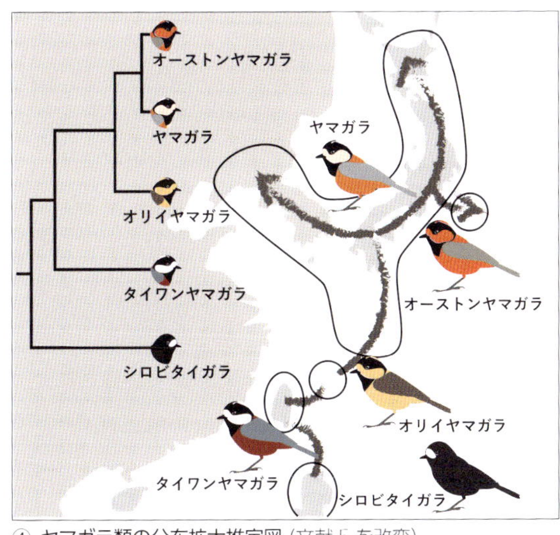

④ ヤマガラ類の分布拡大推定図（文献５を改変）
ヤマガラ類の祖先はフィリピンから島伝いに日本・朝鮮へ移住したと考えられる．

インターナショナルな鳥

日本の鳥を語り始めるとどうしても固有種が取り上げられがちであり，本項もまさにその典型である．固有種は注目され，研究が進められやすいが，そうでない種については研究が未着手な場合が多い．そのため，これらの種が日本にいつどのようにやってきたのかについての研究は少ない．

日本に固有ではない種はたくさんいる．身近な鳥でいうとスズメやシジュウカラ，ツバメ，珍しいものでヤイロチョウなど，たくさんの例があげられる．これらの種は最近（数十万年前～数万年前）になって大陸から「上書き」された種と考えられる．上書きの年代も種ごとに異なると考えられるが，年代の違いやそれが生じた理由についてはさらなる研究が必要である．

ただし気をつけなければいけないのは，これらの年代は大陸からやってきた直近の「上書き」の年代であって，それよりも前にこれらの種が日本にいなかったとは限らない．４万年も前から縄文人が住んでいた日本に，数千年前に朝鮮半島から渡来人が移住して「上書き」したが，縄文人の痕跡は今でも日本人の中に深く刻まれているのと同じである．

なぜ「上書き」が頻繁に生じた種もいれば，数百万年間も「上書き」を逃れて固有種になった種もいるのか，その根本的理由は今のところわかっていない．飛翔の得手不得手のほかに，アカモズの例にみた森林環境への適応の違いなど，複数の要因が絡み合っているのだろう．いずれにせよ，日本列島の森林は，様々な歴史的背景の中でやってきた鳥同士の関わりを複雑に育んできた，とても魅力的な環境だといえるだろう．

〔青木大輔〕

【文献】

1) Saitoh et al.（2015）Mol Ecol Res 15：177–186
2) Harrison et al.（2001）Nature 413：129–130
3) Aoki et al.（2018）J Ornithol 159：1087–1097
4) Aoki et al.（2021）Ecol Evol 11：6066–6079
5) 青木（2020）遺伝情報から俯瞰する日本産鳥類の歴史（時間軸で探る日本の鳥—復元生態学の礎．黒沢・江田編著，築地書館）．54–85
6) McKay et al.（2014）Syst Biol 63：505–517

11 森を育てる：菌根菌

—多種共存を支える根と菌類の共生関係

木々が芽吹き新緑のまぶしい初夏，あでやかな紅葉で着飾る秋，小道の落ち葉を踏みしめて散策を楽しむ中，地面に目を向けるときのこに出会うことがある．きのこは「木の子」として森に育てられている一方で，隠れた土の下では樹木を育てている（①）．森には樹木とともに，コケやシダ，草花など，多種多様な植物が生育している．ここでは植物の細かな根（細根）に共生する菌根菌を紹介する．

地面の下の協力関係，菌根共生

菌根菌とは 8 割以上の陸上植物の種類の細根に住み着く真菌類（かびやきのこの仲間）であり，細根との共生体を菌根と呼ぶ．この菌は宿主となる植物から光合成産物（炭素源）を受け取る一方で，土の中に埋もれている養水分を宿主に受け渡す（Win-Win な）相利共生関係をつくる．菌根共生に関わる菌種は，グロムス菌門，担子菌門，子嚢菌門に分類される．ハンノキ属などの根には窒素固定を行う根粒菌も共生菌として知られるが，「菌」であっても，こちらは真菌類ではなく細菌類（バクテリア）に属する別の分類群である．

生物進化を紐解くと，菌根様の痕跡がデボン紀の植物化石から発見された．そのため，菌根共生は 4 億年以上も前にはすでに成立していたようである．当時を知る由もないが，水域から陸域へと生息範囲を拡大させるため，荒涼とした不毛な大地に根付き，生きぬくために植物がつくり上げた真菌類との協力関係の賜物かもしれない．

悠久の歴史の中で育まれてきた菌根共生が今も続くのは理由がある．菌根菌が土の中に伸ばす菌糸（約 2〜4 μm）は，細根でみられる根毛（数十 μm）よりもずっと細く，長い．そのため，土に含まれる養分や水分を効率的に吸収することができる．一方でこの菌は，落ち葉や倒木に住み着く真菌類のように，それらを分解してエネルギー源を得る力を十分に持ち合わせていない．この菌根菌から植物への養水分，植物から菌根菌への炭素源，双方にとって相互に欠かせないものを供給し合う微妙なバランスが菌根共生を支えている[1]．

① カバノキの根元に顔を出したベニテングタケ（松田陽介）

② 白色や黒色のクロマツ菌根（松田陽介）
内包図は菌根菌の感染のない，根毛のある細根．

日本の森，菌根の森

日本は北海道から沖縄と南北に長く，また海岸から山岳地帯と，緯度や標高傾度に沿って各所に独自の森が形作られている．一方で，人が植えた内地のスギ，ヒノキやカラマツの林，沿岸部のクロマツの林など人工的な森がある．このように森で暮らす樹木には，必ずといってよいほどその細根は菌根菌と共生関係にある．菌根は宿主植物と真菌類の組み合わせで 7 種類に分けられる[1]．ここでは，樹木で主要な菌根タイプである，外生菌根とアーバスキュラー菌根を紹介する．

外生菌根を形成する樹木はマツ科，ブナ科などに属している[1]．海岸のクロマツやウバメガシなどの林，里山や奥山のアカマツやブナ，コナラなどの林，高い木が育たない森林限界に分布するハイマツの林などは外生菌根の森である．森で採ってきた根の先端を顕微鏡でのぞいてみると，白や茶，黒など様々な色の菌根菌の菌糸が細根の外側全体をすっぽりと覆ってしまい，根毛はほとんどみられない（②）．これが外生菌根の姿である．

アーバスキュラー菌根を形成する樹種は，ヒノキ科，ムクロジ科やバラ類などに属している[1]．日本の人工林を構成する主要な樹種（スギやヒノキ），里山や奥山でみられるカエデやサクラの仲間でこの菌根はみられる．しかし，菌根菌は細根の内部に入り込んでしまうので，肉眼ではこの菌との関係があるのかどうかの判別はできない．

菌根菌が木を守り，育てる

菌根は多くの樹種にみられることから，森林生態系の一般的な共生関係である．時として，この関係が必須な場面もある．実際，植樹事業や絶滅に瀕する希少な林床植物の移植計画が，菌根共生の配慮に欠けていたせいか，うまくいかなかったこともある．生存が危ぶまれ絶滅危惧 II 類に指定されるトガサワラは，紀伊半島と四国の一部にひっそりと生育する保全が急務の樹種である．この芽生えの根には，トガサワラショウロという特異的な菌根菌が共生すると判明し，トガサワラの定着に一役買っている可能性がある．また海岸のクロマツの根には子嚢菌の一種の黒色の菌根菌（*Cenococcum geophilum*）が必ず共生しており，潮風などの塩ストレスから細根を保護しているようである．樹木の生活の中で，芽生え期のような貧弱な時期，塩類や乾燥などで生育環境が厳しくなる時期，菌根菌は根を守ったり，養水分を送ったりして宿主樹木を守り，健全な生育，維持に貢献している可能性がある[2]．

多種共存の森を支える菌根ネットワーク

大きな樹木の根には数十種以上の菌根菌が共生する．外生菌根やアーバスキュラー菌根のように同じ菌根タイプの樹木が隣り合う場合，木々は樹種や樹齢によらず土に広がる菌糸を介して連結される（③）．この菌糸網は菌根ネットワークといわれ，大きな木ほど多くの樹木とつながるようである．さらには，同じ場所に生育する林床植物とも菌根ネットワークによって連結されることもある．そして，樹木と周辺の植物は菌根菌の菌糸でつながり，炭素のような養分のやりとりをしている可能性がある[3]．森の中は薄暗く，地面に届く光は林冠の数％と限られる．そのため，芽生えたとしても光合成ができないのは死活問題である．葉を広げたり，向きを変えたりと自身で改善しきれない部分をパートナーである菌根菌が補っているのかもしれない．

この菌根ネットワークをうまく利用しているのは，森の地面にぼーっと生えるギンリョウソウである（④）．幽霊茸ともいわれ，真っ白なその姿に足を止めて，魅了される．こうした植物は，緑色の成分（色素体）を部分的もしくは完全に失っており無葉緑植物という．腐生植物ともいわれるが，実際には菌根菌の感染がなければ発芽はおぼつかず，大きくなってからも根に共生する菌根菌から菌根ネットワークを介して周囲の樹木に由来する炭素源を得て生活（菌従属栄養性）をしている．

木々の健やかな営みと様々な植物がともに暮らす豊かな森を育むためには，みえない地面の下の樹木の細根，それに寄りそう菌根菌，両者でつくり上げる菌根ネットワークが鍵となる．〔松田陽介〕

【文献】

1) 松田（2018）森林利用と菌根菌（森林と菌類．升屋編，共立出版）．105-139
2) 松田・小長谷（2020）外生菌根菌を通して海岸林の再生を考える（菌根の世界．齋藤編，築地書館）．104-139
3) 松田（2020）根に関わる微生物（森の根の生態学．平野ほか編，共立出版）．106-127

③ 細根同士を結びつける菌根ネットワーク（松田陽介）

④ 霧の中にたたずむギンリョウソウ（松田陽介）

⑫ 森を維持する

—菌類が森を健全に維持し，多様性を創出する

森林の中には，その主要な構成者である樹木のほかにも，下層植生を構成する様々な植物，ダニ，昆虫，哺乳類などの動物，かびやきのこに代表される菌類や細菌といった微生物など様々な生物が生息しており，それらが相互に影響を及ぼし合いながら，生態系という非常に精緻なシステムを構築している（①）．普段，なかなか気にとめることはないが，菌類（かび，きのこ，酵母）も森林生態系の構成者として非常に重要で，様々な機能的役割を担っている．最も人目につきやすいのは様々なきのこであるが，それ以外にも多数の菌類が生息しており，森林生態系を健全に維持（生態系サービスの発揮など）していく上で様々な役割を果たしている．ここでは菌類が森林の更新や維持にどのように関わっているかを概観してみたい．

分解者としての菌類

近代的な生態学の枠組みにおいて，生物は大きく生産者・消費者・分解者に分けられる．その中で菌類は分解者として位置づけられている．森林内には生きている樹木はもとより，様々な原因で倒れた倒木，落葉や落枝などが大量に存在している．いわば木質有機物の宝庫である．これらを分解しているのが，サルノコシカケ類やシイタケ，ナメコ，ヒラタケなど食用としても利用されるきのこである（②）．この仲間には枯れ木や倒木だけではなく生きている樹木の内部を腐朽させ分解しているものも多く，木材腐朽菌と総称されている．木材腐朽菌は，材の主要な構成成分であるセルロースやヘミセルロース，リグニンなどの難分解性有機物を分解できる稀有な生物である．もしこれらの菌類が存在しなければ，倒木や枯れ枝，落ち葉は分解されないまま林床を埋めつくし，炭素や窒素は木質遺体に閉じ込められたまま循環せず，エネルギーの移動も起こらないことになってしまう．すなわち，木材腐朽菌は森林内の物質循環やエネルギーの移動になくてはならない存在である．また菌類の中には，葉や枝に病気を起こす植物病原菌も多数存在する．前述のように木材腐朽菌も倒木や枯れ木のみならず，生きている樹木の木部を腐朽させており，スギやヒノキ，カラマツなどの人工林では，林業上大きな問題となる．これらの葉や枝に病気を引き起こす病原菌は，ただちに樹木を枯死させることはまれであるが，光合成を低下させるなど，徐々に樹木を衰退させていく．見方を変えれば，植物病原菌は，生きている樹木の一部を利用している生体分解者と捉えることもできる．

森林の更新に影響を及ぼす菌類

菌類が樹木の更新に大きな影響を及ぼす場合がある．日本の冷温帯林を代表するブナ林では，種子の豊作年の翌春には多数の当年生実生が発生する．しかし，多量に発生した実生も芽生え後約２か月間という短

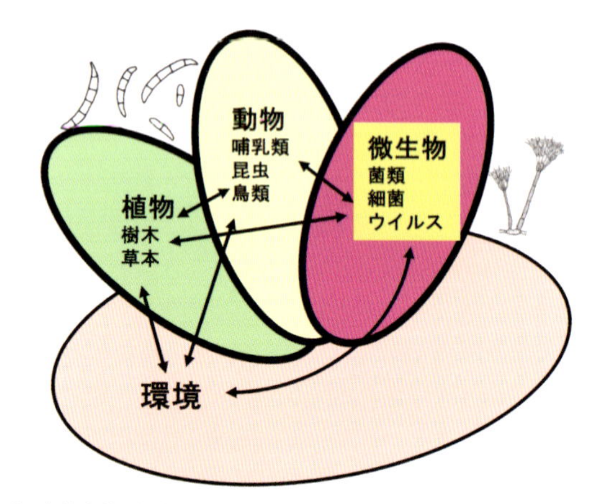

① 森林生態系を構成する生物

② 木材腐朽菌（佐橋憲生）
タモギタケ（上），ツリガネタケ（下）．

③ **ブナの芽生えと立枯病**（佐橋憲生）
林床一面に発生したブナの芽生え（左）と立枯病に罹病した芽生え（右）.

④ **森林内の倒木と絹皮病**（佐橋憲生）
林内に発生した倒木（左）と倒木を誘発する絹皮病（右）.

期間に，ほとんどのものがその姿を消してしまう（③）．この実生の早急な枯死には植物病原菌が関与している．炭疽病菌の一種に起因する苗立枯病が枯死の主原因である．炭疽病菌の仲間は多犯性で，様々な植物に炭疽病と総称される病気を引き起こす．半面，その病原力はそれほど強くなく，植物が何らかの要因で衰弱したり，物理的な防御機構が十分に発達していない場合に病気を引き起こす．ブナに限らず，多くの樹木の実生は病原菌などに対する物理的防御壁が十分発達しているとはいえない．また，光環境の悪い林床では，抗菌性物質の生産など動的な防御にかけるコストも十分ではない．このような条件が揃った結果，芽生え後2か月間という短期間に多くのものが菌害によって枯死してしまう．このように多くの樹木実生の枯死に病原菌が関わっており，森林の更新初期過程に大きな影響を及ぼすと考えられている．また，木材腐朽菌を含む樹木病原菌が幹折れや倒木を引き起こす場合がある．絹皮病（担子菌）はツブラジイ，アラカシ，マテバシイなど常緑広葉樹を中心に様々な樹木に発生する多犯性の病害で，罹病した樹木は枝や樹幹が銀白色の菌糸膜で覆われ，特異的な症状を呈する．本菌は木材腐朽菌で，材を腐朽させるため，幹の物理的強度が低下し，しばしば幹折れの原因となる（④）．幹折れによって発生したギャップは光環境などが改善され，様々な実生の良好な生育サイトとなる．多くの木材腐朽菌が幹折れや倒木などを引き起こすギャップメーカーとして機能しており，間接的に森林の更新や維持に多大な影響を与えている．

菌類が森林の多様性を維持する

前述したように，木材腐朽菌の働きで大きな樹木が倒れ，ギャップができると，そこは実生苗の好適な生育サイトになる．また，スギやエゾマツのように倒木を利用して更新（倒木更新）する樹種も多い．さらに倒れた樹木は昆虫や節足動物など様々な生物の餌資源になるほか，小動物などの格好の生息場所となる．すなわち，菌類は間接的に様々な生物に餌や生息場所を提供するなど，生物多様性創出のドライバー（駆動力）として重要な役割を果たしている．

熱帯多雨林では，母樹からの距離に依存した母樹と同種の実生苗の死亡率の低下が起こる．母樹周辺では宿主特異的な病原菌の密度が高く，距離に依存してその密度が低下するためである．したがって親木の周辺では他樹種の侵入しやすい状況が生じる（ジャンツェン・コネルの仮説）．この機構が熱帯降雨林での多種の樹種が共存できる一因であると考えられている．この機構は温帯に生育するサクラの一種でも働いている可能性があることも示されている．したがって，日本の森林でも同様な機構が働き，樹木類の種多様性が維持されている可能性もある．〔佐橋憲生〕

【文献】

1) 佐橋（2004）菌類の森（日本の森林／多様性の生物学シリーズ 2）．東海大学出版会
2) 黒田ほか編（2020）森林病理学―森林保全から公園管理まで．朝倉書店
3) 佐橋・升屋（2018）森林と樹木病害の関係（森林科学シリーズ 10 森林と菌類．升屋編，共立出版）．140-170
4) 佐橋・田中（2016）野生植物の感染症（シリーズ現代の生態学 6 感染症の生態学．日本生態学会編，共立出版）．169-182

⑬ 森を枯らす
—病気を起こす菌類たち

森林病理学からみた人工林の特徴

人工林の多くは単一の樹種からなり，同時期に同齢の苗木を植栽することで構成されている．このような特徴は造林施業を行う上で多くの利点があると考えられるが，樹木病害の観点からは特定の病原菌が蔓延してしまうリスクを潜めている．すなわち，同じ林分の植栽木は，林分構造および遺伝的構造が単純である場合が多く，また，挿し木苗の植栽によって遺伝的に同じもの（クローン）からなる林分もあるため，病原菌に対する抵抗性も同様になる．さらに，十分に成長した人工林は林内の環境条件も単純であることから，特定の病害が発生した場合に被害が拡大しやすい特徴があるといえる[1]．

苗木の病害

人工林が成立するまでには，苗木の生産を行い，山地へ植栽し，その後の保育（下刈り，除間伐，枝打ちなど）を行って育成していく．種子発芽から芽生え，若齢苗の期間は病虫害の影響を受けやすいが，健全な苗木を生産することは，健全な人工林を育てるための第一歩となる．造林用苗木は農作物と同様に畑（苗畑と呼ばれる）で育てられる．育苗現場と林地では樹木の成長度合いや生育環境などの違いから，被害を及ぼす病原菌の種類や管理方法も異なるため，育苗現場で生じる病害を「苗木病害」として区別することが多い．

造林樹木の苗木で共通した多犯性の病害として，苗立枯病，くもの巣病，灰色かび病の被害がしばしば問題となるが，過去にスギの苗畑に甚大な被害を与えた病害として有名なのが赤枯病（あかがれびょう）である．

スギ赤枯病は子嚢菌類の一種を病原とする．1909年に茨城県のスギ苗畑において突如発生し，その後，10年間で瞬く間に全国に蔓延した．当時は高濃度のボルドー液を大量に散布することで被害を抑えられることがわかり，いったんの小康状態を維持した．しかし，戦後の拡大造林期にスギ苗木の生産量が急増する中で，スギ赤枯病の被害が再び顕在化し，各地のスギ苗畑に壊滅的な被害を与えた．その被害は全国で約1万8000か所の苗畑で発生し，被害苗本数は約4700万本に上った．本病は，主にスギの苗木時代に感染する病害であり，罹病程度が著しい場合には枯死する（①）．また，枯死を免れた場合でも，苗木の緑色主軸（幹）に病斑が生じると，後に幹に縦溝が形成される溝腐病（みぞぐされびょう）に進展してしまい，木材としての価値を著しく低下させる（②）．本病の厄介なところは，罹病苗木を気づかずに林地に植栽してしまった場合，病原菌の林内感染によって植栽時には健全だった苗木にも被害が広がってしまい，溝腐病に罹った植栽木が多数存在する林分が生じてしまうことにある．このような林分は当時，「役に立たないスギ」と呼ばれていた．

現在，拡大造林期に植栽した造林木が利用期を迎えており，再造林施業に向けた取り組みが進められている．スギ苗木の需要の高まりに伴い，赤枯病の再流行が懸念されている．

① スギ赤枯病の被害苗畑（安藤裕萌）

② 溝腐れ症状を呈するスギの伐根（安藤裕萌）

林木の病害

苗木植栽後の造林地では，特に枝枯れ性の病害や樹幹部に被害を及ぼし材質劣化を引き起こす病害が問題となる．暗色枝枯病のようにスギ，ヒノキ，カラマツで共通する病害もあるが，樹種ごとに異なる病害が発生する場合が多く，スギでは黒点枝枯病，こぶ病，非赤枯性溝腐病，褐色葉枯病，黒粒葉枯病，ヒノキでは樹脂胴枯病，漏脂病，根株心腐病，カラマツでは先枯病，落葉病などが主要病害として知られる．ここでは，全国的に被害がみられるスギの代表的な病害としてスギ黒点枝枯病，こぶ病および暗色枝枯病について紹介する．

スギ黒点枝枯病は，子嚢菌類の一種を病原とし，北海道函館から屋久島に至るまで各地のスギ人工林でみられる．幼齢木から老齢木まで樹齢を問わず発生する（③）．被害が大面積に及ぶこともしばしばあり，1964 年には全国的に被害が発生し，総被害面積は約 7300 ha にも上ったという．感染したスギが枯死することはほとんどないが，慢性的に枝が侵されることで成長が著しく阻害される．

スギこぶ病は，子嚢菌類の一種によって引き起こされ，幼齢木から老齢木の枝や幹に多数のこぶが形成される（④）．北海道南部から九州にかけて全国的に発生が確認されている．特に沢筋や霧の多い地域など湿潤な環境で発病しやすい傾向がある．本病に罹ったスギは，まず葉の付け根付近に小さいこぶが形成され，こぶは年々肥大していき人頭大にまで達することもある．本病の被害によってスギ成木が枯死することはほとんどないが，激害木では樹勢が低下し，幹にこぶが形成された場合には材質劣化被害につながる．

スギ，ヒノキ，カラマツに共通する暗色枝枯病は，幼齢木から老齢木に至るまで被害が発生する．被害木では，枝基部を中心に縦に長く形成層が壊死し，壊死部の両側から巻き込み成長が起こり，樹幹部に溝状の陥没が形成される．本病は枝打ちや間伐の遅れた林分で被害が発生しやすいほか，風による樹皮の傷や寒害による部分的な枯損，あるいは乾燥害が生じた際に大きな被害となる．特に九州，四国地方での被害が顕著であり，1994 年に九州地域で発生した大規模なスギの集団枯損には，干害に加えて本病原菌の関与が指摘されている．

林木の病害の多くは，立地環境や気象条件，あるいは植栽密度や管理不足などの要因によって大きな被害につながってしまう．木材生産を主目的とする人工林では，その健全性を判断する上で造林木の枯死被害の規模だけではなく，製材した際の品質も重視される．そのため，病原菌の感染によって引き起こされる様々な材質劣化被害や材の変色，あるいは木材腐朽菌による辺材の腐朽や心材の空洞化が発生すれば，たとえ生存する個体が多い林分であっても，健全とはいえないであろう．一度発生した材質の低下を回復させる方法はないため，人工林では苗木の生産から植栽，伐採に至るまで長期的視野での管理が求められる．

〔安藤裕萌〕

【文献】

1）黒田ほか編（2020）森林病理学—森林保全から公園管理まで．朝倉書店

③ スギ黒点枝枯病の被害木（安藤裕萌）

④ スギこぶ病の激害木（安藤裕萌）

14 人との関わり 恵みの菌

—おいしいだけではない，人の役に立つ菌類たち

人と関わる菌類といえば，食卓に並ぶきのこ類を思い浮かべる人が多いだろう．しかし実際には，食材だけではなく医薬品や工芸品などの原料として，生活の様々な場面で利用されている．

人と菌類の関わりの歴史は古い．有名な例では，ヨーロッパの氷河で発見された5000年ほど前の人間の遺体（通称「アイスマン」）は，腰に巻いた革製の袋の中にツリガネタケというきのこを入れた状態で発見された[1]．アイスマンは，何のために「きのこ」を持ち歩いていたのだろうか．ツリガネタケの子実体（「きのこ」を指す専門用語）をほぐすと繊維質になることから，アイスマンはツリガネタケを着火の際の火口として利用していたと考えられる．実際に，ツリガネタケは別名ホクチやホクチタケと呼ばれている．人類が寒い場所で火を利用できるようになった背景には，きのこが役立っていたのだ．

菌類には，きのこのような大型の種類だけではなく，かびや酵母のような肉眼での観察が難しい微小なものも含まれる．微生物である菌類を森の中で見つけることは困難だと感じるかもしれない．しかし，一度見つけた菌類を人間がコントロールできる条件下で培養することで，安定的に量を増やして生産性を高められるというメリットがある．本項では，食材としてのきのこ以外の視点から人間による菌類の利用例を紹介する．食用きのこについては，第3部9をご参照いただきたい．

「薬用」として利用される菌類

きのこの中には，生薬（薬効を持つ天然産物，漢方薬の原料）として利用されるものが含まれている[2]．例えば，昆虫などに菌類が寄生し，宿主の体からきのこが生えた奇妙な形態の冬虫夏草類が有名である（①）．冬虫夏草類には免疫調節作用や抗腫瘍作用などの高い薬効成分を持つ種が多く，栄養補助食品や強壮剤としても世界的に利用されている．特にチベットのコウモリガ類の幼虫に寄生する冬虫夏草の子実体は，高級品として珍重される．野外で自然に発生する冬虫夏草類は貴重であるため，近年は人工栽培に関する研究も行われている．しかし，大部分の種では昆虫類への感染経路や子実体の発生条件などの基礎的なメカニズムが明らかにされていない．効率的な人工栽培を目指して，今後も種ごとの生理生態に関する地道な研究が求められている．

ペニシリンは，医薬分野における偉大な発見として世界的に有名な菌類由来の抗生物質である．1928年，イギリスのフレミング（A. Fleming）は，黄色ブドウ球菌（食中毒や感染症の原因となる細菌）を培養していた培地に混入したアオカビを発見した（②）．アオカビの周囲には，黄色ブドウ球菌が生育しない範囲（阻止帯）が形成されていた．フレミングは，アオカビが細菌の生育を抑制する物質を生産することを発見し，その成分をペニシリンと名づけ発表した．ペニシリンという名前は，アオカビの属名 *Penicillium*（ペニシ

① ガの蛹から発生した冬虫夏草の一種，ハナサナギタケ（松倉君予）

② ペニシリンをつくるアオカビの仲間（細矢 剛）

リウム）に由来している．ペニシリンの発見により細菌感染症による死亡率は低下し，さらなる抗生物質の開発へとつながった．かびと聞くと「汚い，気持ち悪い」という印象を抱く人も多いが，かびのおかげで多くの命が救われてきたのである．そのほかにも，菌類が生産する二次代謝物や菌類の体を構成する多糖類は，幅広く医薬品の原料として利用されており，私たちの健康な生活を支えている．

「工業」に利用される菌類

微生物である菌類は，体外に酵素（化学反応を促進させる作用を持つ分子）を分泌して動植物の遺骸を化学的に分解し，養分を吸収して生きている．人間は菌類の強力な分解力を利用して，食品や洗剤，化粧品など様々な加工品を生み出してきた．身近な醤油・味噌や酒類なども，菌類の酵素反応（発酵）によって原料の大豆や米が姿と性質を変えて生まれた食品である．菌類の種類や生き方によって，生産する酵素の種類は異なる．例えば森林内で樹木を腐らせる菌類は，植物細胞の主要な構成成分（セルロース）を分解する酵素，木材に多く含まれる難分解性物質（リグニン）を分解する酵素などを生産する．人間はこれらの酵素の働きを利用することで，木材からエタノールやキシリトールなどの化学原料を生み出すことが可能となった．菌類が生産する酵素は，これまで用途が限られていた木材などの木質資源に新たな価値をもたらしたといえる．

自然界で生活する菌類は独特な色合いや模様を示す場合があり，人間がそれらを利用した工芸品も存在する．例えば，神奈川県鎌倉市の伝統工芸品として知られる鎌倉彫では，漆器の彫刻部分の立体感や古みを帯びたような色合いを演出するために，イネ科植物マコモに寄生するクロボキンの黒色の胞子「マコモズミ」を使用する（③）．菌類の胞子は均一なサイズの微粒子であるため，陰影や色艶の表現に利用しやすかったようだ．さらに，菌類によって部分的に変色が生じた木材は，家具やアートに利用される場合がある．木材の内部には，目に見えないが多くの菌類が生息している．そのため，異なる種類の菌類同士が接触すると，接触した部分の境界に帯線（たいせん）と呼ばれる黒色線を形成する場合がある（④）．木材に描かれる帯線の太さや色，模様には同じものが存在しないため，菌類がつくり出した芸術作品として捉えることができる．世界中に愛好家が存在し，小物などに加工されている．

生物資源としての菌類の可能性

菌類は，将来的にも貴重な生物資源としての可能性を秘めている．例えば，木材の難分解性物質（リグニン）を分解する菌類の一部には，環境汚染物質であるダイオキシンを分解して低減させる働きがあることが報告されており[3]，汚染された土壌環境の修復に利用されることが期待される．また，発酵食品や燃料などの生産に利用される酵母（単細胞の菌類）ではゲノムの人工合成が進められ[4]，有用な化学物質を効率的に生産可能になると期待される．菌類が人類にもたらす恩恵は，今後も増え続けるだろう．〔松倉君予・細矢　剛〕

【文献】

1) Peintner et al. (1998) Mycol Res 102：1153-1162
2) 河岸監修 (2021) きのこの生物活性と応用展開．シーエムシー出版
3) Tachibana et al. (2007) Pak J Biol Sci 10：486-491
4) Richardson et al. (2017) Science 355：1040-1044

③ 鎌倉彫の陰影はクロボキンの胞子で表現される（細矢 剛）

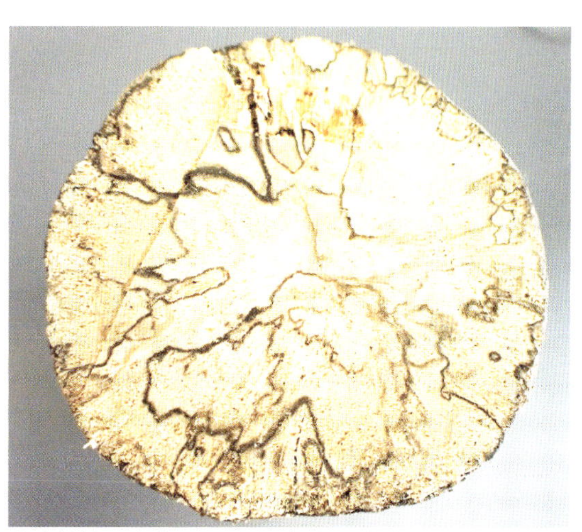
④ 木材断面で観察される帯線の複雑な模様（松倉君予）

15 日本の森の菌類の多様性

—多様な森林植生に多様な菌類が分布

① スギの倒木に発生した木材腐朽菌シックイタケ（服部 力）

菌類の分類同定に関する研究は高等植物と比較すると大幅に遅れている．これまでに命名された菌類は実在する種の数％にすぎず，世界には150万種[1]，あるいはそれを大きく上回る種数の菌類が分布するとの推定もある．同様に推定すると，国内の菌類は数万種～数十万種になる可能性があり，そのうちの相当数は森林や樹木に依存すると考えられる．

森林には，樹木などの植物と共生する菌根菌，立木や枯木を分解する木材腐朽菌，落葉・落枝を分解するリター分解菌，生きている植物の病気を起こす植物病原菌，昆虫に寄生する昆虫寄生菌など，多様かつ重要な生態系機能を有する菌類が生息する．これらには，特定の宿主に発生が偏ったり，特定の気候帯に分布したりするものも多く，森林植生や気候帯が異なると生息する菌類群集も異なってくる．

森林植生と菌類

国内に分布する樹種のうち，ブナ科，カバノキ科，ヤナギ科，マツ科などには外生菌根を形成する樹木が含まれる．これらによって構成される森林内では，イグチ類，テングタケ類，ベニタケ類をはじめとした外生菌根菌の子実体がみられる．一部の外生菌根菌は宿主特異性を有しており，例えばハナイグチはカラマツと，ハンノキイグチはハンノキ属樹種と菌根を形成することが知られる．一方，スギやヒノキはアーバスキュラー菌根を形成し，外生菌根を形成しないことから，これらの人工林では通常外生菌根菌はみられない．

植物病原菌のうちさび病菌類やうどんこ病菌類などには，特定の属または種に対する宿主特異性を示す種が多い．木材腐朽菌にも特定の属や科の樹種に対して特異性や選好性を示す種が多数存在する．

それほど厳密な特異性・選好性を示さないまでも，宿主もしくは基質として広葉樹，針葉樹のいずれかを選ぶ菌種が多い．また，針葉樹林の中でもマツ科樹木を中心とする森林と，スギ林，ヒノキ林では，菌根菌だけでなく木材腐朽菌群集も大きく異なる．スギ林，ヒノキ林ではシックイタケ，ヒメシロカイメンタケなど他の森林タイプではあまりみられない種が優占的に発生する．

林齢や森林管理も分布する菌類群集に影響を及ぼす．国内冷温帯二次林では，森林伐採後の経過年数が長くなると木材腐朽菌の種数は増加し，また種組成も変化する[2]．

加えて，間伐を加えた森林，あるいは風倒被害や生物被害により枯死木・衰退木が増加した森林では，木材腐朽菌などの材生息菌群集に影響が及ぶ．ナラ枯れ被害の発生地と未発生地では材生息菌群集が大きく異なっており，さらに被害発生地間でも気温や降水量によって群集に差が出る[3]．

森林利用が菌類に及ぼす影響については，山下[4]が詳しい．

日本産菌類の生物地理と国内固有種

樹木と比べると菌類には分布域の広い種が多い．日本産のハラタケ類や多孔菌類（いわゆるサルノコシカケ類）には，それぞれ世界中あるいは北半球に広く分布する種がある[5,6]．

一方，従来は広域分布種と考えられていたものの，分子系統学的研究などによって実際には分布域がより狭い複数種が含まれることがわかった「種」も多い．広域に分布するとされる「種」の中には，今後分布様式が見直されるものもあろう．

日本産菌類の分布様式は多様である．多孔菌類を例にとると，温帯以北を中心に分布する種は汎温帯分布型，北半球温帯分布型，ユーラシア分布型，東アジア-北米分布型，東アジア分布型（一部は日本固有種），東アジア-東南アジア高地分布型の 6 様式に，また熱帯を中心に分布する種は汎熱帯分布型，旧熱帯分布型，東南アジア熱帯分布型の 3 様式に類型化されている[6]．

日本国内に分布する陸上植物のうち，国内だけに分布する固有種は全体の 25% にもなる[7]．一方で，菌類の国内固有種がどの程度あるかはまだ不明である．

国内の図鑑に掲載された 3928 種のきのこ類について，固有性が明記されたものを抽出し，生物多様性データベースを用いてその固有性を検証した結果，非固有性が否定されなかった種は 72 種のみであった[8]．しかし，この中にはすでに中国など近隣国で記録のある種も含まれており，今後近隣国での分布調査が進むと，この中の「固有種」は相当絞られる可能性が高い．

実際の国内固有種としては，(1) 移動性の低い種，(2) 小笠原諸島固有種，(3) 国内に固有の宿主・基質や環境に依存する種などが想定される．

トリュフ類など地下に子実体を形成するきのこ類の多くは，子実体を摂食する動物に胞子散布を依存する．このことから，風によって遠方まで胞子を散布するきのこ類と比較してこれらの移動性は低いと考えられる．

小笠原諸島はその形成から数千万年にわたって他の地域と陸続きになったことがなく，また本州から約 1000 km 離れていることから，独特の生物相が形成されている．オオメシマコブ（狭義）は小笠原諸島固有種であるオガサワラグワに特異的に発生することから，この種自体も小笠原諸島固有種と考えられる．小笠原諸島と南西諸島はいずれも亜熱帯地方とされるものの，生息する菌類相は両者間で異なる．今後，小笠原諸島に加え，南西諸島や小笠原諸島の南方に位置するマリアナ諸島などの菌類相の精査が進めば，小笠原諸島固有の菌類が明らかになると期待される．

絶滅危惧種とレッドリスト

国内産菌類の全国的レッドリストは環境省により作成，公開されている．2023 年現在，最新のリストは 2017 年に公開された【菌類】環境省レッドリスト 2020[9] で，絶滅（EX）25 種，野生絶滅（EW）1 種，絶滅危惧 I 類（CR+EN）36 種，絶滅危惧 II 類（VU）24 種，準絶滅危惧（NT）21 種などが掲載されている．これらについては，現在 IUCN 基準に基づいた評価の見直しが進められつつある．

森林に生息する菌類の「存在を脅かす要因」としては，発生する依存する森林タイプや宿主となる樹種の減少，劣化があげられることが多い．マツタケの存続を脅かす影響としては，マツ枯れや自然遷移によるマツ林の減少が，オオメシマコブの絶滅を脅かす要因としては，乱伐や外来樹種の影響によるオガサワラグワの減少があげられる[10]．また，ヒュウガハンチクキンやコウヤクマンネンハリタケは分布域やその面積が極めて限定的であること，その一部が喪失していることなどが要因とされる．〔服部　力〕

② 小笠原諸島固有の絶滅危惧種オガサワラグワに特異的に生えるオオメシマコブ（服部 力）

【文献】

1) Hawksworth (2001) Mycol Res 105: 1422-1432
2) Yamashita et al. (2012) For Ecol Manage 283: 27-34
3) Fukasawa et al. (2022) Fungal Ecololgy 101095
4) 山下 (2018) 森林利用による森林の変化と菌類（森林と菌類．升屋編，共立出版），21-68
5) Hongo and Yokoyama (1978) Mem Fac Edu, Shiga Univ Nat Sci 28: 76-80
6) 服部 (2001) 日菌報 42: 3-10
7) 岩科・海老原 (2014) ウォッチング日本の固有植物．東海大学出版会
8) 細矢ほか (2016) 日菌報 57: 77-84
9)【菌類】環境省レッドリスト 2020. https://www.env.go.jp/content/900515981.pdf
10) 服部 (2018) 森林生息性菌類のレッドリスト（森林と菌類．升屋編，共立出版），69-104

16 森林の土壌動物の役割

—土作りから地球温暖化対策まで

土壌動物とは？

落葉層や土壌に住む動物を土壌動物と呼ぶ．土壌動物の生態系における役割は，分類群や機能グループごとに異なっており，その主なものは以下の3つとされている[1)]．

微生物食者（microbial grazer，micrograzer）

落葉変換者（litter transformer）

生態系構築者（ecosystem engineer）

微生物食者には，原生生物（アメーバ，繊毛虫，鞭毛虫），小型節足動物（トビムシ：①，ササラダニ：②）などの分類群が含まれている．落葉変換者は，ダンゴムシ，ワラジムシ，ヤスデなど，落葉を直接摂食し粉砕しているグループが含まれる．生態系構築者は，ミミズ（③），シロアリ，アリなどで，土壌中に坑道をつくったり，土を地表に持ち上げることで生態系全体に影響を与える．これに加えて，コガネムシの幼虫や，カイガラムシなどの植物の根を摂食，吸汁する根食者（root herbivore）や，動物を食べる捕食者（predator）も重要な機能グループである．また，土壌動物は，その大きさに応じて，小型湿性動物（体幅 0.1 mm 以下），中型動物（体幅 0.1～2 mm），大型動物（体幅 2 mm 以上）といった分け方をされることも多い．先の役割との関係をみると，一般には微生物食者から生態系構築者になるほど個体サイズが大きくなる傾向がある．

上記の役割からすれば，土壌動物は一般に落葉分解過程に大きな役割を果たしているということになるが，実際には土壌動物が単独でそうした働きを持つのではなく，様々な微生物との相互作用の結果が，生態系の中での機能として現れると考える方が適切である．以下は上記の3グループの役割について詳しくみていく．

微生物食者の役割

微生物食者は細菌や菌などを直接捕食して，微生物の量や組成を変化させることで，その機能に影響を与えている．菌が形成する子実体であるきのこに特に集まる土壌動物もいて，微生物と動物との様々な相互作用が指摘されている．微生物が有機物を分解する場合，主に細菌が関与する場合と，菌が関与する場合があるが，森林生態系のような分解しにくい資源が多く，比較的ゆっくり分解する場所では，菌の経路が卓越するとされる．菌経路に属するトビムシは，菌に対して選択的な摂食を行ったり，胞子などの散布を行ったりすることで，微生物群集のバイオマスや活性に直接的，あるいは間接的に影響を与えている．

落葉変換者の役割

落葉変換者は頑丈な口器を使うことで，落葉・落枝や腐植を直接摂食する．したがって有機物の分解速度や，それに含まれる養分の放出に直接寄与することになる．日本のヤスデの中で特に有名なのはキシャヤス

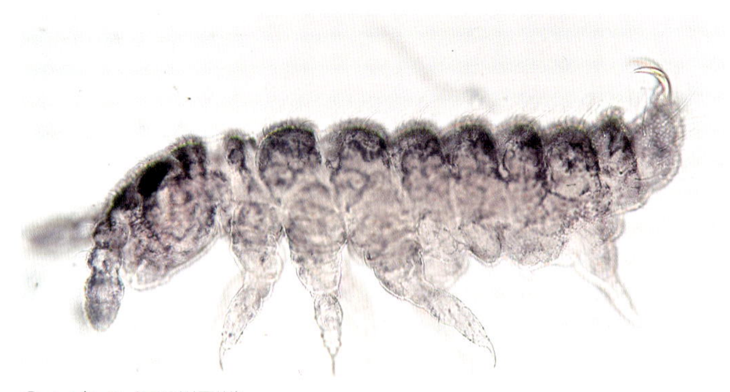

① **トビムシ**（長谷川元洋）
ムラサキトビムシ科の一種．このグループのトビムシがきのこに集合することが多い．

② **ササラダニ**（長谷川元洋）
ヒワダニ科の一種．

デ（④）であろう．この種の成熟個体が群遊することで，かつては汽車を止めてしまったこともあった．このキシャヤスデが林床に堆積している有機物を大量に摂食することによって，森林に堆積している落葉の量が 1/4 ほどに減少してしまうことも報告されている[2]．ヤスデなどの場合も，微生物によってある程度分解が進んだ糞を再利用したり，微生物の酵素によって，消化しにくい餌を利用しやすくするといった微生物との相互作用プロセスを持っている．こうしたプロセスを体外ルーメンと呼んでいる．

③ **ミミズ**（長谷川元洋）
シーボルトミミズ．体長 30 cm 以上にもなる大型のミミズ．体表は青藍色の光沢を示す．

生態系構築者の役割

生態系構築者の代表者であるミミズは地中に穴をあけ，有機物や土壌を摂食して鉱物質と有機物が混合した糞を地表に排泄する．その量は時に 1000 t/ha/年にも及ぶとされ，土壌の攪拌に大きな役割を果たしている．ミミズは，落葉や土壌とともに土壌に生息する微生物を取り込むが，これらの微生物は特にミミズと密接な共生関係を持っているのでない．微生物がたまたま体内に取り込まれ生育条件がよくなるという条件的共生を行っていると考えられる．ミミズによって体内に取り込まれた微生物は，消化管内条件が整えられることで活動が活発になり有機物の分解を促進するとともに，窒素，リンなどの養分の無機化を促進することが示されており，農業系での利用が期待されている[3]．このように一般にミミズの効果は人類にとって好ましいものである一方，場合によっては望まれない効果も生んでいる．例えば，北米では，アジアからの侵入種のハタケミミズが増えることによって，落葉層が破壊され，生態系に大きなダメージを与えることが報告されている[4]．

④ **キシャヤスデ**（長谷川元洋）
脱皮を行うために冬季の低温を経験する必要があるため，卵から成虫になるまでに 8 年かかる．8 年目に同じ地点の個体の成虫が同調して地表に出現し群遊する結果，人目を引く結果となる．

炭素貯留への寄与

ここまでは，土壌動物が餌を食べて糞をするまでといった短いタイムスケールの影響を考えてきたが，さらに長い時間スケールではその影響が異なる可能性がある．例えば，ミミズなどによる摂食で，有機物と鉱物質の土壌が混合されて，土壌団粒の内部に長時間にわたって（数か月から数十年のスケールで）有機物が保持されることになると，微生物による分解が非常に進みにくい状態になる．このような状態では，土壌動物による有機物の摂食が土壌中に含まれる有機物の量を増やし，生態系全体としての炭素の流れを遅くする方向に働き，いわゆる生態系における炭素貯留（carbon sequestration）を進めることになる．炭素貯留の重要性は，大気中への二酸化炭素の放出を削減しようとする，近年の地球温暖化対策の中でも注目されており，ミミズにもそうした役割の一端を担っているということになるだろう．〔長谷川元洋〕

【文献】

1) Lavelle (1997) Adv Ecol Res 27: 91-132
2) 新島 (1984) 森林立地 26: 25-32
3) 金子 (2007) 土壌生態学入門．東海大学出版会
4) Callaham et al. (2003) Pedobiologia 47: 466-470

17 森を枯らす

—「普通の虫」が悪者になるとき

昆虫が森を枯らす？

「森を枯らす昆虫」といわれて頭に浮かぶのは，大発生して木の葉を食いつくすガやハバチの幼虫だろうか？ あるいは，幹を木屑まみれの穴だらけにしてしまうカミキリムシやキクイムシなどの穿孔性害虫だろうか？ しかし，見た目の被害の派手さからすると案外なことに，これらの昆虫たちの加害のみで木が枯れることは，実はさほど多くない．

森林・樹木害虫の一次性，二次性

森林・樹木害虫は，大まかに一次性害虫，二次性害虫に区分される[1]．一次性害虫とは，健全な木を加害できるもの，二次性害虫は何らかの要因で衰弱した木にしか加害できないもののことである．食葉性害虫のガやハバチ，吸汁性害虫のアブラムシやカイガラムシなどは一次性であり，被害が激しい場合には木の成長減衰や衰弱をもたらすが，多くの場合それだけで木が枯れることはない．ただし，激甚な加害が繰り返されたり，食害で弱ったところに病気や二次性害虫の被害，あるいは気象による影響を受けたりした木は枯死することがある（①）．一方，木の幹に加害するカミキリムシやゾウムシ，キクイムシなどの穿孔性害虫は通常二次性であり，結果として木が枯れることはあっても，大元の原因は虫の加害を可能にした衰弱要因に求められる．密度上昇により二次性から一次性に転化するといわれるヤツバキクイムシ[2]についても，その密度上昇が風倒木などの繁殖源や誘引源の存在によってもたらされることを考えると，「虫だけで木を枯らす」とするのは難しい．

近年日本に侵入した穿孔性害虫のクビアカツヤカミキリやツヤハダゴマダラカミキリは，一次性でありながら多数の個体による継続的な加害により被害木を枯死に至らしめるとされる[3, 4]（②）．しかしながら，前者の主な加害対象は観賞用に植栽・育成されたソメイヨシノや，果樹園で栽培されるモモ，ウメなどであること，後者の被害は中国で荒廃地緑化に使われたポプラで顕在化し，今なお被害は主に街路樹，造園木でみられることから，いずれも「一定程度人為の影響の加わった木を枯らす害虫」とみなすことができるかもしれない．

森を枯らす「共犯者」

本来なら二次性の穿孔性害虫が，病原体という共犯者を伴うことで，あたかも一次性害虫のように健全木を枯らせるようになる場合がある．代表的な例が，日本各地で膨大な森林被害をもたらしてきたマツ枯れ（マツ材線虫病）とナラ枯れ（ブナ科樹木萎凋病）である．マツ枯れでは，マツノマダラカミキリ（およびその同属種）が病原体マツノザイセンチュウの媒介者となっており[5]，ナラ枯れではカシノナガキクイムシが運ぶ病原菌が木の枯死を引き起こす[6]．前述のヤツバキクイムシも，病原性のある青変菌を随伴しており[7]，

① 蔵王のオオシラビソでみられたトウヒツヅリヒメハマキによる食葉被害（中村克典）
ハマキガ幼虫の食害で衰弱した被害木の多くは，引き続いて生じたキクイムシ類の加害により枯死した．

② 侵入害虫クビアカツヤカミキリの雌雄成虫（左）とツヤハダゴマダラカミキリの雌成虫（右）（加賀谷悦子）

共犯者を伴って木を枯らす害虫の一例と考えてよいだろう．

マツ枯れとナラ枯れはともに昆虫によって媒介される樹木の伝染病であるが，媒介昆虫の加害生態や病原体による発病機構など，様々な点で違いがある．中でも，ナラ枯れが日本に在来の病害と考えられているのに対し，マツ枯れの病原体マツノザイセンチュウは1900年代初頭以降に北米大陸からもたらされた外来生物である[8]，という点には留意したい．ナラ枯れによるナラ・カシ類の枯死はどんなに異常にみえても日本の自然の仕組みの一部なのだといえるが，マツ枯れは本来日本にはなかったはずの現象であり，それを引き起こすマツノマダラカミキリ-マツノザイセンチュウのつながりは，人が関わることでできあがった異形の共生関係と認識されるべきものなのである．

③ 激しいマツ枯れ被害に見舞われた海岸クロマツ林とマツノマダラカミキリ雌成虫（白枠内）
（中村克典）

マツ枯れが変えた日本の森林の姿

先駆種としてのマツ類は人の活動により生じた伐開地や荒れ地に侵入し，旺盛に繁茂する．森林が収奪的に利用されてきた日本の里山においてアカマツは優占的な樹種となり，また，海岸には防風，防砂のため潮風に耐えるクロマツが植えられて，マツは国土の広くを覆うに至った[9]．しかし，昭和期以降にマツ枯れ被害が国内に蔓延すると，各地でアカマツ林が失われ，海岸クロマツ林はマツ枯れ防除が行われなければ維持できない状況に陥っている（③）．

マツ類は先駆種であり，時間の経過に伴いより高い遷移段階の森林へと置き換わっていくことは自然なことである．実際に，マツ枯れでマツ類が消失ないし激減した跡が，広葉樹の優占する森林に置き換わっている例も少なくない．しかし一方で，マツ枯れがもたらす不自然で急速なマツ類の消失により，低木あるいはササやシダ類が繁茂して，森林の再生がままならない場所もある．マツ枯れを単純に「遷移の推進者」とみなすような考え方は楽観的にすぎるだろう．

マツ林は，かつて人が荒らした森林の象徴でもあり，それが多すぎることは決して望ましい森林の姿とはいえない．しかし，人の活動と共存してきたマツあるいはそれを含む景観は，日本の文化や観光において大きな価値を認められたものとなっている．地域によっては，マツが木材として，あるいはマツタケ生産の拠り所として，経済的にも高い価値を持っている．海岸林のクロマツは地域の防災インフラとして重要な役割を担っている[9]．そのようなマツ林の多くが激しく蝕まれ，またマツ林の維持・再生に多大な経費や労力をつぎ込まなければならない状況は，やはり，望ましい姿にはほど遠い．

マツノマダラカミキリがマツノザイセンチュウの力を借りて容易に木を枯らせるようになったのは人間による無自覚な物流の副産物である，ということを教訓としたい．

〔中村克典〕

【文献】

1) 柴田（2006）穿孔性昆虫の樹幹利用様式―問題の提起（樹の中の虫の不思議な生活．柴田・富樫編，東海大学出版会）．7-14
2) 吉田（1994）ヤツバキクイムシ（森林昆虫―総論・各論．小林・竹谷編，養賢堂）．171-178
3) クビアカツヤカミキリコンソーシアム（2022）クビアカツヤカミキリの防除法．国立研究開発法人森林研究整備機構森林総合研究所
4) Haack（2006）Can J For Res 36：269-288
5) Akbulut and Stamps（2012）For Pathol 42：89-99
6) 伊藤・山田（1998）日林誌 80：229-232
7) 升屋・山岡（2012）日林誌 94：316-325
8) Iwahori et al.（2004）Nematology Monographs & Perspectives 2：793-803
9) 太田（2012）森林飽和―国土の変貌を考える．NHK出版

18 森林の昆虫の人とのかかわり

―恵みの虫

森林は地球生態系において，その主体である木本植物，すなわち樹木，特に高木は膨大なバイオマスを保持し，その一本一本が，梢から地際を経て根系の先端に至るまで垂直方向に他の生物の生息空間として高い環境多様性を提供し，最大の生物多様性を伴っている．さらに，地球生態系における各分類群の種多様性を概観すると，水圏・陸圏・大気圏を通じて，昆虫類（節足動物門の昆虫綱）が最大で，地球上の全生物の種数の大半を昆虫が占めている．以上により，森林の昆虫類は種多様性の点で，地球上の高次タクソン×マクロニッチの二元ユニットで最大の存在といえる（例えば，岩田[1]）．

① カイコの繭（大宮麻比古氏）

森林昆虫の大いなる種多様性は，ヒトにとってのその利用，恵みの可能性も大きくしており，利用対象としての可能性は種子植物に匹敵するかもしれない．ヒトの文明が農地と都市空間を展開する前の段階では，現在より多様な利用様式があったであろう．そして現在，それらの復活・再利用，さらには新規利用技術の開発が進む方向性がみてとれる[2]．以下，森林の昆虫と人との関わり，特にその恵みについて考察してみたい．なお，森林の木質と昆虫が直接関連する点については，岩田[3]の解説書も参照されたい．

有用材料生産

元来森林性であったクワコを家畜化してできたカイコ，野生種のヤママユガなどは，営繭に際して繊維を提供する（①②）．また，ミツバチは蜂蜜を生産し，蠟燭の原料のワックスも巣材で提供する．染料であるコチニールに関連するカイガラムシ類もこのカテゴリーに入ろう．

② カイコとその野生種のヤママユガ

上左：カイコ成虫，上右：カイコ幼虫．下左：ヤママユガ成虫オス，下中：ヤママユガ幼虫，下右：ヤママユガ繭（カイコ写真：大宮麻比古，ヤママユガ写真：三田村敏正（コクーンワールド福島））．

薬　用

植物同様，昆虫にも薬効成分を含む種が多々みられる．ロイヤルゼリーをつくるミツバチはもとより，漢方薬のカイガラムシ類などは薬草ならぬ「薬虫」として古くから世界各地で利用され，ウンカの共生微生物など新たな創薬に寄与するものもある．

食　用

タイ，メキシコ，信州など世界各地で昆虫の伝統食がみられる．昆虫は高タンパクで高栄養価であるなどの点で，21 世紀食糧問題の切り札ともされる．これには，近代文明のドローバックであるエントモフォビア（昆虫忌避）が最大の難関となっている．しかし，シロアリやカミキリムシなどの食材性昆虫は，元来ヒトが利用できない木質をヒトが利用可能なタンパク質に変換する自動変換装置とみなせる[3]．

活動の利用

近年，多様なポリネーター（花粉媒介昆虫：③）なくしては農業が，ひいてはヒトの文明が成り立たないとの指摘がなされ，その多くは森林性である．その点で，畑は森を伴わなければならない．また準森林性である食糞性コガネムシのいわゆる糞虫類は森林や牧場で哺乳類の糞を土壌に戻し，物質循環に機械的に寄与し，アフリカのサバンナなどではシロアリ類が木質分解と同時に土壌の化学的・物理的改良に寄与している．同様に食葉性コガネムシの幼虫（根切り虫）は一次産業廃棄物の堆肥への転換に活用されうる．外来性雑草の侵入初期の生物的防除に，これを食する昆虫を導入天敵として利用する例もみられる．森林はまた，農業害虫の天敵（寄生蜂，寄生蝿，病原性菌類，病原性線虫など）の探査のソースでもある．

③ 花粉媒介昆虫（Roberto Barone ph[4]）

④ モルフォチョウ

⑤ カブトムシ（酒井大輝）

昆虫工場

この用語は誤解を招きやすいが，カイコなど飼育容易な昆虫の小さな体を，その遺伝子の改変によって医薬品などの有用物質を生産する工場とみなし，これを大量飼育して利用するというシステムが近年考え出されている．

エントモミメティックスのソース

バイオミメティックス（生体模倣技術）の昆虫版．モルフォチョウ類（④）のメタリックで美麗な翅の微細表面構造を発色技術に応用したり，甲虫の鞘翅の下での後翅折り畳みパターンを布型人工衛星の折り畳み格納に応用したりと，近年盛んに研究が進められるようになってきている．

愛玩昆虫

江戸時代以降の日本の伝統．クワガタムシ類，カブトムシ（⑤），秋の鳴く虫などの飼育が愛好され，近年は外国産カブトムシ類，クワガタムシ類などがこれに加わっている．

森林の昆虫は，その果たす恵みがこのように多岐にわたり，今後その利用局面は増えることが予想されるが，その源である森林の減少・衰退はこれに水を差しているといえる．〔岩田隆太郎〕

【文献】

1) 岩田（2007）森林の種多様性を支える昆虫（改訂　森林資源科学入門．日本大学森林資源科学科編，日本林業調査会）．121-133．
2) 赤池（2006）昆虫力．小学館
3) 岩田（2015）木質昆虫学序説．九州大学出版会
4) Roberto Barone ph（2019）CC BY 4.0 DEED. https://commons.wikimedia.org/wiki/File:Ape_Impollinazione.jpg

19 日本の森と虫の多様性

―多様な役割と影響

日本列島の虫

日本は南北に長く亜寒帯から亜熱帯にかけて多様な気候条件が存在する．北方は寒冷な気候であり，南方は亜熱帯の気候であるため，それら気候に応じて豊かな自然環境を有していることから，それぞれに応じた生物多様性を有している．その中でも，昆虫をはじめとする節足動物は，日本国内には多種多様な種が生息している．その中には，日本でしかみることのできない固有種や絶滅危惧種も数多く含まれている．

日本に生息している昆虫を含めた節足動物種の多くは，地史的な影響を受けた上で現在の分布をしている．基本的には日本に分布するほかの生物同様に，大陸アジアを起源とする種が，ユーラシア大陸の東端まで分布を広げる形で日本列島にて定着あるいは分化し，ファウナが形成されたと考えられる．主たる要因としては，気候の変動にともなう海水面の下降と上昇による陸域の変化が知られている．

このような地史から，種の類似性と相違性が指摘され，国内でも境界が提唱されている．本州と北海道の間の津軽海峡に引かれた動物の分布の境界線であるブラキストン線や，トカラ列島南部の悪石島と小宝島の間に引かれた動物の分布の境界線である渡瀬線，九州の大隅半島と屋久島，種子島両島との間の大隅海峡に引かれた境界線である三宅線など例が，生物地理学における分布境界線として知られる．

① 日本の節足動物における記載種数と推定種数[1]

亜門	綱	既知種数	推定未知種数
鋏角亜門	節口綱	1	0
	クモ綱（蛛形類）	3430	7935
	ウミグモ綱	156	na
大顎亜門	甲殻綱	>5420	>1872
	ヤスデ綱	289	82
	ムカデ綱	149	146
	エダヒゲムシ綱	29	80
	コムカデ綱	3	25
	昆虫綱	30747	na

虫の多様性

日本において，これまで昆虫綱および節足動物門として記載された既知種の数はそれぞれ3万，4万を超え[1]，今後も多くの未記載種が発見されることが期待される（①）．特に，最近ではDNA解析技術が進歩し，形態的な特徴だけでなく遺伝子情報からも新しい種が発見されるようになってきており，日本にはさらに多くの未知の種が存在することが明らかになっている．国土面積を考慮しその関係から種数をみれば，世界の中でも，日本は昆虫はじめ節足動物の種の多様性がとても高い国の1つといえる．

こうした日本の種のうちの程度の差はあるものの多くが森林に依存していると思われるが，既知種であったとしても，その実数を正確に把握することは難しい．推定の域は出ないものの，2018年に発表された総説研究では，世界全体では，550万種の昆虫と700万種の節足動物が存在するとされ，比較的よく調べられている植物の種多様性との関係から計算すると，うち85%の昆虫種が熱帯と南温帯に生息していると見積もられている[2]．全球規模でみても，熱帯と南温帯における植物種の多様性が森林で豊富なことから推察して，昆虫の多様性における森林の貢献度が高いことが示されている．例えば，多くの種が植食者として草木への依存性が高いことが知られるコウチュウ目のカミキリムシ科では（②），日本のみでも750種を超える

② 森林総合研究所にて保管されているカミキリムシ類の標本の一部（滝 久智）

種が記載されているが[3]，世界各地でも，体の大きさや色，生息する場所，食する植物の種類などを多種多様に分化させて適応し，熱帯から亜寒帯まで多年生植物があるところでは分布がほぼ確認されている．

虫の役割

森林生態系の中で，昆虫を含めた節足動物は非常に重要な役割を果たしている．多種多様な生物によって構成される食物網の中で，植物，菌，細菌さらには他の動物を捕食することがある（③）．一方で，鳥や哺乳類などの捕食者が，昆虫や節足動物を捕食することで，生き物同士のつながりができ，生態系の成り立ちに貢献する．よって，食物連鎖の上位に立つ捕食者あるいは下位に立つ被食者として，複雑な森林生態系を安定させる上で大切な存在となる．

③ アヤトビムシ科の一種（藤井佐織）
トビムシは菌や細菌を食する．

④ ノイバラに訪花するコマルハナバチ（中村祥子）

昆虫を含めた節足動物は，森林におけるいくつかの際立った生態系機能も担っている．落ち葉や枯れ木などの有機物を分解することによって，生態系における有機物循環にも寄与している．枯れた草木を利用する昆虫や節足動物が内部を掘り進み，分解することで，木が腐敗し土壌中に栄養分が戻る．こうして生態系における有機物の分解と循環に貢献する．また，植物の花粉や種子の受粉や散布にも重要な役割を果たしている．昆虫などの送粉者が花から花へと飛び移りながら花粉を運ぶことで，植物の受粉が行われ種子が形成され（④），アリ類などの昆虫が種子を持ち運ぶことで，植物の種子が広がる．

人為的影響

森と人間の関係に加えて，森林に依存する昆虫をはじめとする節足動物に対しても，人間の活動が，種の生存や多様性に影響を及ぼす変化要因となることがある．これらの要因は，要素や影響のタイプによっていくつかに整理することができる．例えば，開発による生息地や生育地の改変や，人間の乱獲による種の減少や絶滅があげられる．これは人間による過剰な利用，つまりは使いすぎを意味する「オーバーユース」と呼ばれることもある．さらに，里地里山などの人間による積極的な手入れの不足によって生息地の質が変化することがあり，これは，人間による利用の低下，つまりは使われなさが進むことを意味する「アンダーユース」とも呼ばれる．加えて，外来生物や汚染物質など，人間によって持ち込まれたものによって引き起こされるものもある．さらには，人為的な起因による近年の気温上昇をはじめとする気候変動の影響もある．多くの場合では，これら要因によって，昆虫をはじめとする節足動物にとっての危機が生じることがある．一方で，これらの要因や関連事項を科学的にうまく捉え，昆虫をはじめとする節足動物との関係性を明らかにすることによって，多様性や種の保全や管理にとって，大きな好機ともなりえる[4]．〔滝　久智〕

【文献】

1) 日本分類学会連合（2003）第1回日本産生物種数調査．http://ujssb.org/biospnum/search.php
2) Stork（2018）Annual review of entomology 63：31-45
3) 大林・新里（2007）日本産カミキリムシ．東海大学出版会
4) 滝・尾崎（2020）森林と昆虫（森林科学シリーズ9）．共立出版

20 菌と虫の協働が引き起こす樹木の枯死

―日本の森林におけるキクイムシとその随伴菌

キクイムシはゾウムシ上科，キクイムシ科，ナガキクイムシ科の総称であり，体長 1 mm～2 cm ぐらいまでの小さな甲虫である．しかし小さな体でありながら，巨木を枯死させたり，林分構造を大きく変化させたりすることがある重要な森林害虫である．キクイムシは生態的に異なる 5 つのグループ，樹皮下穿孔性キクイムシ，養菌性キクイムシ，材穿孔性キクイムシ，髄穿孔性キクイムシ，種子穿孔性キクイムシに分けられるが，多くが樹皮下穿孔性，養菌性キクイムシで占められ，森林への影響も大きい．またもう 1 つの特徴として必ず菌類を随伴していることが知られている[1]．ここでは，この 2 グループのキクイムシとその随伴菌の日本の森林への影響について解説する．

② 蔵王周辺のトドマツノキクイムシによる枯死被害（升屋勇人）

樹皮下穿孔性キクイムシ

樹皮下穿孔性キクイムシは樹皮に穿孔し，樹皮を摂食するキクイムシであるが，本グループのキクイムシの中で，日本で大きな被害を引き起こしているのはヤツバキクイムシ，カラマツヤツバキクイムシ（① a）であろう．これらは針葉樹を加害し，特に台風により大量に倒木が発生した翌年に大発生し，健全な立木を枯死に至らしめる．そのメカニズムには随伴菌が重要な役割を果たしており，ヤツバキクイムシの随伴菌，エンドコニディオフォラ・ポロニカはエゾマツ，アカエゾマツに対し，カラマツヤツバキクイムシの随伴菌，エンドコニディオフォラ・フジエンシス（① b）がカラマツに対し，比較的強い病原力を有する．そのため，キクイムシの集中加害により，随伴菌が樹体内に侵入することで通水阻害が起こり，針葉樹は急速に萎凋枯死に至る[2]．ヤツバキクイムシは北海道で 1954 年に北海道を襲った洞爺丸台風以降に大発生した．

① カラマツヤツバキクイムシ (a)（山岡裕一），エンドコニディオフォラ・フジエンシス (b)（升屋勇人）

同じ樹皮下穿孔性キクイムシでもトドマツノキクイムシはモミ属を加害するキクイムシであるが，近年蔵王においてトウヒツヅリヒメハマキの大発生により葉の食害を受け，衰弱したアオモリトドマツで大発生し，大量枯損を引き起こした（②）．このキクイムシは随伴菌としてグロスマンニア・アオシマエを保持しており，樹木の衰退枯死に重要な役割を果たすと考えられている．

一方で，樹木の枯死に対して，キクイムシの加害力よりも随伴菌の病原力が重要な役割を果たすケースもある．ニレ類立枯病は世界的な重要樹木病害であり，北米，ヨーロッパのニレ類を壊滅的状態に追い込んだ重要な侵入病害である．本病害は日本では 2009 年に報告され，土着病害である可能性が示されている．本病原菌はオフィオストマ・ウルミ，ノヴォ-ウルミであり，ニレノオオキクイムシなどゾウキカワノキクイムシ属キクイムシに随伴し，キクイムシが性的に成熟するために行う後食加害の際，枝から侵入し，枝の枯死を引き起こし，最終的に樹体全体の枯死に至る．同じキクイムシによる枯死被害といっても，前出の樹皮下穿孔性キクイムシによる大量穿孔による枯死被害とは異なるメカニズムで大量枯損が発生する[2]．国内

③ キザハシキクイムシ属のキクイムシ（升屋勇人）
左からミカドキクイムシ，ダイミョウキクイムシ，ショウグンキクイムシ，タイコンキクイムシ．上段がオス，下段がメス．矢印はマイカンギアの位置を指す．

④ カシノナガキクイムシ成虫（升屋勇人）
左がメス，右がオス．矢印はマイカンギア．

での被害は限定的ではあるが，近年の気候変動により，被害顕在化が危惧される．

養菌性キクイムシ

養菌性キクイムシは先出の樹皮下穿孔性キクイムシとは異なり，ほとんどの種が材部に穿孔し，幼虫の餌は菌である．多くがマイカンギアと呼ばれる菌体を貯蔵する器官を持っているが，その位置はキクイムシの種類によって様々である．最も発達したマイカンギアの１つはキザハシキクイムシ属の前胸背板中央にある（③矢印）．その中に保持される菌はトシオネラ属菌であるが，３種が記載されている[3]．本グループによる森林被害はない．一方，別の養菌性キクイムシであるユーワラセア属キクイムシは樹木の枯死被害を引き起こすことが知られ，アボカドやマンゴーなど産業上重要な被害を引き起こしている[4]．日本でもイチジクやマンゴーでユーワラセア属キクイムシである，アイノキクイムシやナンヨウキクイムシの仲間（ユーワラセア・クロシオ）が知られる．これらのキクイムシは口腔内にマイカンギアを保有し，その中にフザリウム属菌を保持している．一般にフザリウム属菌は作物の病害として知られるが，本属キクイムシの共生菌では樹木病原菌であると同時に幼虫の餌資源としても機能している．

⑤ ハナミズキ枝の中で繁殖中のシイノコキクイムシ（升屋勇人）

日本国内でも最も有名な養菌性キクイムシはカシノナガキクイムシであろう（④）．いわゆる「ナラ枯れ」の原因であり，1980 年代後半から日本海沿岸の山間部で被害を引き起こし，現在まで被害は全国的に継続している．本キクイムシの随伴菌，通称ナラ菌が被加害木の急速な萎凋枯死を助長するが，その加害から枯死に至るまでの様式は針葉樹を集中加害する樹皮下穿孔性キクイムシと似ているかもしれない[2]．東南アジアにも分布することから，亜熱帯から熱帯が分布中心と考えられ，気温上昇が被害拡大に拍車をかけている可能性がある．

養菌性キクイムシは，その他緑化樹や園芸樹木といった身近な樹木にも被害を引き起こすことがある．ハナミズキの街路樹でシイノコキクイムシ（⑤）による枝枯れにより，街路樹が被害を受けている．本種のマイカンギアは前胸背板裏にあり，アンブロシエラ・ザイレボリという種類の菌を保持している．多犯性のため，様々な樹種を加害するが，飛翔最適温度が 28℃と，キクイムシの中では高温であり，カシノナガキクイムシと同様に，近年の気候変動による気温上昇が被害発生と拡大に影響していると思われる[5]．

キクイムシは平常時であれば，森林における樹木の分解に関与するのみの存在である．しかし，侵入害虫としてや気候変動を通じて大発生し，共生菌とともに森林に大きな影響を与える可能性がある重要な森林昆虫であり，その存在は森林保全を考える上で無視できない．

〔升屋勇人〕

【文献】

1) 升屋・山岡（2009）日林誌 91：433-445
2) 升屋・山岡（2012）日林誌 94：316-325
3) Mayer et al.（2020）Persoonia 44：41-66
4) O'Donnell et al.（2016）Phytoparasitica 44：435-442
5) Masuya（2009）Bull FFPRI 6：59-63

コラム1 伐採の影響
―伐採方法によって変化する昆虫の多様性

伐採によって減少する昆虫と保持伐

人工林の伐採は林業経営上，長い間育ててきた木を収穫する重要な作業である．一方で伐採は森林が持つ階層構造や下層植生を変化させるため，森林に生息する生物は大きな影響を受ける．特にすべての木を伐採する皆伐は，光や温度環境だけでなく，土壌やリター（落葉・落枝）相も大きく変化させるため，森林の安定的な環境に依存する森林性昆虫は一般的に皆伐によって減少する．また，伐採が繰り返し行われた森林は老齢木や枯死木が減少するため，枯死材を餌や繁殖場所とするカミキリムシなどの昆虫類の減少も懸念される．

皆伐による森林性生物の減少を緩和する方法として，伐採時に一部の樹木を伐らずに残し，伐採後も長期にわたって維持する保持伐（retention harvesting）が提唱されている（この保持伐を用いた森林管理を保持林業と呼ぶ）．ここでは，残された木が森林性生物の生息場となることや，将来老齢木や枯死木になり人工林の構造を複雑にすることが期待されている．

北海道空知（そらち）地方では，トドマツ人工林で保持林業の実証実験が実施されている．ここでは，トドマツ人工林内に生育する広葉樹を残す広葉樹単木保持と，トドマツ林をひとかたまりで残す針葉樹群状保持という2つの方法が行われている（①上・中）．当実験の成果として，伐採地に広葉樹やトドマツ林を残すことで，地表徘徊性甲虫である森林性オサムシ類の個体数を伐採後も維持できることが明らかになった[1]．一方で，森林性シデムシ類や食糞性コガネムシ類では，広葉樹単木保持は個体数の維持に効果があるが，針葉樹群状保持は効果がみられなかった（皆伐と同様に個体数が減少した）[2]．このように，同じ地表徘徊性甲虫であっても，保持伐の有効性は分類群によって異なることが明らかになっている．

① **保持林業実証実験地**（山中 聡）
（上）広葉樹単木保持，（中）針葉樹群状保持，（下）皆伐．

伐採によって増加する昆虫

伐採は森林に依存する昆虫の減少につながる一方で伐採によって個体数が増加する昆虫も存在する．高木の存在しない伐採直後の森林は，草地に類似した環境となる（①下）．このような環境は，植えられた木が成長し再度森林が発達するまでの期間に限られるものの，チョウやハチなどの明るく開放的な環境を好む昆虫の生息環境になる．実際，富士山麓で行われた研究では，絶滅危惧種を含む草地性チョウ類が皆伐地を利用することが明らかになっている[3]．

日本では全国的に自然草地ならびに草地性種が減少しており，森林伐採とそれに伴う草地環境の創出はこれらの生物種にとって有効な保全策になりうる．このように森林伐採が昆虫類に及ぼす影響とその重要性は，地域の生物相や保全対象によって大きく異なるだろう．

〔山中　聡〕

【文献】

1) Yamanaka et al. (2021) For Ecol Manage 489: 119073
2) Ueda et al. (2022) J Insect Conserv 26: 283–298
3) Ohwaki et al. (2018) For Ecol Manage 430: 337–345

第3部

森林と人

① 森の恵みの多様性

―森と人をつなぐ森林生態系サービス

森林から得られる生態系サービス

森の中の様々な植物や動物，微生物といった生物と無機的な環境は，相互に影響を及ぼし合いながら存在している．こうしたダイナミックな複合体は生態系と呼ばれる．樹木も虫も，そして私たち人間も，生態系の一員である．人間の活動が生態系に影響を与えることもあれば，生態系が私たちの暮らしや社会に影響を与えることもある．意識するかどうかにかかわらず，森の生態系は，私たちや私たちの暮らしと様々な形でつながっている．

生態系が人間へもたらす有形無形の様々な恵みを生態系サービスという．木材のような産物を提供する「供給サービス」，土砂流出のような生態系の動きをコントロールする「調整サービス」から，心の豊かさのような非物質的な恵みをもたらす「文化的サービス」，土壌形成のように長期的，間接的に他の生態系サービスの提供を支える「基盤サービス」まで多種多様な恵みがあり，これらの生態系サービスに起こる変化は，私たち人間の幸せや Well-being（身体的，精神的，社会的に満たされた状態であること）にも影響を与えている[1]．

例えば，森で樹木を伐採する光景を目にしたとき（①），ある人は伐られた木がいくらで売れるかを考え，ある人は下層の植生や土壌の変化を気にかけ，ある人は畏怖の念のようなものを感じるかもしれない．その光景のみえ方は，人によって異なる．だが，生態系は様々な構成体の相互作用によって形成されている．ある特定の１つの観点から行われた行為であっても，同様に複数の生態系サービスに影響を与える場合が少なくない．森が人々へもたらす恵みが多様であるのと同様に，森における人々の行為が及ぼす影響も，それぞれに対する人の認識や受け止め方も多様なのである．

① 森で樹木を伐採する（石崎涼子）

「森林に期待する働き」の多様さ

人々の森林に対する意識を把握するために，内閣府は，数年に一度，森林に関する世論調査を行っている．②は，2019 年に実施された世論調査の結果[2]の１例であり，今後，森林に期待する働きとして，９つの選択肢の中から３つまでを選ぶ形式の設問に対する回答結果である．

森林に期待する働きとして，最も多くの回答者があげたのは，山地災害を防止する働きである．1976 年の世論調査で同様の設問が設けられて以来，ほぼ一貫して最高順位を維持し続けている．逆に，この間，最も激しく変動したのが木材を生産する働きへの期待である．1976 年，1980 年の調査では，山地災害防止に次いで多くの期待を集めていたが，その後，減少の一途を辿り，1999 年調査では最下位になった．2000 年代以降は上昇に転じ，2019 年調査では５位となっている．植えられた木が伐採可能となるまでには数十年の月日を要するが，その間に，人々の木材生産に対する期待は，大きく揺れ動いていくのである．

日本では森林に対する期待として不動の首位を誇る山地災害の防止機能は，必ずしも世界共通の絶対王者となっているわけではない．例えば，日本と同様に山岳地帯が多いスイス連邦における世論調査の結果[3]をみると，山地災害の防止機能に対する重要性の認識は酸素供給機能と並んで高いものの，これを上回る関心を集めているのが野生動植物の生息域としての機能である．日本の世論調査では，９機能中７位となっている項目である（②）．日本は脆弱な地質と急峻な地形が多く，豪雨も多いため，世界的にも最も河川流域の浸食率が高い国の１つとされる[4]．こうした自然的な条件の差異などが人々の森林に対する見方にも影響を与えている可能性がある．

「みえにくい」声を聴く

森林への期待は，回答者の年齢や性別，居住地などによっても変わってくる．②では，色の異なる棒グラフにより年齢別にみた回答が示されている．例えば，

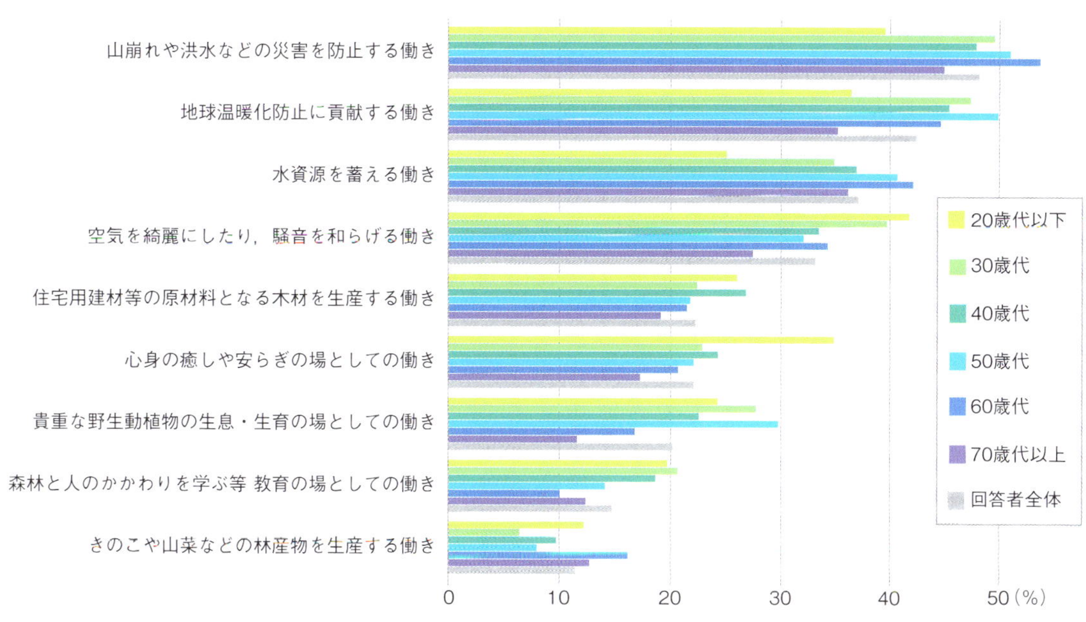

② 年代別にみた人々の「森林に期待する働き」（文献 2 より作成）

野生動植物の生息の場としての働きは，70 歳代以上では最下位だが，30 歳代や 50 歳代では木材を生産する働きや心身の癒しの場としての働きよりも多くの期待を集めている．現在の世論調査の回答者は，人口構成や回答率の影響から，その半数近くが 60 歳以上となっているため，こうした若い世代や現役世代の声は，回答者全体の結果ではみえにくくなっている．

森林に生息する野生生物に対する想いは，職業や居住地によっても異なる．野生動植物の生息の場としての働きを期待する者の割合は，農林漁業職に就く者（8%）では，それ以外の者（21%）より 13 ポイント低く，農山漁村地区居住者（14%）では，それ以外の者（22%）より 8 ポイント低い．街場のオフィスで働く者にとっては，森の野生生物が可愛い癒しの生き物にみえるかもしれないが，森林が広がる農山村に暮らす人々や自然の中で農林業を営む人々にとっては，野生生物を脅威と感じる機会も多いのかもしれない．

だが，農林漁業職に就く者は回答者全体の 3 %，農山漁村地区に居住する者は 21%と，いずれも少数派である．地域特有の問題は，かつてであれば町や村の問題として自治体内で取り上げやすかったかもしれないが，市町村合併が進展した現在では，森林の過半は都市域内にある．森林地域（③）の人々の声は，市町村といった基礎自治体の中でも，みえにくい声となっている可能性がある．

森と人のつながりは多様である．森は，人々の多様な視点が折り重なる場でもある．そうした視点の多様さに目を向け，みえにくい声にも耳を傾けることが森と社会との関係を考える上での第一歩となるだろう．

〔石崎涼子〕

【文献】

1) Alcamo et al. (2003) Ecosystems and Human Well-Being: A Report of Conceptual Framework Working Group of the Millennium Ecosystem Assessment. Island Press
2) 内閣府（2019）森林と生活に関する世論調査（令和元年 10 月調査）」. https://survey.gov-online.go.jp/r01/r01-sinrin/index.html
3) Hegetschweiler et al. (2022) Das Verhältnis der Schweizer Bevölkerung zum Wald (WaMos3, WSL berichte)
4) 多田（2021）山林 1640: 37-45

③ 山村地域に広がる森林（石崎涼子）

2 暮らしを支える森の恵み

—森から生まれる林産物

多様な林産物

私たちの暮らしは様々な森の恵みに支えられている．本項では，物質的な恵み，すなわち林産物を取り上げる．いくつかの主だった林産物は本書第3部の「森が育む文化」で個別に取り上げるので，ここでは各種ある林産物の全体像を概観したい．

林産物は木材と非木材に分けられる．このうち木材の用途には，建築や家具などの用材，薪や炭や燃料用チップなどの燃料材，紙などの原料になるパルプ・チップ材，きのこ栽培用の榾木（ほだぎ）やおが粉などがある．日本の木材自給率は，1955年には9割以上だったが，1960年代の木材輸入自由化を契機に低下していき，2000年代初頭には2割弱まで落ち込んだ[1]（①）．その後，国内のスギやヒノキの人工林の多くが成熟し主伐期を迎えたことや木材利用の技術革新などにより木材自給率は増加に転じ，2020年には4割を超えた[1]（①）．一方，非木材林産物は「特用林産物」とも呼ばれ，きのこ，山菜などの食材，竹や草や樹皮などでできた用具類など多様なものがある．林野庁の統計では，木材から生産される薪や炭，シイタケ原木なども特用林産物に含めている．

建築用材：　木材で最も利用量が多いのは製材や合板などの用材で，国内木材需要の約半分を占め（①），製材の約8割は建築用材である[1]．建築用材には，製材のほかにも，挽き板（ラミナ）を接着剤で繊維方向に重ね合わせた集成材，薄く剥いた板（ベニヤ）を繊維の直交方向に重ね合わせた合板，細かく砕いたチップやパルプ化した繊維を固めて成形した木質ボード（パーティクルボードや中密度繊維板（MDF））など多様なものがある．

2020年現在，国内の3階建て以下の新築低層住宅の約8割は木造である[1]．中高層建築物においても，厚みと強度のある直交集成材（CLT）などの木質材料の普及，耐火性能の向上や法改正などを受けて木材利用が広がっている．新規着工の公共建築物の木造率は2010年代半ばに1割を超え，このうち低層建築物に限れば2〜3割となっている[1]．また，コンクリート型枠用合板（コンパネ）などへの国産材利用も増えている．

燃料材：　高度成長期前の1950年頃まで，国内の木材利用で最も多かったのは薪や木炭などの燃料材だった．日常の炊事や暖房用だけでなく，製鉄，鉱業，窯業，養蚕業など様々な産業用にも大量の薪や炭が用いられた．軽くて燃焼効率の高い木炭は重宝され，国内には高度な生産技術が発達していた[2]．人里や産業地の周りに若齢の薪炭林（里山林）が広がっていたことは，各地に残る写真や絵図などからも窺い知ることができる．これらの薪炭利用は，昭和30年代前半（1950年代半ば以降）の燃料革命を経て石炭や石油などの化石燃料利用に置き換わったことで大きく減った．これらの薪炭林は伐採されてスギなどの植林地に転換されたり，放棄されて遷移が進み，壮齢の雑木林になったりしていった．その後，木炭の生産は一貫して減っていったが，薪の生産は2000年代後半から薪ストーブやレストランでの需要増などもあり再び増

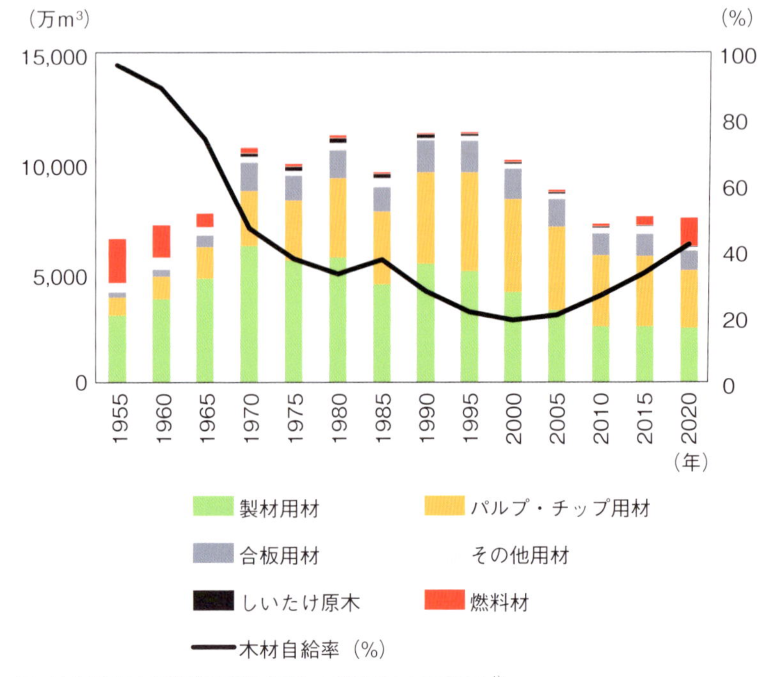

① 木材需要量と自給率の推移（資料：林野庁「木材需給表」[1]）

え始め，近年はキャンプブームでより増えつつある[1]．さらに，2012年に再生可能エネルギー固定価格買い取り制度（FIT制度）が始まり木質バイオマス発電のための燃料用チップ需要が急増し，2020年代初頭には，国産木材供給量の約1/4が燃料材となっている[1]．

② 樹皮などでつくられた生活用具類（宮古市北上山地民俗資料館の承諾の下に著者撮影）

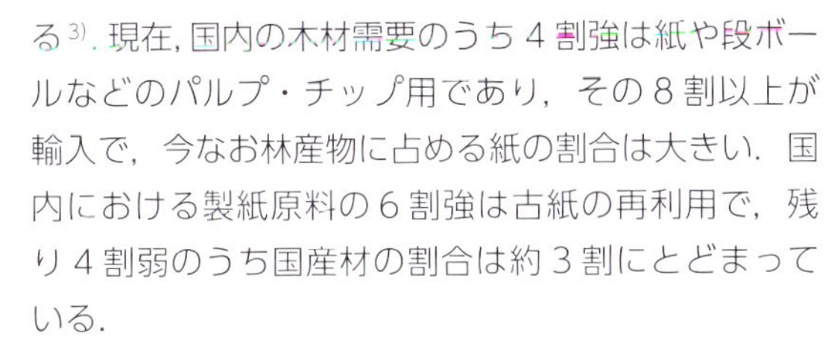

紙・パルプ：　明治半ば頃までは紙といえば和紙だったが，明治大正期を経て国内で木材パルプを用いた製紙業が盛んになった．紙の利用量は戦後から1990年頃まで増加した後，2008年の経済不況を契機に減少し，ペーパーレス化の流れも受けて減少傾向にある[3]．現在，国内の木材需要のうち4割強は紙や段ボールなどのパルプ・チップ用であり，その8割以上が輸入で，今なお林産物に占める紙の割合は大きい．国内における製紙原料の6割強は古紙の再利用で，残り4割弱のうち国産材の割合は約3割にとどまっている．

家具用材：　身の回りの家具類は，机，椅子，棚，箪笥など，元来，木製のものが多く，現在はプラスチックや金属製の家具も多いものの，木材が持つ手触りの温かみや落ち着いた質感，使用感のよさなどには根強い需要がある．木製家具の需要量は，バブル経済が崩壊した1990年代初頭をピークに減少し，2000年代末頃から横ばいで推移している[4]．家具用材には針葉樹材（ソフトウッド）よりも硬い広葉樹材（ハードウッド）が多く用いられ，その約9割が輸入材となっている．2020年現在，国産広葉樹材の9割以上は原料単価の安いチップ用であり，付加価値の高い用材としての利用拡大が求められている[1]．

生活用具：　日用品のかごや食器，履物，農機具や漁具などの多くは，現在ではプラスチックやビニールなど石油由来のものや金属製などの工業製品に置き換わっているが，かつては木材，樹皮，竹や笹，草などからつくられていた．各地の民俗資料館や博物館に行くと，日常生活から仕事用まで，いかに多くのものが草木や竹など森の恵みでつくられていたかがわかる（②）．その一部は，現在では良質な工芸品や嗜好品として見直されつつある．

食材：　山菜，きのこ，木の実，たけのこ，野生鳥獣の肉など，森林や草地を含む野山で採れる野生食材は数多い．北海道・東北から中部・北陸にかけた冷涼な落葉広葉樹林地域では，現在でも季節ごとに多くの野生食材が利用されている．また，栽培きのこの種類や生産量は戦後から2000年代にかけて増えていき，国内の特用林産物の生産額全体の約95%を占め，木材生産と同程度の経済規模になっている[1]．

薬草，抽出成分：　植物の葉，実，茎，根などには様々な薬効成分が含まれ，薬草や薬用樹種として知られるものは数多く，化学薬品にその多くが置き換わった現代でも薬草茶や薬用酒など様々に利用されている[5]．また，樹木から抽出される精油（エッセンシャルオイル）は，化粧品や香り（アロマ）成分として広く利用されている．

新素材：　木材の機能性向上や，成分を抽出して新素材を開発するための研究も進んでいる[6]．例えば，植物の細胞壁の主成分であるセルロースから取り出された微細な繊維素材はセルロースナノファイバーと呼ばれ，その強度や機能性を活かした様々な工業製品材料や紙類の増強剤などへの実用化が進んでいる[6]．

〔松浦俊也〕

【文献】

1）林野庁（2022）令和3年度森林・林業白書
2）岸本（1984）木炭の博物誌．総合科学出版
3）早舩（2021）戦後紙パルプ原料調達史．日本林業調査会
4）安藤（2016）農林金融 844：16-25
5）村上（2010）食べる薬草事典—春夏秋冬・身近な草木75種．農山漁村文化協会
6）高田・林編（2020）フォレスト・プロダクツ．共立出版

③ 暮らしを守る森
—水土保全としての森林

森林の水循環

森林に降った雨の多くは，樹冠の葉や枝に付着する．その一部はこの段階で大気に戻り（樹冠遮断），また一部は幹を伝って林床に到達し（樹幹流），残る一部は直接地面に到達する雨水とともに林内の降雨となる（樹冠通過雨）（①）．林床植生がある場合は，林床植生でも遮断される場合がある．

土壌表面に到達した雨水は，土壌の浸透能や水分状態に応じて土壌中へ浸透する水と土壌表面を流れる水（表面流）に分かれる．一般的に，林床植生や落ち葉がある場合は，降雨量より浸透能が高く，水の浸透が促される．しかし，土壌表面が裸地化している斜面では，雨滴による土壌表面の物理性の変化などにより，浸透が阻害され，表面流が発生する場合がある．

土壌中の水は，土壌の粒子の大きさや隙間（孔隙）などの土壌構造により，土壌中を移動する．孔隙は，植物の根系の枯死，ミミズやモグラなどの土壌中の動物の活動により形成されたものなどもある．大小様々な土壌中の孔隙に供給された水は，降雨初期では小孔隙にたまり，土壌中に十分な水が貯えられた場合，大孔隙にも水が流れ出し，土壌層からの水の排出が起こる．土壌層が存在することで，土壌中を水がゆっくりと流れ，岩盤への浸透が促され，山体への地下水供給や貯留としての役割を果たす[2]．

森林の水源かん養機能と森林状態

森林 ⇒ 林床 ⇒ 土壌 ⇒ 岩盤を水が通過することで，森林の水源かん養機能が発揮される．水源かん養機能は，降雨の早い流出を抑制する「洪水緩和機能」や降雨をゆっくりと流す「渇水緩和機能」により水流出を平準化する．平準化により，降雨が土壌や岩盤を通過し，水質が浄化される（「水質浄化機能」）．

水源かん養機能の発揮は，林床植生状態などの森林状態によって異なる．例えば，間伐などの森林管理が滞り，林冠が閉塞した人工林では，林内が暗くなり，林床植生が衰退する．このような斜面では，雨滴の影響により浸透能が低下し，表面流が発生する[3]．また，シカなどの野生動物個体数増加による林床植生衰退なども発生している[4]．このように，森林の水源かん養機能は，樹木のみならず，林床植生，土壌，岩盤の一体的な機能として発揮されており，間伐などの森林管理も含めた山地保全が重要となる[3]．

樹木の根系と斜面安定性

山地の斜面では，土層を斜面下部へ動かす力「せん断力」と，土層を斜面にとどまらせる「せん断抵抗力」が働いている．通常の斜面では，せん断抵抗力 > せん断力となり，斜面が安定した状態にある．しかし，

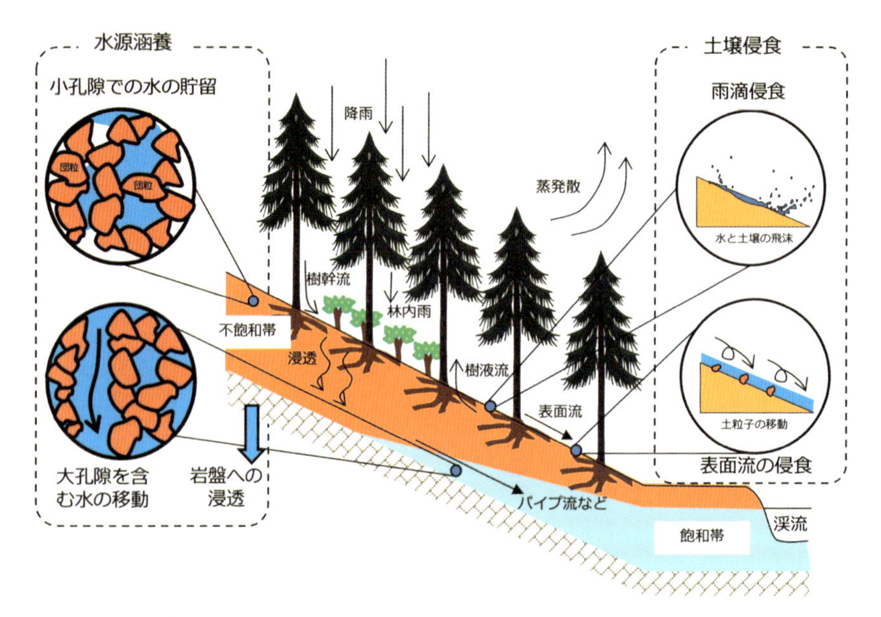

① 森林の水循環[1]

② 樹木根系の斜面安定効果

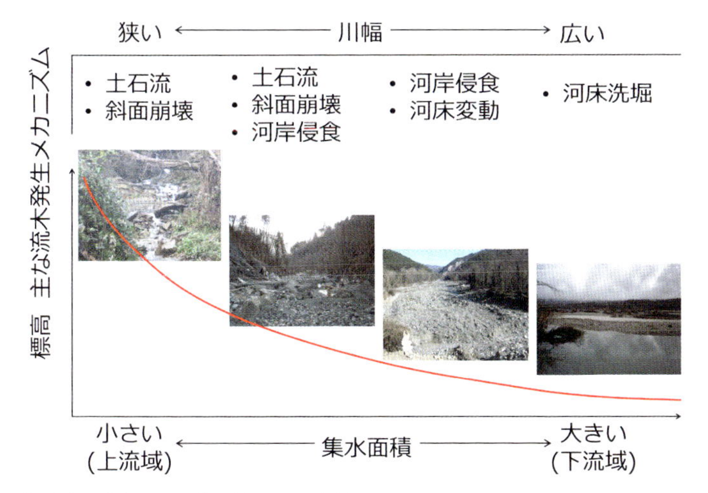

③ 流木の発生メカニズム（文献 7 を改変）

降雨により土壌中に水が蓄えられることで，せん断抵抗力が低下し，斜面崩壊が発生しやすくなる．

森林に覆われた山地斜面では，樹木の根が斜面安定に寄与している．根系には，土壌の深くまで入り込む鉛直根と，水平方向に延びる水平根があり（②），鉛直根は杭効果，水平根は斜面土壌全体へのネット効果により，せん断抵抗力を増加させる[5]．根はその直径が太くなるほど抵抗力が大きくなり，根系成長は樹冠の発達と関連している．樹冠の占有面積が広いほど根系発達も促されることから，根系発達の程度は森林の林齢と立木密度に左右される．ただし，深層崩壊のように，規模が大きく岩盤や深い土壌層で生じる崩壊には，樹木根系の斜面安定効果は発揮されない．

表層崩壊の発生状況や伐採根株の引き抜き抵抗力から，皆伐後に植栽された森林における斜面安定効果の時間変化が明らかにされている．皆伐跡地では，伐採された樹木の根系はそのまま土壌中にとどまり，徐々に腐朽する．そのため，伐採直後から 5～10 年程度で根系の強度は減少する．一方，皆伐後の植栽樹木の成長に伴い，植栽後 20～30 年程度で根系の土壌補強効果も増加する．このように，元の樹木根系の腐朽と，植栽樹木根の成長とのバランスから，皆伐後 10～20 年程度で崩壊の発生しやすくなる時期が生じる[5]．

倒流木の発生と森林

森林から供給される倒木や流木は，河川生態系で重要な役割を果たす[6]．侵食や崩壊により供給された倒流木は，河川内で複雑な流れと地形変化をもたらし，生き物に多様な生息場所を提供する．倒流木そのものが，魚類などの生物種にとって重要な隠れ家となる．また，河川内で完全に水没した倒木は腐りにくく，長期にわたり河川環境に影響を及ぼす．河畔林の管理は倒流木を介して河川生態系に影響をすることから，欧米では河畔林管理が重視されている．

一方，流木には負の側面もある．特に小規模な河川や橋梁では流木による閉塞が生じやすく，土砂や洪水の氾濫被害を深刻化させることがある．一般的に，上流域の森林は土石流や斜面崩壊に伴って流木化し，下流域では河岸や河床の侵食（河川作用）による流木発生が卓越する（③）．上流域では土砂移動の規模が大きくなると発生する流木量も多くなり[8]，下流域の流木量は水理条件による河岸侵食，流木運搬と堆積が強く作用する．森林管理は，河川内に供給される流木の質（直径や長さ）や量（材積）の変化を通じて，潜在的な流木災害リスクに影響する．このため，流域的視点での樹木の質的・量的な管理を通じて河川生態系の保全と流木災害対策を両立することが望ましい．

グリーンインフラとしての森林

森林の水土保全機能は，生態系を活用した防災・減災，すなわちグリーンインフラとしても位置付けられている[9]．森林の過剰な利用による荒廃（はげ山）や近年の人工林放棄は洪水や土砂災害の深刻化をもたらすグリーンインフラの質的低下である．災害時の森林の防災機能と平常時の生態系保全を一体とし，暮らしを守る森林としての利用と管理が重要である．

〔五味高志・小柳賢太〕

【文献】

1) 五味（2016）森林科学 77：10-13
2) 谷（2016）水と土と森の科学．京都大学出版会
3) 恩田・五味（2022）水資源対策としての森林管理—大規模モニタリングデータからの提言．東京大学出版会
4) Gomi et al.（2022）Impact of Sika Deer on Soil Properties and Erosion. In Sika Deer: Life History Plasticity and Management. Kaji et al.（eds）, Ecological Research Monographs. Springer, 399-413
5) 阿部（2018）表層崩壊（森林と災害．中村・菊沢編，共立出版）78-106
6) 芳賀（2021）森林渓流の流木（森林学の百科事典．日本森林学会編，丸善出版）．498-501
7) Comiti et al.（2016）Geomorphology 269：23-39
8) Koyanagi et al.（2023）Earth Surface Processes and Landforms 48：104-118
9) 中村（2019）森と川の変貌—その歴史といまを考える（人と自然の環境学．公益財団法人日本生命財団編，東京大学出版会）．87-106

4 暮らしを豊かにする森の恵み

―森を訪れ,森を体感する

訪問や体感を通じて暮らしを豊かにする森

森林から生み出される木材などの物質や，土や水を含めた自然環境を育み支える森林の働きは，私たちの日々の生活に欠かせない．しかし，森林は，そこを訪れて楽しみ，リフレッシュし，開放感や新たな発見を得ることなどを通じて，私たちの人生を豊かにする場でもある．こうした森林の役割は，「保健・レクリエーション機能」や「文化機能」，或いは森林を含めた生態系の提供する「文化的サービス」などと呼ばれてきた[1]．一方，訪問や体感による森林利用は，観光，森林・野外レクリエーション，森林体験，野外（アウトドア）活動といった言葉で総称されることもある．また，余暇活動としてのレジャー，身体を動かすスポーツの一環として捉えられることもある[2]．大会・ツアーや祭典など，一度に大人数が森林を訪問・体感する利用はイベントとも呼ばれる．個別の利用や，そのための森林内の対象施設を指して，アクティビティやアトラクションの語が用いられることもある．

訪問や体感による森林利用の歴史

日本では，古くから人々の暮らしと密接に結びつく形で，森林の訪問や体感が行われてきた．古来，修験道に代表される山岳信仰や，巨樹を神木として，あるいは鎮守の森や鬱蒼とした森林を聖地として参拝し，大切に保全する関わりは，日本各地においてみられてきた．これらの信仰習俗としての森林の訪問は，江戸時代には霊山への集団参詣のように，非日常の体感・体験を前提とした観光の原型の１つともなっていた[3]．

明治期に入ると，こうした信仰習俗は，近代化による社会変革を受けて衰えていったが，同じく物見遊山などとして以前から普及しつつあった楽しみや日常からの開放感を得るための森林の訪問や体感は，欧米のアルピニズムや自然公園設立などの動きを取り入れて広く社会に普及していった．そして，第二次世界大戦を経た 20 世紀後半においては，経済成長に伴う所得の向上が，主に都市に移り住んだ人々の余暇の増大や自然志向を促した．その結果，外部から楽しむために森林や農山村を訪れ，また，林業を含めた森林をめぐる営みの歴史や林産物の生産過程を体感する利用が，大きくクローズアップされるようになった．加えて，グローバル化に伴うヒト・モノ・情報・技術の交流の加速は，世界各地で生み出された多様な形態の森林の訪問・体感利用を，日本へと新たに普及させていくことになった．この発展に伴って，宿泊，ツアー企画，交通をはじめとした関連産業の成長が促されるとともに，訪問や体感の場＝フィールドとしての森林の整備・管理や，各種の対象施設やイベントなどの運営を担う様々な事業者が登場し，訪問者・利用者と森林を媒介する役割を果たすようになってきた．また，近年では，これらの事業者に加えて，都市からの訪問者が，新たなライフスタイルを求めてフィールドとなる農山村に移り住み，地域社会の維持再生や森林管理の積極的な担い手となる動きもみられる[4]．

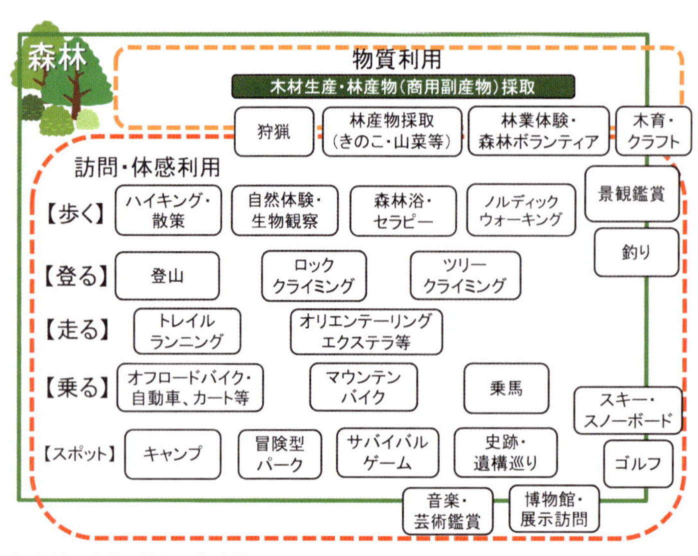

① 各種の森林の訪問・体感利用

森林の訪問・体感利用の諸形態

今日の日本では，森林の訪問や体感が極めて多様な形態で行われている（①）．従来，地域の生業であった狩猟やきのこ・山菜などの林産物採取は，近年，趣味としても楽しまれている．林業における森林整備や木材生産は，外部からのボランティアや木育・クラフトなどの体験・体感イベントの対象ともなってきた．森林の織りなす景観の鑑賞や渓流での釣りは，周囲から森林を体感する機会として親しまれてき

② フォレストアドベンチャー（平野悠一郎）

た．

森林内の道を「歩く」利用としては，ハイキング・散策や自然体験・生物観察に加え，健康の維持回復を目的とした森林浴が，その効果に医学的根拠を付与した森林セラピー®の普及などを伴って発展した（本書コラム2参照）．また，2000年代以降は，山道を活用したフットパスやロングトレイルが各地に設置され利用されてきた．さらに，ポールを用いてフィットネス運動の要素を高めたノルディックウォーキングも人気となっている．

「登る」利用としては，かつては登山が代表的であったが，近年では，岩盤の登攀を主目的とするロッククライミングや，安全器具を着用して高木に登ることを楽しむツリークライミング®事業なども注目されてきた．

森林内を「走る」利用には，登山競走，山岳マラソン，オリエンテーリング，トライアスロンとその野外版であるエクステラなどが存在してきた．2000年代以降は，大規模な大会開催やメディアの報道を伴って注目されたトレイルランニングが，これらの山道を走る利用の総称として定着しつつある．

「乗る」利用としては，乗馬に加えて，バイクや自動車などのモーター付乗り物で未舗装の山道を走る活動などがある．1980〜1990年代には，頑丈なフレーム，強いブレーキ，幅広いギア比などを装備した自転車としてのマウンテンバイクが日本にも大々的に導入され，以後，起伏に富んだ森林内の山道や傾斜地の走行・走破を楽しむ活動として広まった．

森林内の特定の敷地・施設などのスポットを利用する活動としては，スキー・スノーボードやゴルフが普及しており，その用地とするために時に森林内で比較的大規模な開発も行われてきた．近年では，より小規模の森林スポットを利用するフォレストアドベンチャー®事業などの冒険型パークが発展を遂げている．フォレストアドベンチャーは，森林内の立木に支点と足場を設け，安全器具を装着した訪問者がそれらを結ぶワイヤーロープ，板，梯子などを渡ってスリルや展望を楽しむものである（②）．サバイバルゲームは，森林を中心にフィールドを設定し，チームなどに分かれてエアソフトガンを用いての銃撃戦を楽しむ利用である．また，森林には文化財，文化的景観，遺産などの歴史的な森林利用の足跡もある．それらの史跡や遺構が認定を受け，博物館の展示などとして保存され，外部からの訪問者を引き寄せることもある．森林でのキャンプは，戦前から組織的な野外・社会教育の一環として日本に導入されていたが，20世紀後半にかけて，オートキャンプの普及などに伴いレジャーとしても大々的に発展した．2020年初頭からの新型コロナウイルス感染症（COVID-19）拡大に際しては，室内・屋内での「三密」（密集，密接，密閉）を避ける観点から，森林や野外への訪問に関心が高まった．これらを反映して，個人や少人数での利用など，キャンプの形態は多様化しつつある．また，森林での音楽祭や芸術祭など，野外での多様なイベント開催にも注目が集まってきた[4,5]．

森林の訪問・体感利用をめぐる課題

こうした森林の訪問・体感利用が多様に発展するにつれ，それぞれの利用者同士や，森林の地権者，山道の管理者などとの軋轢・対立も加速してきた[4,6]．この解決に向けては，それぞれの立場や価値を理解し，森林の利用者として共存していくための協働や制度設計が求められている．〔平野悠一郎〕

【文献】

1）平野（2019）林業経済研究 65：27-38
2）日本森林学会編（2021）森林学の百科事典．丸善出版
3）柴崎・八巻編（2022）林業遺産—保全と活用に向けて．東京大学出版会
4）平野（2023）林業経済 76：1-22
5）平野（2020）山林 1635：2-11
6）Manning（2011）Studies in Outdoor Recreation：Search and Research for Satisfaction 3rd ed. Oregon State University Press

5 森から学ぶ

—森を知り森と関わる力を養う森林教育

森林から様々なことを学ぶ

森林に出かけると，美しい緑に囲まれながら，都会の喧騒から離れた気分を味わうことができる．近年，キャンプやたき火がブームになり，森林でのサバイバルを楽しむ人や季節の山菜の恵みを楽しみに訪れる人も多い．森林と関わることで，自然の豊かな環境や様々な動植物の生態，さらに地域の文化や暮らしなど，多くのことを学べる．

学校教育においては，森林と関連する学習内容が多くの教科に含まれている．例えば，理科で学ぶ「自然」には，植物や動物などの生物，空気や土，水などの自然環境，気象があり，社会科の「国土」には，自然災害，森林の育成や保護が含まれる．中学校の技術・家庭科では，「加工」で木工が行われ，「生物育成」で農業の栽培や林木の育成を学ぶ．造形的な活動を行う図画工作科や美術科，主体的に探究的な活動を行う「総合的な学習の時間」，「特別活動」（遠足，林間学校，修学旅行など）にも関わりが深い（①）．幼児教育を加えれば，自然の中で行われる「森のようちえん」の活動もある．

学校以外で行われる社会教育にも森林が関わっている．宿泊生活を行う青少年自然の家では，自然体験活動が行われており，博物館では，地域の自然や自然と関わる歴史や文化の紹介がある．地域の特徴を活かした活動を行う公民館でも，時に森林に関わる活動が行われている．ほかにも，自然体験活動を行う自然学校が全国にある．

① 森林で森林を学ぶ（鳥取県日野郡日南町）（井上真理子）

森林教育には，森林や木材を含む多様な内容を含み，環境教育や野外教育と関わりが深い．

環境教育と森林

森林から学ぶ教育活動が注目され始めたのは 1970～1980 年代からで，日常生活では，薪や炭を使うことが少なくなり，森林との関わりが減り始めた時期にあたる．国内外で環境問題が注目され始め，環境教育に関心が高まった時期でもある．環境教育は，1972 年の国連人間環境会議で取り上げられ，世界的に広がった．日本では，公害問題をきっかけにした公害教育と，自然を守る活動から展開した自然保護教育が環境教育へと展開した[1]．環境教育は，社会的な環境問題を背景に展開してきている．

環境教育の基本的なねらいは，1977 年にトビリシ宣言（1977 年）で，気づき，知識，態度，技能，参加の 5 項目に整理された[2]．環境教育は，環境の中で（in），環境について（about），環境のために（for）行われ，子どもの発達段階に応じて，感性から知識，参加や行動へ段階的に展開される[2]．さらに，1992 年の国連環境開発会議（地球サミット）を契機に，持続可能な開発のための教育（ESD:education for sustainable development）へと発展した．ESD は，自然環境に加え，人口問題，健康や食料，人権など道徳・倫理的規範や文化的な多様性も含んでおり，持続可能な開発目標（SDGs）につながる．

日本では，1990 年に日本環境教育学会が発足した．2003 年には「環境の保全のための意欲の増進および環境教育の推進に関する法律」が制定され，改正法「環境教育等による環境保全の取組の促進に関する法律」（2011 年公布）で，学校教育での充実，連携の推進，自然体験活動の機会や場の提供を図ることが示された．

森林は自然環境の一部であり，森林に関わる教育活動では環境教育の視点が重要となる．環境教育の視点から，森林教育について「森林に親しむことで様々なことに気づき，森林を通して自然への理解を促しながら，最終的には現在の森林及び森林と関わる人間が置かれている状況を改善してゆくために，あらゆる分野で行動できる人材を育成することを目標とする教育的営み」[1] とした整理もある．森林教育は環境教育に大きく関わっている．

森林のフィールドで学ぶ—野外教育

環境教育に対して，自然体験活動を基盤とした教育活動として野外教育がある．米国の生物学者レイチェル・カーソンは，自然を感じとる感性の育み（センス・オブ・ワンダー）を提唱したが，近年では子どもの自然体験の減少が課題となっている[2]．野外教育は自然体験を教育活動として行うもので，『環境教育指導資料（幼稚園・小学校編）』(2014) では「環境教育においては，体験活動が学習活動の根幹となっているといっても過言ではない」とされ，体験が重視されている．

野外教育は，教育目標を持って組織的・計画的に自然体験活動を行うため，身体的な活動である体育学を基盤としている．野外教育には，困難な状況に挑む冒険教育と，環境教育とを含み[3]，活動の内容には，キャンプ，野外炊事，登山やハイキングや，自然を感じる活動と，地域の歴史や文化にふれる活動，クラフトなど創作・芸術活動などががあり[3]，森林での活動もよく行われる．

野外教育活動の成果には，(1) 感性や知的好奇心を育む，(2) 自然の理解を深める，(3) 創造性や向上心，物を大切にする心を育てる，(4) 生きぬくための力を育てる，(5) 自主性や協調性，社会性を育てる，(6) 直接体験から学ぶ，(7) 活動の楽しみ方を学ぶ，(8) 心身のリフレッシュや健康・体力増進に寄与することなどがあげられている[3]．日本野外教育学会（1997年発足）では，体験活動の実施方法，安全管理，評価方法などの研究が行われている[4]．

② 森林教育が包含する内容[5]

森林について学ぶ—森林教育

森林については，森林管理の専門的技術者を養成する専門教育が明治時代から行われてきた[4]．現在では，大学や高等学校の森林科学科，都道府県などの林業大学校で専門教育が行われている．森林経営や造林，林政，森林土木，砂防に加え，森林レクリエーション，野生動物，環境史など，教育内容は幅広い．

学校林活動や緑の少年団（1960 年〜），森林インストラクター制度（1991 年〜）などでも実践的な森林教育が展開されてきた．2000 年前後からは中央森林審議会による森林環境教育の提唱（1999 年答申），「森林・林業基本法」(2001 年改正) における森林の教育的利用の含有，国有林における「遊々の森」制度の開始（2002 年），「森林・林業基本計画」(2006 年) における木育への注目など，森林関連教育への関心が広がった[4]．2018 年には日本森林学会で新たな研究部門として教育が設けられ，理論的，実践的な研究が進展している．

森林教育の内容には，森林資源，自然環境，ふれあい，地域文化という 4 つの要素を含む (②)．幅広い内容を含む森林教育について，「森林での直接的な体験を通じて，循環型資源を育む地域の自然環境である森林について知り，森林と関わる技能や態度，感性，社会性，課題解決力などを養い，これからの社会の形成者として，持続的な社会の文化を担う人材育成を目指した教育」と整理し，森林教育を通じて学ぶことができる内容を，森林の五原則（多様性，生命性，生産性，関係性，有限性）と森林との関わりの五原則（現実的，地域的，文化的，科学的，持続的）にまとめた[5]．

森林教育のこれから

生活の中で森林との関わりが薄れる今日，森林との関わりの次世代への継承が重要となっている．森林教育は，SDGs の実現に向けて推進が期待される．学校の教員も森林での体験が少なくなっており，森林から恵みを持続的に受けるには，森林で安全な活動を指導できる教育者の養成が重要といえる．〔井上真理子〕

【文献】

1) 比屋根 (2001) 森林科学 31：30-37
2) 日本環境教育学会編 (2012) 環境教育．教育出版
3) 日本野外教育学会編 (2018) 野外教育学研究法．杏林書院
4) 井上・杉浦 (2024) 自然とともに生きる森林教育学．海青社
5) 大石・井上 (2015) 森林教育．海青社

6 人々による林野の利用の歴史

―肥料や燃料の採取地から人工林へ

日本には，スギやヒノキ，カラマツの人工林が多い．この人工林は，主に建築用材の供給のために利用されており，現在，日本の林野のおよそ 4 割を占めている．だが，時計の針を 1 世紀ほど戻すと，それらの林野は，田畑に入れる肥料を供給する草山・柴山や，煮炊きや暖をとるための燃料を供給する薪炭林であった場合が少なくない．ここでは，人々が林野をどのように利用してきたのか，今日までの軌跡を紹介したい．

草山・柴山の利用

かつて草山や柴山から村人が採取していたものは小柴下草と呼ばれていた．これらには萱，刈敷，薪，落葉などが含まれる．

萱は，ススキやチガヤ，オギといったイネ科の植物の総称で，茅とも書く[1]．萱は，耕耘などの農作業に用いる牛馬の秣や，屋根葺きの材料（①）として用いられた．秣を食べた牛馬の糞尿は堆肥となった．萱を採取する場所は萱場（②）と呼ばれた．

刈敷は，苗代や田の緑肥となるもので，春先に萌芽する広葉樹の雑木などの枝葉を苗代や田に踏み込んで用いた．薪は，煮炊きのための燃料として用いられ，燃えた後の灰には肥料をはじめ，灰汁抜き，染色時に染料を定着させる媒染などの用途があった．落葉や下草も田畑の堆肥となった．生活に必要な小柴下草の採取地であるこのような「山」は，村人が共同管理する入会地であることが多かった．限りある「山」の資源

② 富士山北麓に残っている萱場（2009 年）（竹本太郎）
入会により管理されている．

をなるべく多くの村人で分かち合うために，入会という制度によって，採取の期間，器具，メンバー，量などを設定する必要が生じていた（第 3 部 16 参照）．

草山から薪炭林へ

金肥の普及，火入れの禁止，木炭の需要増加により草山・柴山は急速に減少する．金肥とは，緑肥などの自給肥料に対する購入肥料を意味する．魚粕，大豆粕など近世からすでに使用されていたものに加え，日露戦争後に満州大豆の大豆粕が，第一次世界大戦前後に硫安（硫酸アンモニウム）などの化学肥料が安価に大量供給されるようになった．その過程で「山」から採取される自給肥料の消費は減少していった．

① 栃木県茂木町に残されていた萱葺屋根の民家（2010 年）（竹本太郎）

火入れの減少も「山」の利用を変化させた．火入れの規制は，明治初頭から行われていたが，1911 年の森林法改正によって，森林，原野，山岳，荒蕪地では，大臣の認可を受けた指定地内で許可を受けた場合しか火入れができなくなり，草山の維持が難しくなった．

都市の発達に伴って，木炭の需要が急速に高まり，草山は薪炭林に転換されていった．消費量をエネルギー換算すると，薪と木炭の比率は，明治初期には 10:1 だったが，昭和初期には 3:1 になった[2]．薪よりは

るかに軽い木炭は運搬に適していることに加え，鉄道などの交通運輸手段の充実も背景にあった．

また戦後になると，耕耘用の牛馬はトラクターに，屋根の材料はトタンや瓦に代替されていった．

薪と木炭

都市化による急速な木炭需要により，山間部では木炭生産を生業とする人が増えた．山中に炭焼き小屋と炭焼き窯をつくって木炭を生産した人たちは焼き子と呼ばれた．彼らが使った炭焼き窯の跡は，現在も各地の山中に残されている（③）．

木炭には黒炭と白炭があり，軟らかく火付きがよい黒炭は，現在，バーベキューなどに用いられている．クヌギやナラ，カシなどを400〜700℃程度で燃焼させ，徐々に冷却させてつくられる．紀州の備長炭に代表される白炭は，現在も鰻屋や焼鳥屋で用いられている．ウバメガシなどを1300℃程度まで燃焼させてから灰をかけ一気に冷却したもので，火持ちがよい．

一方で，戦後しばらくは，全国的には暖房設備が依然として未発達で，囲炉裏を中心にした生活が続いていた．日本の住宅では，囲炉裏から出る煤で萱の屋根を保護していたために排煙対策が欧米に比べて遅れた[3]．囲炉裏は採暖と調理の2つの機能を備えていたが，1960年代半ばになって農山村にプロパンガスが普及すると，調理機能が不要となった囲炉裏がつぶされはじめ，採暖のために全国的に薄鋼板薪ストーブ（④）が普及した．しかし，1970年代前半には灯油ストーブが登場し，薪ストーブは姿を消していった．ただ，山村では現在も林野から薪を採取し，暖をとる人は少なくない（⑤）．

針葉樹人工林への転換

戦時中と戦後直後の乱伐によって荒廃した伐採跡地への再造林，すなわち復興造林が一段落すると，1950年代後半以降，急増する木材需要に応えるべく，「人工林1000万ha」を目指して拡大造林が開始された．拡大造林とは人工造林地の拡大を意味しており，原野に造林をするか，薪炭林のような天然生林もしくは奥地の天然林を人工林に転換することを指す．農山村の薪炭林の多くはこの拡大造林政策によってスギ，ヒノキ，カラマツなどの針葉樹へと林種転換されていった．同時に，石炭に加え，石油のエネルギー利用が急増し，1960年代に薪炭は急激に需要が落ち，1970年にはピークの1割にも満たなくなった．

建築用材以外にも，鉄道の枕木（まくらぎ）や鉱山の坑木（こうぼく），製鉄・鉱業用の燃料，造船，紙パルプ原料，樟脳といった様々な資源利用が林野では行われてきた．〔竹本太郎〕

【文献】

1）柳沢ほか（2018）萱．農山漁村文化協会
2）古島（1996）台所用具の近代史．有斐閣
3）新穂（1986）ストーブ博物館．北海道大学出版会

③ 新潟県上越市名立区不動山に残っていた炭焼き窯の跡（2019年）（竹本太郎）

④ 岩手県西和賀町の民家で用いられていた薄鋼板薪ストーブ（2009年）（竹本太郎）

⑤ 岩手県西和賀町の国有林野の薪炭共用林野から薪を搬出する様子（2009年）（竹本太郎）

7 木造建築

—建物からみえる人々と木材の関係史

日本は森林資源が豊富で，木材を加工して利用できる樹種も多様にある．日本の建築物は，その歴史を通してほとんどが木材で造られており，日本の建築物の歴史は木造建築物の歴史ともいえる．

庶民の住まいに使われた様々な木材

伝統的な庶民の住まいでは，地域にある様々な樹種の木材から住まいに適した材を選び，各地の気候風土や地域の主な生業に対応した住まいの形を造り上げてきた．庶民の住まいは，北方系の竪穴式住居や南方系の高床式住居などの形式が複合して発展し，後に武家などの上層階級の形式を取り入れつつ洗練されていったものである．

建築物に使用された木材の樹種を振り返ると，縄文時代初期の竪穴式住居では，構造材としてカシワ，コナラ，ナラガシワ，ミズナラなどの周辺に生えていた雑木が使用されていた（福岡市大原D遺跡など）．この時代には磨製石器で削るようにして加工することができるクリ，シイなどの広葉樹の堅木の使用も多くみられる．弥生時代になり鋭利な鉄器が使用され始めると，軟らかいスギなども加工しやすくなった．スギなどの針葉樹は，木理が素直でねじれが少なく，加工しやすいため，使用が広がっていった．近世においては，商品として販売可能なヒノキやスギなどは，藩により使用を制限されることがあった．そのため，庶民の住まいでは，スギなどの使用が減少し，代わりに雑木やマツが多用されるようになった．

長崎県対馬市の伝統的建築物を例に，使用されている木材の樹種をみてみよう．主屋にはマツ，馬屋と板倉にはシイ，マツが使用されることが多い（①）．湿気により傷みやすい馬屋の柱や，強固な構造が求められる板倉（②）においては，対馬藩が利用を規制したスギ以外の樹種として，固い広葉樹であるシイを多用している．このように，伝統的な民家では，木の性質を心得ることで，建物の利用目的に応じて木材の樹種を使い分けてきた．

寺院建築などの大きな建築物の木材利用

同じ木造建築物であっても，寺院や貴族の住まいなどの大きな建築物になると，使用される木材の樹種や建物の構成が大きく変わる．寺院建築やその影響を強く受けた上層階級の住まいでは，ヒノキなどの建築に適した材を多用

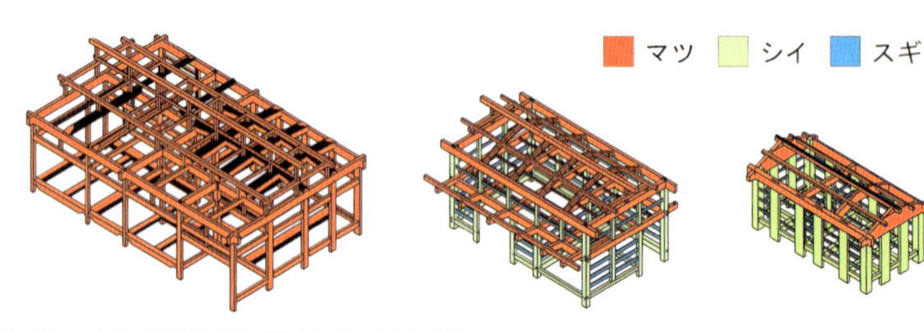

① 対馬の伝統的建築物における使用木材樹種
主屋と馬屋と板倉で，それぞれ使用される樹種が異なる．

② 広葉樹（シイ）が多用される対馬の板倉（小林久高）
長崎県対馬市の「コヤ」と呼ばれる板倉．石屋根を支える強固な構造で，柱材にはシイが使用されている．

③ 東大寺大仏殿の集成柱（小林久高）
大仏殿の巨大な柱をみると縦に切れ目がみえる．板を寄せ合わせて金輪で縛っている状況が確認できる．

しており，雑木が使用されることは少ない．

現存する最古の木造建築物は奈良の法隆寺（607年）であり，大陸から伝わってきた建築形式をそのまま再現している．寺院建築においては巨大な丸柱の使用が好まれていたが，時代が下ると巨木の確保が難しくなり，東大寺の再建時（1709年頃）には，芯となる柱の周りを別の木材の板で囲んで太い柱にするといった工夫まで行われるようになった（③）．

こうした寺院建築の形式が当時の上層階級の住まいに応用され，最も高級だとされるヒノキの大きな丸柱が用いられた寝殿造り（平安時代）となった．木材資源が減少すると，住まいにおいては，大きな丸太材を複数の角柱に分割して使用するようになるが，これは縦引き鋸などの大工道具の発展により可能となった手法である．この角柱を使用することで書院造（室町時代）という形式が誕生した．さらに木材資源が少なくなると，小径木の表面を一部平らに削って整えた面皮柱を使用した数寄屋造り（戦国時代）へと変遷し，木材以外の建築材料として土や草も多用されるようになっていった．

現代住宅の木材利用

地域の資源と生業に対応した伝統的な庶民の住まいと，新たな建築技術を取り入れ発展した上層階級の住まいの発展という流れは，第二次世界大戦を境に一変する．戦後，極度の住宅不足と木材不足のため，可能な限り木材を節約して，簡単に短期間で建設できる建物が求められた．その結果として3.5寸（105 mm）角程度の細いスギを柱とし，金物を多用して構造材を固定する「在来工法」が誕生し，広く普及した．1970年代以降には，規格化された木材を用いて建てるツーバイフォー工法などが海外から導入され外国産材を使用した木造住宅が増えた．また，木材を使用しない工業化住宅（プレハブ住宅）も開発された．

近年では戦後に植林されたスギなどの森林資源が成長して活用時期を迎えており，国の政策としても木材の利用の促進が求められている．戸建て住宅における木造率は91%（2021年，森林・林業白書）と高いものの，住宅業界においては木材の更なる利用拡大に向けた動きは活発ではない．住宅において木材を積極的に使用する試みの1つとして「板倉構法」があげられる．かつての森林資源が豊富な時代に，大量の木材を積み重ねることで建設されていた「正倉院」の板倉を現代風にアレンジした構法で，壁面を厚さ1寸（約3 cm）のスギ板で構成することで豊富な森林資源を活用し，住み心地のよい住空間を実現している．かつては，災害時に建設される応急仮設住宅といえば，プレハブ住宅が一般的であったが，東日本大震災では初めて板倉構法などの木造による仮設住宅（④）が建てられた．以後，木造仮設住宅は一般化しつつある．木造による仮設住宅の建設は，木材の利用促進に加えて，被災地の建設業者の雇用を確保し，被災者に木造住宅という住み慣れた生活環境を提供できる点で優れた手法といえる．

現代の大規模木造建築と木質材料

大規模な木造建築物は，かつては社寺建築などに加えて木造校舎や芝居小屋，倉庫など，大空間を必要とする様々な用途で建設されてきた．しかし，戦後の木材不足や災害防止の観点から，一斉に鉄筋コンクリート造や鉄骨造にとって替わられ，大きな木造建築物は姿を消していった．近年になって，木材資源を有効利用するための法律（木促法，2010年）が施行され，再び大規模な建築物にも木材が積極的に利用される時代を迎えている．現代においては巨木を得ることは難しいが，その代わりに小さな木材同士を接着して大きな材を形成した集成材やCLTなどの木質材料を使用することで大空間や中高層建築物を実現している．日本の豊富な森林資源を有効活用しつつ耐震や防火などの安全性を確保するための新たな技術開発が行われ，木材による豊かな生活空間を実現するための試みが続けられている．

〔小林久高〕

④ **板倉構法による木造仮設住宅**（小林久高）
2011年に福島県いわき市に建設された木造仮設住宅の内観．壁の構造をみると柱の間に厚い板が横向きに落とし込まれる板倉の構造になっている．

8 工芸品

―森が育む文化と地域

日本文化の基盤である和紙

日本では，木工品や漆器，和紙，織物，染色品，陶磁器など多くの工芸品が，森や山から生み出されてきた．ここでは和紙を事例にして，工芸品と森のつながりをみていこう．

和紙は，植物の靭皮繊維を用いてつくられる紙であり（①），生活の中で多用されるだけでなく，様々な工芸品の素材として，また加工のための型紙，張り紙，濾紙などにも使われている．日本には，三大和紙産地に位置づけられる越前（福井県）・美濃（岐阜県）・土佐（高知県）があるほか，長い歴史を持つ産地が全国各地に116ある[1)]．

和紙原料の栽培と森

和紙原料として主に用いられているのは，コウゾやミツマタ，ガンピなどである．これらのうち，コウゾやミツマタは，水はけのよい場所を好み，日本各地の山村の傾斜地などで栽培されてきた．

コウゾは，日当たりのよい裏山や棚田などの畔や石垣などで栽培されている．毎年，株から2～4mほど伸びた枝を冬に収穫し，大きな甑（こしき）で蒸して樹皮を剥いで乾燥させたものが和紙原料として出荷される（②）．長い枝を伸ばすコウゾは，コンニャクが好む半日陰の環境をつくり出すため，高知県や茨城県などでは株下でコンニャクが栽培されることも多い．耕作できる場所が限られる山の空間，植物の特性を上手に活用した栽培がされているのである．

また，ミツマタは白絹病などが発生しやすいため，連作を避けて栽培場所を変えていく必要があり，焼き畑と組み合わせた栽培も行われてきた．森林を伐開し，火入れをした後で，雑穀などと一緒にミツマタの苗木を植え，そのミツマタの収穫後には，また新たな場所で焼き畑が行われていった．ミツマタの産地は，春先にはミツマタの黄色い花で包まれた（③）．焼き畑は，かつて各地で広く行われ，1936年の統計では少なくとも約7万7000haの焼き畑があったとされている[2)]．

ミツマタから人工林へ

1950年代以降，多くの焼き畑はスギやヒノキの林に変わっていった．高知県などではミツマタとスギやヒノキの苗木が一緒に植えられ，スギ，ヒノキがミツマタよりも大きく伸びるようになるまでの6年ほどの間に，1回もしくは2回ミツマタが収穫された後に，スギなどの人工林となった．

スギやヒノキは，苗木を植えた後，他の草などに負

① 和紙の原料になるコウゾの靭皮繊維（田中 求）

② 甑と乾燥中のコウゾの黒皮（田中 求）

③ 山の畑で花が咲いたミツマタの収穫（田中 求）

④ 日本の山や森が抱えている問題点

森林の地籍調査進捗率（2022）注1	46%
過去1年間に林産物を販売していない林家割合（2015年）注2	84%
不在村者が所有する森林割合（2000年）注3	24%

注1）国土交通省（2023）「全国の地籍調査の実施状況」[6] より作成

注2）農林水産省大臣官房統計部編（2018）『2015年農林業センサス』[7] より作成

注3）農林水産省大臣官房統計部編（2002）『2000年世界農林業センサス』[8] より作成

けて育ちが悪くなったり，枯れたりしないように，5〜10年間は下草刈りが必要となるが，焼き畑でミツマタなどの間に植えれば，雑草の繁茂を抑えることができた．さらにミツマタは，半日陰のような場所でも育ち，有毒であり獣害にあいにくいという特徴を持っている．そのため，シカやイノシシなどの食害が広がっている地域では，スギやヒノキの人工林の林床を覆うようにミツマタが群生していることもある．

山に広がる和紙の里

和紙づくりでは，コウゾの皮を解すための木槌，紙を漉くための桁や簾，乾かす際に用いる干し板などに，マツやヒノキ，スギ，イチョウ，カシ，タケ，チガヤといった様々な植物が用いられる．さらに，原料を晒す清流，紙を漉くために必要な地下水，乾燥のために必要な日当たりと風，きれいな空気などがある場所として，山が重要である．山には，原料をつくる農家，加工する人々，紙を漉く工房に加えて，様々な道具をつくる工房もつくられ，「和紙の里」とも呼べるような地域が形成されてきたのである．

変わっていく和紙と森

森を伐り開き，火を入れ，石垣や水路，道をつくり，コウゾやミツマタを植え，またガンピを探し，収穫し，加工し，道具をつくり，山の気候風土を活かしながら和紙などの工芸品は生み出されてきた．しかしながら，そんな森と人の関わりそのものが大きく変化しつつある．

コウゾやミツマタを栽培していた棚田や焼き畑用地の多くは放棄されるか，人工林に変わり，和紙原料の栽培も激減した．1915年の全国のコウゾ栽培面積は2万3790 ha，ミツマタは2万5229 haであったが[3]，2021年にはそれぞれ29.1 ha，41.5 haとなっている[4]．

和紙の需要も，和室の減少など生活スタイルそのものの変化，紙幣や教科書，株券などの洋紙化や電子化，和紙を素材として利用してきた工芸品や様々な行事，趣味などの衰退により，減少することとなった．また道路などの開発や交通量の増加など，地域のインフラの変化の中で，鉄分などを含む埃が乾燥中の和紙に付着し，シミや斑点など和紙の劣化につながるようにもなっている．

これらの変化の中で，全国各地で和紙の里が消えていった．1901年に全国で6万8562あった手漉き和紙工房は，100年間で393まで減り[5]，県内に1軒も工房がない地域もある．それでは，このまま和紙や原料生産は消えていくのであろうか．和紙は，文化財の保存修復などにも欠かせない素材であり，世界各地の美術館や博物館などで重用されている．そして国宝などの保存修復には，和紙の質や風合いを損なわないような高質な原料が必要である．また2014年には，ユネスコの無形文化遺産として，「和紙：日本の手漉和紙技術（石州半紙，本美濃紙，細川紙）」が登録されている．

人工林に変わった山では，枝打ちや間伐などが十分にされず，経済的な利益を得られていなかったり，所有者が地域外にいたり，地籍調査がされず明確な境界がわからないなど様々な問題を抱えている地域も多い（④）．さらにはシカによる食害なども全国に広がっており，何とか伐採しても，その後に再び植え直さずに放置された山も増えている．そのような森をどうするかと考えるとき，傾斜地や日当たりの悪い場所でも栽培ができ，獣害などにもあいにくい和紙原料が見直されていくのかもしれない．〔田中　求〕

【文献】

1）久米（1976）和紙の文化史．木耳社
2）農林省山林局（1936）焼畑及切替畑ニ關スル調査．農林省山林局
3）農林大臣官房統計課（1926）大正十三年第一次農林省統計表．農林省．p.39
4）日本特産農産物協会（2022）地域特産作物（工芸作物，薬用作物及び和紙原料等）に関する資料．日本特殊農産物協会．p.60
5）全国手すき和紙連合会（2023）全国手すき和紙連合会の概要．http://www.tesukiwashi.jp/p/zenwaren_gaiyo.html
6）国土交通省（2023）全国の地籍調査の実施状況．http://www.chiseki.go.jp/situation/status/index.html
7）農林水産省大臣官房統計部編（2018）2015年農林業センサス．農林統計協会
8）農林水産省大臣官房統計部編（2002）2000年世界農林業センサス．農林統計協会

9 食の恵み

―山の幸を「いただきます」

歴史を少し長い目で振り返ると，森林は人々の食糧庫でもあった．縄文時代の遺跡からは，イノシシなどの動物の骨のほか，クルミやクリ，ドングリなどの堅果類も多く見つかっている[1]．遺物として残りにくい山菜類やきのこなども数多く利用されていたことだろう．

現代において，山の幸の存在感は薄いことは否めない．しかし，将来的に森林資源を有効に活用・管理していくことを考えると，無視はできない．本項では，森がもたらす食の恵みをいくつか取り上げ，現状を確認しつつ，森林資源の活用・管理との関わりをみていく．

② プラスチックびんに入れた菌床で栽培されるナメコ（齋藤暖生）

きのこ

木材以外の様々な林産物は，一般に特用林産物と総称され，森がもたらす食の恵みは，この中に含まれる[2]．特用林産物に関する統計において，最も生産額が多いものがきのこで，その総額は木材生産額と拮抗するほどである（①）．

この統計の対象となっているのは，栽培されたきのこのみで，具体的には，シイタケ，ナメコ，ブナシメジ，エノキタケ，マイタケ，エリンギなどがある．

日本におけるきのこ栽培は，遅くとも江戸時代には始まっている．当初は，シイタケを中心に，ナラやクヌギを伐採して得られる「榾木（ほだぎ）」を用いる原木栽培が主流であり，山村における重要な収入源になっていた．やがて，おが粉を主原料とする菌床栽培の技術が確立され，1970年代から主流化した．菌床栽培への転換が遅れたシイタケにおいても，2017年以降は9割以上が菌床栽培によるものであり，それ以外のきのこは，ほぼすべてが菌床栽培による．

菌床栽培により，施設内での栽培が容易になった（②）．温度や湿度を管理した施設で栽培することで，通年で生産できるようになり，大規模な施設で生産することが経済的に有利となった．さらに，きのこの種類によっては，おが粉を使わない方法も導入されている．きのこの生産・流通において森林資源の豊富さは必要ではなくなり，山村地域の優位性を見出しにくい状況が生まれている．

栽培対象となるきのこのほぼすべては，木材腐朽菌

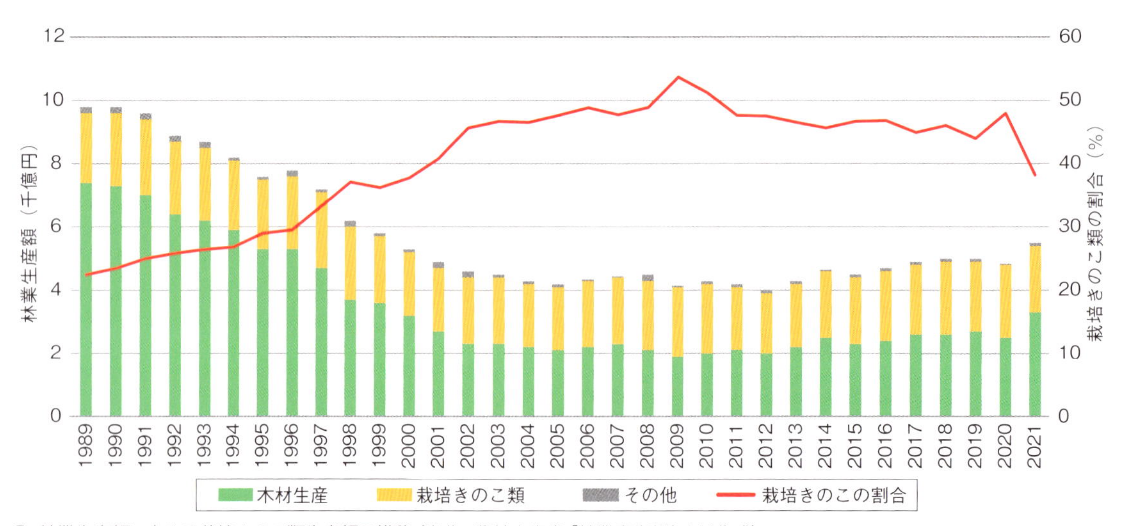

① 林業生産額に占める栽培きのこ類生産額の推移（出典：農林水産省「林業産出額」より作成）

という，木材を分解して生育する菌類である．そのため，製材品などには使えない木材であっても，きのこ栽培に活用できる可能性がある．未利用材や木質の廃棄物を有効活用し，森林をめぐる循環型経済（サーキュラーエコノミー）を構築する上で重要な産業となる可能性を秘めている．

③ 人工林の林床で栽培されるギョウジャニンニク（齋藤暖生）

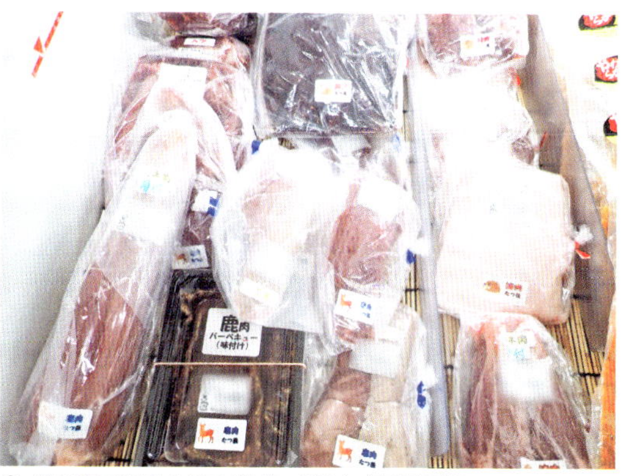
④ 道の駅で販売されるジビエの精肉（齋藤暖生）

山菜などの食用植物

山野に自生する植物の草体や若芽を食用とする山菜は，きのこと並ぶ馴染み深い森の食材だろう．山菜の代表格といえるワラビやゼンマイは，栽培も行われているが，天然物の方が多く生産されている．しかし，これらの生産量は長期的な減少傾向にある．輸入量も同様に減少しているため，需要の低下による減少と考えられる．

山菜のうちウドやワサビは，江戸時代から栽培の歴史がある．ウドは地下につくった「室（むろ）」などで日光を当てずに育てる軟白栽培が特徴的で，東京近郊に有名産地がある．ワサビは，「ワサビ田」を設け，水をかけ流して栽培する方法が特徴的で，各地の山村で栽培されている．旬を先取りして生産する促成栽培は，タラの芽をはじめ多くの山菜に適用されている．この栽培技術は，低温による休眠期間を経た後に加温することによって発芽時期をコントロールするものである．山菜の中には，樹下での栽培が適したものが多く，人工林の林床を利用した栽培も試みられており（③），日本におけるアグロフォレストリー（農林複合）の実践例と捉えることもできる．

山菜のほかに食用となる植物として，木の実や根茎が古くから利用されてきた．これらは，澱粉や脂肪を豊富に含むものが多く，貴重な食材と言える．クリやクルミ以外は，食用とするまでに多くの労力と時間を要する．例えば，トチの実はアク抜きなどの工程に1か月近くを要する．根茎も地中から根茎を掘り出し，さらに澱粉を精製することは容易ではない．ワラビの根やクズの根から精製された澱粉は，それぞれ，わらび餅やくず餅の原料となるが，現在はほぼすべて馬鈴薯澱粉で代替されている．かつては，食いつなぐための食糧としての意味合いが強かったこれらの食材は，一部地域での嗜好品，あるいは特別な高級品として細々と利用されているのが現状である．

野生鳥獣の肉，ジビエ

野生鳥獣の肉は，多くの日本人にとって，長らく最も馴染みの薄い山の幸だった．開発による生息環境の悪化もあり，鳥獣管理政策では保護の方が重視されていた[3]．また，専用の加工処理施設がなく，一般には流通してこなかった．

ところが近年，シカやイノシシを中心に個体数が増加し，1990年代以降，多大な農林業被害をもたらし続けている．2008年以降，通常の狩猟以外に，有害鳥獣捕獲と捕獲した鳥獣の有効利用を支援する政策がとられている．この中で，食肉処理施設の設立支援を通じた，「ジビエ」の普及が図られている．2017年から2022年にかけて，食肉処理施設数は563施設から3937施設へ，食肉利用されたジビエは1015 tから1324 tへと大きく増加した．ジビエは，宿泊施設での食事や飲食店のメニュー，道の駅などの店頭で比較的容易に求めることができるようになっている（④）．

多様な楽しみ方

統計で把握されているのは市場に流通するものに限られるが，自家用に採取されるものも多い．森の中で採取する体験も山の幸の醍醐味であり，モノだけでなくコトとして楽しむ方法が継承，あるいは新たに創出されれば，森林がもたらす食の恵みがより社会に浸透し，多様な森林資源を活用する仕組みをつくる基盤になるだろう．

〔齋藤暖生〕

【文献】

1) 工藤（2014）ここまでわかった！ 縄文人の植物利用．新泉社
2) 齋藤ほか（2021）森林の恵み（森林学の百科事典．日本森林学会編，丸善出版）．355-390
3) 常田（2015）野生生物と社会 3: 3-11

10 信仰と森

― 森と祈りの共進化

「信仰と森」という言葉から，あなたは何を連想するだろうか．身近な例や体験かもしれないし，有名な神社や寺院のことかもしれない．ここでは，「信仰と森」をめぐる多様な論点に触れ，未来への展望も述べてみたい．なお，北海道と沖縄については別項（第3部12，13）を参照いただくとして，本項ではそれ以外の地域の伝統的な信仰を扱う．

日本の信仰の多様性と共通点

本書をここまで読み進めた方は，日本の森や動植物相がいかに豊かで多様かを知っているに違いない．では，日本の信仰はどうか．

日本固有の宗教である神道の祭神は，創造神，自然神，土地の神，生業や文化の神などとても多様である．日本仏教には，奈良仏教系，密教系，念仏系，禅宗系，日蓮宗系と相当に多様な教義体系が残存・展開している．各地で展開した修験道や，民間信仰にも多様性がある．日本の信仰もかなり多様なのである（①）．

この多様な日本の信仰の共通点に，山岳や森林との関わりの深さがあげられる．日本神話において，神々が日本に降り立った（天孫降臨）場所は「高千穂」つまり高い山であった．ほかにも日本神話には，スサノオノミコトの体毛が木に転じた話や，その息子のイタケルが樹木の種を朝鮮半島にはまかずに日本にまいたと述べる話がある．神社には鎮守の森がつきものであり，時には樹木や山岳それ自体が神木や神体として神聖視されることがある（②）．

釈迦は菩提樹の下で悟りを得て，沙羅双樹の下で入滅したとされ，仏教は世界三大宗教の中でも特に樹木との関わりが深い．阿含経や法華経，密教経典など多くの経典に，山林が修行の場として明示されている．比叡山を拠点とした最澄や，高野山を拠点とした空海，永平寺を拠点とした道元，晩年を身延山で過ごした日蓮，熊野の山中で参籠中に夢告を得た一遍など，日本仏教の祖師達の多くは山林との深いつながりを持つ．

神道
・創造神（造化三神）
・自然神や土地の神
・生業や文化の神
・偉人　など

仏教
・奈良仏教系
・密教系
・念仏系
・禅宗系
・日蓮宗系　など

修験道
・羽黒山（山形県）
・白山（石川県）
・大峰山系（奈良県）
・英彦山（福岡県）など

民間信仰
・山の神，木の神信仰
・農耕儀礼　など

① 日本の伝統的な信仰の多様性

② 樹齢約3000年といわれる武雄神社（佐賀県）の大楠（畔柳祐子）
杉木立や竹林との対比が印象的である．

修験道は，山岳信仰と神道，仏教，道教などが習合したものであり，山林との関わりなしに語ることはできない．民間信仰としての「山の神」信仰は全国の農村や山村，狩猟者の習俗に広くみられ，杣人（林業者）たちの「木の神」信仰は，過剰な伐採を抑制した可能性がある．山形県置賜郡を中心に，近世以降「草木塔」（草木供養塔）が数多く建立されてきた．森や木に対する親しみや畏敬の念が日本の信仰の基層にあり，それが様々な教義とともに展開し，現在まで続いてきたといえる．

信仰が守る森や樹木

2001年にまとめられた環境省の調査報告書によれば，巨樹・巨木林の約6割が社寺有で，個人有や国公有を圧倒している[1]．神社や寺院の存在とともに樹木が長く維持されたこともあろうが，信仰や教義が長期にわたる森林生態系の保護につながったと考えられる例もある．

例えば，古代以来の法令を集めた『延喜式』は，神社境内での樹木伐採を禁じている．寺院でも森林が修行や信仰の場として保護されたのに加え，日本仏教では草木成仏思想（草木や国土も成仏しうるという思想）が展開したことが注目される．修験道には，大峰山系の修験霊場における「靡八丁斧不入」（奥駈道の左右約800 mは斧を入れてはならないという意味）という言葉に象徴される厳格な自然護持思想がある[2]．さらに，日本各地で信仰に基づく献木がなされた．今でも，聖地とされた山々や神社・寺院の森に，宗教や教義に基づく森林生態系の保護の形跡をみることができる（③）．

このように守られてきた森は，強引な宗教政策によって傷を負うことになる．1871（明治4）年と1875（明治8）年の二度にわたる社寺上知令（社寺有地の国有化）は，神社や寺院と森林との関係を切断し，旧神社・寺院有林の荒廃を招いた．1872（明治5）年の修験道禁止令によって多くの修験の修行場が荒廃，開発の圧力にさらされた．1906（明治39）年の神社合祀令によっても少なからずの神社林が損なわれた．

③『播磨書写山之図』（兵庫県圓教寺寺宝展示館にて筆者撮影）
山の中腹には岩肌やマツ，主要伽藍が位置する上部には高木が描かれている．

④ アフリカ材・カナダ材で再建された興福寺中金堂の落慶法要（2018年）（峰尾恵人）

信仰が消費する森

信仰は，常に森を守ってきた存在というわけではない．日本は木造建築の国であり，神社や寺院も木材でつくられてきたが（本書第3部7参照），信仰と結びついた神社・寺院造営のための木材消費は必ずしも持続可能ではなかった．伊勢神宮の式年遷宮用材の調達先は変遷してきたし[3]（第1部54），権力者による栄華を誇示するかのような神社・寺院造営は木材の枯渇を引き起こした[4]．儒学者の熊沢蕃山は（彼が仏教に批判的なことを割り引く必要はあろうが），寺院の増加を山林荒廃の原因として批判した[5]．

大正期以降は神社・寺院用材として台湾ヒノキが多用され，近年では北米材やアフリカ材が用いられる例もある（④）．木材は再生可能な資源であるが，生産より消費の速度が速ければいずれ枯渇する．神社・寺院用材の需要を見通すのは困難だが，信仰の場を伝統的な材料と建築工法で継承するために，意識的な用材確保の取り組みが必要な時期がきていると考えられる．

信仰と森の未来への期待

日本における信仰のあり方は，時とともに移り変わってきた．現代の日本では，宗教や信仰と関わりが薄い人が増えている．けれども，森や木への親しみや畏敬の念，森や木が人とともに世代を超えて生きているという感覚は，人の心を打つ森や木の存在が続く限り，日本の精神の基層として，これからも続いていくことだろう．信仰やそれらの感覚から，森の豊かさや新たな人間と森の関係が創り出されていくことを期待したい．〔峰尾恵人〕

【文献】

1) 環境省（2001）第6回 自然環境保全基礎調査　巨樹・巨木林フォローアップ調査報告書
2) 長野（1990）駒澤地理 26: 67-87
3) 木村（2001）神宮御杣山の変遷に関する研究．国書刊行会
4) タットマン著，熊崎訳（1992）日本人はどのように森を作ってきたのか．築地書館
5) 狩野（1955）．林業経済 8：23-34

11 童話・民話と森

―森に伝説あり，山に妖怪あり!?

民話と森

民俗学者の柳田國男は，著書の『日本の伝説』の中で「昔話は動物の如く，伝説は植物のようなものであります．昔話は方々を飛びあるくから，どこに行っても同じ姿を見かけることが出来ますが，伝説はある 1 つの土地に根を生やしていて，そうして常に成長して行くのであります．（中略）可愛い昔話の小鳥は，多くは伝説の森，草叢の中で巣立ちますが，同時に香りの高いいろいろの伝説の種子や花粉を，遠くまで運んでいるのもかれ等であります．」と記した[1)]．これは，地域の伝説から人伝に民話が広がっていくさまを例えた表現だが，国土の多くを森林が占める日本では，伝説の根付く地が森と関連することが多いように思う．

研究者として森林の調査をしていると，こうした伝承・民話に遭遇することがままある．例えば，比叡山延暦寺の森林の調査を行った際に，三大魔所と呼ばれる場所があった．森林管理上は宗教的禁伐地として古い植生が維持されている場所[2)]であり，その中の 1 つ，慈忍和尚御廟（①）は巨大なスギの天然林だが，この周辺に面白い話が残っている．比叡山の七不思議の 1 つに，一眼一足法師と呼ばれる 1 つ目の妖怪が，修行をサボる僧侶のもとへ現れ一喝する，という話があり，比叡山の総持坊にもその姿絵が飾られている（②）．どうやらこの妖怪のモデルを，公的な証拠がないものの，この魔所で祀られる慈忍和尚に見出す人が多いらしい．また，これが各地の 1 つ目小僧と関連するとみなす人もいるようだ[3)]．魔所という聖地が森の中で伝説として根を生やし，妖怪の民話として動き始め，やがて飛び立ち各地の 1 つ目小僧の民話と結びつけられていく．各地の森林を調査していると，こうした地に根付く伝説から，民話への広がりと遭遇する機会があり，なかなか面白い．

妖怪と森？ 山？

せっかくなので妖怪の話にもう少し触れておく．筆者らの世代は妖怪といえばゲゲゲの鬼太郎だが，妖怪ウォッチなど妖怪をとりあつかった作品は今も数多くある．どうやら日本人は昔から妖怪が好きらしく，大正時代に井上円了が『おばけの正體』[4)]の中で妖怪の分類を試みている．この本は井上円了が収集した妖怪話を抜粋し 130 項にまとめたものだが，さて森に関わる妖怪は，と調べてみると直接的に「森」を含む話は 4 項しかなかった．代わりに，「山」を含む話が 24 項も含まれており，日本人の中では森と山が一体化した状態で認識されており，どちらかというと山のイ

① 比叡山の慈忍和尚御廟（小田龍聖）

② 延暦寺総持坊の姿絵（小田龍聖）

メージの方が強いのだろうと推測できる．

森林の研究者としては，みなさまに直接「森」をイメージしてもらう方が，調査もしやすくありがたいのだが，例えば妖怪の天狗の住処を思い浮かべたときに，自分でも鞍馬山や筑波山がパッと出てくるので，仕方ないものなのかもしれない．逆に，山に森がないような地域であれば，そこに住まう人のイメージは変わってくるだろう．極端な例だが，私が以前米国のアリゾナ州でみた山は，木の代わりに同じサイズのサボテンが生えており（③），「これをみて育った人は自分と異なる感性を持っているだろうな」と思った覚えがある．こうした興味から，その時代，その土地の人々が持つ「森」のイメージの違いについて調査を進めている．

童話と森

伝説から飛び立った昔話や民話のうち，子ども向けにまとめられたもの，これに新しく創作された絵本を加えたものが童話といえるだろう．こうした絵本について触れてみたいと思う．

筆者がちょうど乳幼児育児の真っ只中，というのもあり，普段お世話になっている児童館の蔵書について調べてみたことがある．その児童館には403冊の絵本が所蔵されていたが，「森」を表題に含む絵本は『森の戦士ボノロン』のシリーズが15冊，エッツの『もりのなか』と『またもりへ』，田島征三の『森は楽しいことだらけ』の合計18冊だけだった．

では，森が描かれた絵本が少ないのか，というと，そういうわけではない．例えば，グリム童話の「ラプンツェル」や「ヘンゼルとグレーテル」（④）では，森の中の泥棒の住処で一騒動起こすシーンが描かれている．また，これまでに述べた「山と森が一体化した状態で認識される」という視点でみれば，おおよそ誰もが知る「おじいさんは山へ柴刈りに」の表現など，多くの絵本に森が含まれることになる．「かぐや姫」で描かれる「竹林」や「蓬萊の山」のような表現まで含めると児童館にあった絵本の1/3ほどが，何らかの要素で「森」と関わっていた．森に，あるいは自然に触れる機会が少なくなったといわれることの多い現代の子どもたちだが，少なくとも絵本の世界の中では，森に触れる機会は多いようだ．

先にラプンツェルやヘンゼルとグレーテルを例にあげたが，ドイツのグリム童話集では，全210話のうち，実に半数近い102話で「森」に関連する単語が登場し，特に主人公が「家」から「森」へ入ることで話が展開するものがその中の80話に及んでいる[5]．日本の民話や童話を包括的に調査することはなかなか難しいのだが，ドイツの倍ほどの森林率の日本では，作品の中のいずれかが森に関わる童話はもっと多くなるのかもしれない．

〔小田龍聖〕

【文献】

1) 柳田（1977）日本の伝説．新潮社
2) Kimisato et al.（2023）Urban and Regional Planning Review 10：59–73
3) 柳田（1998）一目小僧（柳田國男全集 第7巻．筑摩書房）．399–400
4) 井上（1914）おばけの正體．国書刊行会
5) 國光（2005）大阪市立大学大学院文学研究科COE国際シンポジウム報告書 115–126

③ 木の代わりに巨大なサボテンが山に並ぶ風景（小田龍聖）

④ 「ラプンツェル」「ヘンゼルとグレーテル」の森の描写（小田龍聖）
（左）グリム（文），バーナディット・ワッツ（絵），相良守峯（訳）（1985）ラプンツェル，岩波書店．（右）グリム（文），バーナディット・ワッツ（絵），相良守峯（訳）（1985）ヘンゼルとグレーテル，岩波書店．

12 アイヌと森

—アイヌの生活文化と北海道の森

アイヌは，日本列島北部周辺に居住してきた先住民族である．その中心地の北海道には，今もアイヌの人々が暮らしている．アイヌは独自の文化を持ち，森林に関わる文化にも，本州以南のそれとは異なる特徴がみられる．しかし，アイヌ独自の森の文化は，衰退を余儀なくされてきた．ここでは，アイヌが森林の中で暮らしながら形成してきた文化，それが衰退せざるをえなかった歴史，近年のアイヌの森復権の動向についてみていく．

アイヌの暮らしと森

かつてアイヌが行っていた農耕は，極めて小規模で，無施肥であったとされる．木材を収穫する目的での植林も行われなかった．集落周辺に広く里山や人工林を形成した本州以南と比較すると，アイヌ文化の背景にある森林では，人による植生改変は限定的だった，といえるだろう．

森との関わりに深く根ざしたアイヌの暮らしは，古い民族誌や古老への聞き取り調査によって明らかにされてきた[1-4]．本来，細かな地域差が認められるものであるが，以下では，北海道全体として主要であったと思われるアイヌの森林利用を，衣食住の暮らしの場面に沿って概説する．

衣　アイヌの衣服の代表的なものとして，アットゥシがある．これは，主にオヒョウの樹皮（内皮）からとれる繊維の糸で織った生地からつくられた衣服をいう（①）．ほかに繊維を取った樹木として，ハルニレや，シナノキもあった．草本では，イラクサ類も用いられた．

食　農耕に依存しないアイヌにとって，森は重要な食料供給源であった．森では季節に応じた狩猟や採集が行われた．サケやマスの漁も河川上流域で行われたことから，広い意味で森の恵みと言ってよい．得られた食材を乾燥品などに加工し倉庫で保存することで，食生活が営まれていた．

アイヌが森で食料を得る最も重要な手段は狩猟であると考えられてきた．中でもシカは，食料として重要であったとされる．猟期となる冬は，生活拠点を山に移し，主に弓矢を用いて狩猟し，保存加工が行われた．

春から秋にかけて，アイヌの人々は様々な植物を食料として森から採取した．食料として特に重要であるとされた植物にオオウバユリがある．オオウバユリは根茎を掘り取り，澱粉を精製して保存可能な食材とした．茎葉を採集する植物には，ギョウジャニンニクやニリンソウ，フキなどがあり，本州以南で山菜として利用されてきた植物と共通するものも多い．

毎年秋に河川にまとまって遡上してくるサケは，大型であることもあり，重要な食料であった．産卵が行われる上流域でサケ漁が行われ，保存食への加工が行われた．

住　アイヌで家のことをチセというが，伝統的な家屋は，構造材に木材，屋根材に乾燥した草本もしくはササを用いる．本州以南の家屋と大きく異なる点として，木材は小径木を中心に使い，木材の加工は極めて簡素であった点があげられる．また，木材として使用する樹種は，ハシドイやイヌエンジュなど広葉樹が多かった．

衣食住の場面以外でも，森はアイヌの暮らしに深く関わっていた．例えば，交通において重要な舟はカツラなどの大木を使って作成された．さらに，舟を用いた交易によって，獣の毛皮やサケなどの産品が移出され，代わりに漆器やスギ材を使った道具が移入され，本州以南の森の要素も暮らしの中に組み込まれていた．

① アットゥシを着たアイヌによるオヒョウの樹皮採取（文献5を改変）

森から切り離されたアイヌ

森と深くつながったアイヌの暮らしは，明治時代以降，大きな変化を強いられた．明治政府が直接的に制限した森での生業に，狩猟とサケ漁がある．仕掛け弓や毒矢を使った狩猟は，通行に危険であるとして禁止された．猟銃を用いた和人（アイヌ以外の日本人を特に区別する場合の呼称）によるシカの乱獲がシカを絶滅寸前に追いやることになったが，その対応としての狩猟規制は，例外を設けずアイヌにも適用された．サケも和人による乱獲が問題となったが，資源保護のため河川での漁獲はアイヌも含め禁止された．

② NPO 法人による植樹活動（ナショナルトラストチコロナイ）

さらに，アイヌの森の権利を基盤から否定したのが，土地政策である．明治政府は，移住した和人に宅地などの土地所有権を設定する一方，アイヌが生業の場としていた森はすべて官有（国有）とした．以後，北海道の広大な国有林は，開拓あるいは山林経営の場として和人やその企業に払い下げられていった．こうして，アイヌの森に対する権利が認められないままに，北海道の森林のほぼすべてがアイヌ以外の者の所有地になった．

ほかにも，アイヌの生業基盤を農業に転換しようとする政策や，強制移住させる政策が実施され，アイヌの暮らしは森から切り離されていった．

アイヌの森復権のための取り組み

近年，森とともに生きる文化はアイヌのアイデンティティであるとして，「アイヌの森」を取り戻そうとする取り組みが展開している．こうした取り組みは，2つに大別できる．1つは木彫やアットゥシなどの伝統工芸品の製作に必要な材料を採取・利用できるようにしようとするものであり，もう1つは森そのものをアイヌ文化の基盤とみなし，長らくアイヌ文化の背景にあった，かつてのような森林植生を取り戻そうとする取り組みである．2019年に成立した「アイヌの人々の誇りが尊重される社会を実現するための施策の推進に関する法律」（通称，アイヌ新法）により，国が自治体のアイヌ政策に補助金を出して支援することになった．これを受け，特に前者については各地で様々な取り組みが始まっている．例えば，アットゥシの原材料となるオヒョウの町有林での栽培（平取町（びらとり）），将来の木彫に使用できるような広葉樹の育成（白老町（しらおい））などである．また，国有林ではアイヌ新法に基づき，林内での林産物採取を条件つきで認めるアイヌ共用林制度が創設され，千歳アイヌ協会が2022年10月9日に初の資源採取を行った．

一方でかつての森林植生を取り戻す取り組みについては，日本では先住権が認められていないこと，物販や観光産業と親和性が低いこともあり，事例は少数である．その中でも，平取町二風谷（にぶたに）地区のアイヌの人々が1994年に立ち上げたNPO法人「ナショナルトラストチコロナイ」は，森を購入し，そこで植樹と保育活動を続けている（②）．同法人は「最終的には人が全く手を加えなくてもよい山を作りたい」，「アイヌ文化の博物館のような形を目指したい」としている．2012年からは，国有林と平取アイヌ協会，平取町が「21世紀・アイヌ文化伝承の森プロジェクト」協定を締結し，国有林を舞台にシマフクロウ（コタンコロカムイ）が生息できるような森林を取り戻す活動を始めている．

このように，近年は各地で少しずつアイヌの森復権に向けた取り組みが始まっている．しかし，その内実は観光や地域おこしと親和性の高い資源確保の森づくりが先行し，「文化を営む場」としての森を復活させる取り組みは緒に就いたばかりである．

〔齋藤暖生・小嶋宏亮〕

【文献】

1) 手塚・出利葉（2018）アイヌ文化と森．風土デザイン研究所
2) 児島（2018）増補・改訂 アイヌ文化の基礎知識．草風館
3) 福岡（1995）アイヌ植物誌．草風館
4) 更科・更科（2020）コタン生物記 I-III．青土社
5) 秦．蝦夷島奇観．国立国会図書館デジタルコレクション．
https://dl.ndl.go.jp/pid/2555564/1/7

⑬ 琉球の森と文化

―多良間島の村を守る抱護と御嶽林

風水の森と古神道の森の混交

琉球の古い村落景観は，日本の古神道の系譜をひく御嶽(うたき)の森と，村落全体を中国由来の風水地理の思想によってレイアウトされた林帯の抱護(ほうご)で形成されている．この形態は近世期の18世紀の1730年代から1750年代にかけて，ほぼ確立する．

これらの近世村落はその後，戦争や都市化の影響を受けて消滅や形態変化を遂げてきたが，今日唯一，その歴史景観が残されているのが多良間島である（①）．この歴史景観が評価されて，2018年度には多良間島の「抱護」は，琉球王朝時代の『林政八書』とともに，日本森林学会選定の日本林業遺産に登録されている．

村落を囲む林帯の抱護と御嶽の森

風水地理でいう抱護とは，空気の安定および乾湿気候の調和が保全されている環境状態のことである．この環境状態をつくり出すために地形や植林の手法が応用される．

①は近世琉球における多良間島の風水景観の典型的な事例である．村落北側に墓地や御嶽の森（腰当森）を配し，西南東側を林帯の抱護，さらに各屋敷をフクギ林で囲む．そして村落の内外に御嶽を配置して，冬の北風や台風から村人の生活を守る風水の蔵風構造になっている．

多良間島は宮古島と石垣島の間に位置し，総面積約20 km²の平坦な島である．人口は1084人（2022年），サトウキビ栽培と肉用牛などの畜産業が，島の経済を支えている．したがって，植林によって厳しい自然環境を緩和しなければ，とても人間の住めるような島ではない．

歴史を遡ると，この島に風水手法が応用されたのは，18世紀の40年代，琉球王国の政治家，蔡温による村落改革の時期である．多良間島の村抱護（②）は，1741年に蔡温が当時の宮古島の頭職の白川氏恵通に指示して，造成させたと伝えられている．この時期にフクギの屋敷林・御嶽林などが整備されている．

村落を囲む村抱護（村人はポーグと呼ぶ）の林帯の主林木はフクギで，そのほかにテリハボクなどが混植されている（③）．村抱護の中のフクギ林を調査した結果，最大フクギ（字仲筋）は樹高10.36 m，根元高30 cmの直径87 cm，推定樹齢275年であった．この樹齢を調査時点（2015年）から遡ると，1740年頃に植えられたことになる．これは村抱護の造成時

① 多良間島の村落景観（多良間村提供）
村落の北側に墓地と御獄（○印）の森，東と西に御獄，村落の周囲を林帯の抱護が囲む．

② 村落を囲む林帯の抱護（来間玄次）
抱護の幅は12～16 m，長さは1.8 km．

③ 村抱護内のフクギ林（来間玄次）

期とほぼ重なっている．

村人を抱く御嶽林の神々

①にみるように，5つの主要な御嶽が，北側を「腰当て」にして，東西の位置から村を抱いて護るように配置されている．5つの御嶽には，フクギが主林木として植栽されているが，とりわけ塩川御嶽は，参道から御嶽の本体まで，フクギ林で埋めつくされている．その植林形態には日本の古神道の磐座・神籬と共通するものがある．

塩川御嶽の由来

昔，塩川村の百姓が畑に出て耕作をしているとき，2つの大岩が飛んできて鎮座するのをみて，これは霊石に違いないと思い，村中の者と相談して大岩の周囲に樹木を植え付け，御嶽に仕立てたという．それ以来塩川村の守護神として祀られている．

現在の拝殿の後方に石積みのアーチ型の拝所がある．その中に香炉が置かれている．その後方に前述の霊石（依代）が大小2個鎮座している（④）．

塩川御嶽内のフクギ林の分布

塩川御嶽は字塩川の東方に位置する．御嶽（面積約6240 m²）は拝殿と参道からなる．

塩川御嶽では胸高直径3 cm以上の樹木は，総数1307本で，その種数は17種となっている．最も多いのはフクギで786本（60%），次いでリュウキュウコクタン（15%），モクタチバナ（13%），イヌマキ（4%）などが上位を占めている．フクギに絞ってみると，樹高の平均値は約9 m，最大値は約16 mに達している．胸高直径から推定した樹齢の平均値は約64年，最大値は248年になる．

塩川御嶽拝殿の扁額には，1753年に御嶽を整備した記録がみえる．フクギが植えられたのは，最大樹齢から1765年（2013年調査時）頃と推定できるが，その後，再植林や天然更新などによって，様々な樹齢が混交するようになっている．

フクギの植栽形態に着目してみると，外周に老齢木が多いことから，意図的に霊石を囲むように植えられていることがわかる（⑤）．この植え方は御嶽の伝承とも一致する．

塩川御嶽に付随して，幅約4 m，長さ659 mの参道が連なり，両側にフクギが植えられている．

参道における胸高直径3 cm以上の樹木の総数は1150本で，その種数は11種となっている．最も多いのはフクギ（935本，81%）である．フクギ以外の樹種は自然発生のものである．フクギの樹高は平均約4 m，最大値は約12 mである．胸高直径から推定した樹齢の平均値は約56年，最大値は210年になる（⑥）．〔仲間勇栄〕

【文献】

1）仲間ほか（2018）琉球大学農学部学術報告 65: 91-146

④ 塩川御嶽の拝殿（来間玄次）
左下は拝殿後方にある霊石，右は御嶽内のフクギ林．

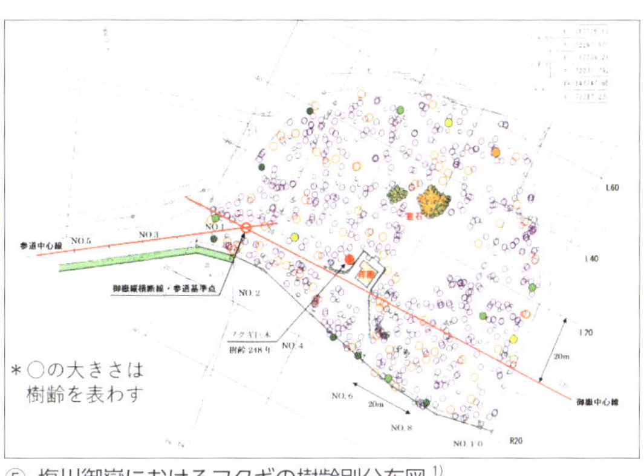

⑤ 塩川御嶽におけるフクギの樹齢別分布図[1)]

⑥ 塩川御嶽参道のフクギ並木（来間玄次）

14 森に関わる人々の営み

―「鋸からチェーンソーへ」再考

わが国においてチェーンソーは，1954 年に発生した北海道国有林の風倒木処理を契機として導入され，その後，鋸に代わって急速に普及していったとされる．この 1950〜1960 年代に起こった「鋸からチェーンソーへ」という林業用具の転換は，主に 2 つの点で言及されてきた．

1 つは，林業の労働生産性の向上に大きく貢献した「林業における道具の近代化（機械化）」との関係においてであり，もう 1 つは，1960 年代中頃から報告されてきたチェーンソー使用による振動病の発生という林業をめぐる労働災害・社会問題との関係においてである[1)]．労働負荷の軽減と労働安全の推進のための機械化であったが，「チェーンソーの使用による振動障害の問題は，わが国の森林作業の機械化の難しさを教えた」[2)]．「鋸からチェーンソーへ」という歴史をめぐるいずれの語り方も，日本の林業技術史の基本的な事項として定着している．

本項では，高知県魚梁瀬山[3)] で杣（そま）として働いていたときに「鋸からチェーンソーへ」の転換を経験した山田英忠氏（1935 生）のライフヒストリーを事例として取り上げ，「鋸からチェーンソーへ」という林業用具の転換が，杣としての仕事や暮らしにどのような変化をもたらしたのかについて，「当事者の視点から」考えてみたい．

杣の仕事と暮らし

山田氏は高知県安芸郡北川村出身で，森林鉄道軌道を歩いて地元の小学校と中学校に通い，中学卒業と同時に伐採を専門とする杣として働くようになった（①）．その後，14 年間を杣として伐採作業に従事し，30 代後半から貯木場に勤務され退職を迎えた．

彼が杣の世界に入ったのは，中学 3 年生のことだったという．「中学 3 年夏休みの時に父親の手伝いで魚梁瀬営林署大谷事業所に入り，渋抜きをやった．渋抜きはスギを山手に返して，皮を剝いで色を良くするため．そのときはじめてやった．渋抜きじゃ言うんはね，3 月の彼岸から 9 月の彼岸までね．剝いだ皮の広さで，渋抜きのお金を貰う．」

弟子入りした最初の頃は，杉皮を剝ぐ渋抜きという作業や雑用などをこなし，少しずついろいろな仕事を段階的に実践しながら覚えていったという．杣の技術は，すでに杣として働いている親や親戚などのもとに弟子入りすることで習得していった．山田氏もまた，弟子入りしてから 6 年程で独立し，その後は 1 人で作業に従事した．山田氏が高知営林局奈半利営林署の杣として伐木作業に従事していたのは 1952 年から 1965 年までの 14 年間である．

杣が伐採のために使う鋸や手斧などの道具は自前のもので，自分で購入し手入れして使っていた．山田氏の場合，「常時使う鋸は三尺五寸というがが，一番」（刃渡り約 1 m 6 cm）だった．最も大きい鋸は，刃渡り 4 尺五寸（約 136 cm）のものであった．「四尺五寸で，切り株が三畳ばの木は伐っちゅうからねえ．畳三枚敷きの木を．その四尺五寸の鋸で．三畳の木を伐るいうたら，どればぁかな．何かわからんねー．3 時間もかかったかな．」

給与については，日給を基本とする一般作業や造林作業と比べて「杣は出来高（伐採した量に応じた支払い）だから，そらその人らから言うたら 2 倍から 2 倍半はもらっていた．腕立ち立たんにもよるけんどね，そればあの給料は．」であった．

① 樹齢 520 年のツガの伐採（山田英忠氏提供）
写真左が山田英忠氏．

こうしたことを振り返りながら，山田氏は鋸で伐採していた当時の杣という仕事について次のように述べた．

「私もうこらこの仕事一生やってもええと思た．一人仕事でしょお．「よっしゃあ今日はやっちょいて」と思うて，馬力掛けてやったら．出来高じゃから，ねえ．人とは関係ないきにねえ．ほんで自分でやって．鳥の声が聴こえてくるか，たまに飛行機が通るか．静かな山でごしごしとやってね．……で自分が，「あー今日はサボっちゃろ」と思うたら，仕事せんでもえいから（笑）．そういうものが杣の仕事でしたからねえ．」

チェーンソー導入と山の変化

山田氏によると，当地にチェーンソーが導入されたのは1959年のこと．当時の状況を振り返って，山田氏は次のように述べている．

「チェーンソーは一気に入ってきたね．営林署が買うて与えるからね．研修があってね．昭和35年に窪川の松葉川事業所でチェーンソーの研修に参加した．高知営林局の各事業所から何十人も研修に来とった．当時はアメリカのマッカラーゆうチェーンソーでね，重かった（筆者注釈：重量15.4 kg，本体だけでも12 kgの重さであった）．エンジン掛けて，切り台の上へ置いちょいたら，ぶんぶんぶんぶん動き回る．そんな機械やったからねえ．それで天然林を伐るがじゃから，そのバーの長さも長いしね．」

チェーンソーの導入により，杣の技術取得は営林署の「講習」となり，講習を受けた杣は営林署からチェーンソーを「貸与」されることとなった．さらに，山田氏によると「講習を受ければ誰でもできるようになる．まあ成人じゃったらちょっと山の仕事したことある人やったら，今まで日雇してた人でもチェーンソーでバリバリッとやれる．」となり，天然林が少なくなった1965年頃には日雇から杣に転職するものも少なくなかったという．チェーンソー導入により杣は増加したが「収入が減るじゃ言うことはないない．出来高制は変わらんが「リンダイ」（筆者注釈：伐採材積あたりの杣の収入）は安うなったから，その分，量を余計に伐らなね．」と伐採量が増加したため収入が減ることはなかったという．

天然林資源が枯渇してきた1965年，「体力的には脂の乗った盛り」だったという30代後半に山田氏は「山を下りた」．

最後に，杣として伐採に従事した14年間を振り返り，山田氏はチェーンソー導入について次のように述べた．

「もう嫌と思うたねえ．あのーけたたましい音がね．それからあの臭いが．ガソリンの臭いがねえ，もうほんーまに．こののどかな山へ，こんなもん．（笑）それこそもう1つも振動もない，ウケキリじゃいうたち，ぶうぶういうたら終わりにね．もうこれ嫌じゃなあと思うたね．うん，どこもかしこもバーバーバーバー鳴り止めんばなりもんね．」

チェーンソー導入と山の変化

山田氏の語りは，「鋸からチェーンソーへの転換」を静寂，音，臭いという森林空間の変容として把握していたことがわかる．

チェーンソーが導入され60年以上の年月が経ち，鋸で伐採作業に従事していた杣達の多くは80歳代後半の年齢となっている．あと数年もすれば，当時の記憶を語る杣達はいなくなってしまう．

現在，森に関わる人々の記憶を残そうと，行政や大学，地元団体などが連携し，「日本遺産ゆずロードミュージアム」（高知県安芸郡安田町）をオープンした．その中には，山田氏をはじめ当時の森に関わる人々の記憶が「4尺5寸の鋸」とともに展示されている[4]（②）．

〔赤池慎吾〕

【文献】

1) 半田（2003）林政学．文永堂出版
2) 上飯坂・神﨑（1999）森林作業システム学．文永堂出版
3) 赤池（2017）高知人文社会科学研究 4：53-65
4) 岩佐・赤池（2022）Lifehistory-kochi 振り返ればそこにある高知のくらし（中芸地域編）．学術研究出版

② 山田氏の等身大パネルによる語り展示（赤池慎吾）

⑮ 林道

—森と人とをつなぐ道

人と森がつながる上で不可欠なものが「道」である．小さな道が入っているだけで，森林は近寄り難い未開の地から親しみやすい安らぎの場へと変わる．日本の森林の多くは傾斜のある山地に分布するため，木材などの森林の恵みを活用するには，その搬出のための道づくりが重要となる．

いろいろな「林道」

日本では古来様々な方法で森林から木材を搬出してきた．そのための道としてつくられたのが「林道」である．1955（昭和 30）年制定の旧林道規程をみると，林道の種類区分は 1. 森林鉄道，2. 索道，3. 自動車道，4. 車道，5. 木馬道，6. 牛馬道，7. 流送路となっている[1]．現在では林道といえば自動車が通行する道だが，もともとは木材搬出のための様々な形態の施設が「林道」だったのである．森林鉄道は，明治から昭和にかけて，その高い輸送力で木材需要に応えてきた．国内では 1975 年にすべての森林鉄道が木材搬出の役目を終えたが，現在でも観光用に保存されているものがあり，レクリエーションを通じて森と人とをつないでいる（①）．木馬道は，木材を「木馬（きうま，きんま）」と呼ばれる橇（そり）に積載して搬出するための道である．重い木材を小さい力で運べるよう，路面には枕木状に盤木が敷き並べられた（②）．

戦後，木材搬出はトラック輸送が中心となり，林道のほとんどは自動車道となった．現在，林道には自動車道，軽車道，単線軌道（モノレール）の 3 種があるが（③），やはり中心は自動車道である．かつての林道は主に木材搬出のための施設であったが，自動車道が中心となったことで一般の人々も通行する公道的な側面も持つようになった．そのため，一般の人々の通行の安全にも配慮する必要が生じ，林道の幅員や勾配，曲線半径などの構造が林道規程に定められるようになった．現代の林道は，山間地域に住む人々の生活道として，また森林でのレクリエーションなどにも利用されている．その一方で，充実してきた森林資源を効率的に搬出するための道も必要とされており，林業目的に特化した「林業専用道」や，木材を大量に運べるセミトレーラの通行を想定した林道整備も始まってい

① 赤沢自然休養林に展示されている森林鉄道機関車（酒井秀夫）

② 木馬道（酒井秀夫）

③ 林業用モノレール（陣川雅樹）

④ 林業専用道（宗岡寛子）
木材を効率的に搬出できる 10 t トラックが通行できる規格だが，一般の車が通行する林道よりも低コストでつくられる．

る．林道は，時代の要請に応じて変化を続けながら，森と人，森の恵みと人とをつないでいる．

増える作業道

一般の人々の通行の安全への配慮も求められるようになった林道は，設計や開設に時間を要すようになり，開設コストも上昇した．近年の林道開設量はかなり少なくなっている（④）．その結果，木材を伐り出したい場所に林道が到達しないという状況が生じ，それを補うように，林道よりも簡易な作業道と呼ばれる道が多くつくられている（⑤）．現在，日本では，林業機械が作業道の上から木を集め，丸太に切り（造材），作業道を使って林道まで運ぶというシステムの林業が広く行われている（⑥）．作業道はコンクリート構造物などを使わず低コストで作られるため，耐久性確保のための様々な工夫が施されている（⑦）．

森と人とをつなぐ道を守る人々

森林の中に開設される林道は，放置すれば次第に草に覆われ通行が困難になるため，定期的な草刈りが欠かせない．また，雨で侵食された路面の補修や側溝にたまった土砂の除去なども必要となる．それらの林道の日常的な維持管理作業は，いったい誰が担っているのだろうか．地域によって様々な場合があるが，その1つは林道の受益者である近隣の住民が担う形態である（⑧）．写真の地域では，自治会活動として，毎年林道の草刈りを行っている．森と人とをつなぐ道は，このような方々の努力によって守られてきたが，人口減少や高齢化が地方で顕著となる中，林道をいかに維持管理していくかが重要な課題となっている．

〔宗岡寛子〕

【文献】

1) 林道事業 50 周年記念出版編集委員会（1977）林道事業 50 年史．日本林道協会
2) 林野庁（2021）民有林森林整備施策のあらまし．日本造林協会

⑥ 作業道上で造材を行う林業機械（宗岡寛子）

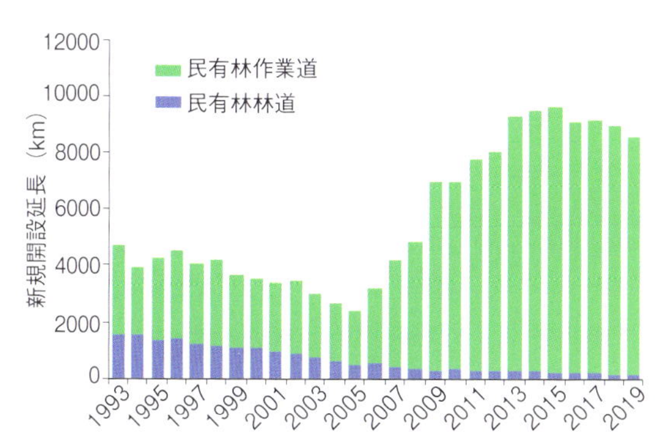

④ 全国の民有林林道と作業道の年間新規開設延長（文献 2 より作成）

⑦ 作業道の切取法面を補強する丸太組構造物（宗岡寛子）

⑤ 作業道（宗岡寛子）

⑧ 地域住民による林道維持管理（板垣金一）

16 地域の森
―入会林野の歴史と現状

地域住民の森ー入会林野

日本の森林には，国や地方自治体，個人や会社が所有する森林のほかに，地域住民が共同で所有し，集団独自のルールの下で管理や利用をしてきたものが広くみられる．このような森林は地元では「共有林」「区有林」などと呼ばれ，森林の多い地域へ行くと今も数多く存在している．ガスや電気が普及するまでは，生活や農業生産に必要な薪や草肥，牛馬の飼料，建材などをとるために林野は必要不可欠の存在であった．江戸時代には，資源を求めて複数の村が入り会って林野を使う（村々入会）ことが多く（①），山の領域をめぐっては隣接する村同士の山争いがしばしば起こるほどであった．明治期には各村への分割が進んだものの，複数集落が共同で管理する林野は今も残っている．

こうした林野では，各自が資源を自由に採取しすぎて資源を枯渇させることのないよう，利用してよい時期や採取の用具を制限するなど，集団内部でルールが設けられていた．このような集団独自の慣習を入会慣習と呼び，そこには入会慣習に基づいた権利である「入会権」があると民法に規定されている．入会権を持つ集団を入会集団と呼び，入会権の対象となる林野を入会林野(いりあいりんや)と呼ぶ．

入会林野に訪れた変化

戦後の燃料革命と化学肥料の普及により，人々は生活のために林野を直接利用する必要がなくなった．折しも木材不足から木材価格が急上昇し，拡大造林と呼ばれる造林ブームの時代だった．旺盛な造林意欲から，入会林野においても共同作業で植林がなされた．作業はむら仕事（無償労働，義務出役）で行われ，作業に欠席すると出不足金などと呼ばれる罰金が徴収された．現在は，拡大造林以降に育てられてきた人工林には 50 年以上経つものもあり，自力での間伐作業は危険なため施業は森林組合などに委託して，権利者は境界確認や林道の草刈りを担う形で入会林野を管理する集団もある．

一方，共同作業で造林するのではなく，林地を権利者であるメンバーに平等に割り当てる割り地（分割利

① 旧小鷹利村（現在の岐阜県飛騨市）における明治前期の資料に基づく村々入会の関係図 [1]
林野の少ない村が多い村へ入り会うだけでなく，林野の多い村も他村へ入り会っていた．

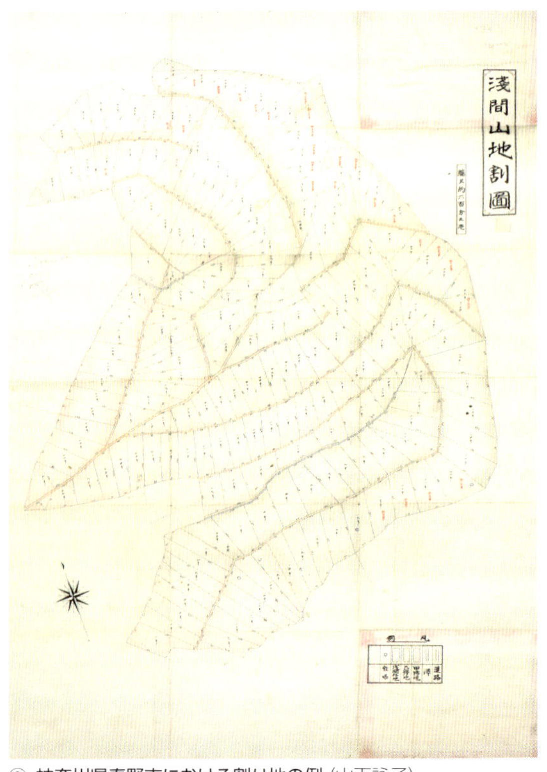

② 神奈川県秦野市における割り地の例（山下詠子）
13.8 町歩を条件により甲地・乙地に分け，各々を 91 区画に分けている．この入会集団は 3 か所の山を持っており，それぞれを権利者全員に割り当てている．

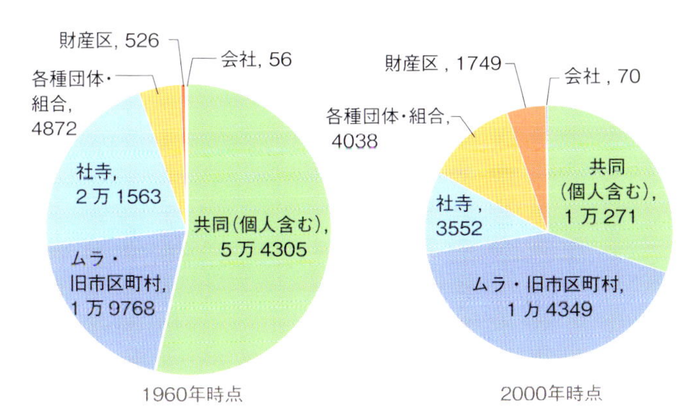

③ 1960 年と 2000 年の世界農林業センサスにおける慣行共有（入会林野）の名義区分別事業体数（世界農林業センサスより作成）
40 年間の間に集団数は 10 万から 3 万 4000 へと大幅に減り，共同や社寺が大きく減っている．

用）がなされた入会林野もある（②）．林地は集団のものであるが，地上部の樹木は割り当てられた個人のものとなる．中には，割り地に植えた木の伐採収益の一部を集団に納める，分収林の仕組みを持つものもある．いずれも，集団の統制のもとで入会林野を管理・利用する仕組みといえる．そのほか，入会林野を完全に分割して個人所有とし，入会林野を解体させた地域もあった．

入会林野における課題と今後の可能性

明治期に入り，入会林野に最大の変化をもたらしたのが土地の所有制度である．入会林野は明治初年の地租改正と官民有区分により国有化の波にさらされ，その後は財政基盤に乏しい町村の基本財産とするために入会林野を町村有地（公有地）へ取り込むための政策が展開された．こうした国有化や公有化に対抗するために，入会集団は入会林野の権利を集団のもとに残そうと努力してきた．一方，1899（明治 32）年の不動産登記法では，不動産の登記名義人になれるものを自然人（個人）か法人に限定した．そのため，法人格を持たない入会集団は様々な手段により林野を登記せざるを得なかった．例えば，登記名義人になれる法人（公益財団法人・公益社団法人，生産森林組合，農業協同組合，会社など）を新たにつくってその名義にする，むらの社寺の名義を借りて登記する，入会集団の代表者 1 名から数名の個人名義や，権利者全員での共有名義にするなど，入会林野の登記にはありとあらゆる名義が使われた（③）．

しかしその後，登記名義や法人制度に由来する課題が生じた集団も少なくない．特に数が多い生産森林組合では，経営難から組合を解散して地方自治法上の認可地縁団体へと移行させる団体が増えている．また，登記名義に関して最も困難に直面しているのが，多数人による記名共有名義である．記名共有名義の土地では，明治時代に所有権登記がされて以降，名義人が死亡しても相続登記がされずに現在に至るものも多く，これらの土地を売買したり契約を結ぶ際に登記名義の更新に迫られることがある．1 人の名義人について数次にわたる相続が行われると，法定相続人は数人から数十人となる．これが数十人から数百人という連名の共有名義人一人ひとりに生じるため，法定相続人の数は膨大となり，すべての方を探し出して承諾を得るには相当な困難が伴う．さらには，入会慣習には離村したら権利を失う離村失権ルールが広くみられるが，この離村失権ルール下では転出した名義人の子孫は森林への権利を持たないという複雑な状況が生まれる．

入会林野は，地域住民が共同管理するという性格から，また個人有林と比較してまとまった面積である利点もあり，観光や様々な目的での林地の貸付や，森林ボランティアや林業体験のフィールドとしての活用が増えてきている．森林・林業への関心を持たない権利者にも，入会林野を通じた外部主体との関わりや林道の草刈り（④）など現地へ足を運ぶ機会をつくることで関心を持ってもらうなど，地域の森林管理の核となりうる可能性も持っている．〔山下詠子〕

【文献】

1）福島ほか編（1966）林野入会権の本質と様相．東京大学出版会

④ 滋賀県甲賀市神区有林の林道標識（区有林の位置明示）（杉本 茂）
しっかりした標識から区有林への思いが伝わってくる．

⑰ 森を守る仕組み

—多岐にわたる法や制度

森を守るための法や制度は多岐にわたる．大別すると，森林を守ることを直接的な目的とするものと，森林を含む自然環境の保全を目的とするものである．以下，順にみていこう．

森を守るための法や制度

まず，森林を直接的に保護するための法制度として，森林の取り扱いに関する中心的な法律である「森林法」に基づいて指定される「保安林」がある．保安林制度は 1897（明治 30）年に創設されており，森を守る制度の先駆けである．保安林は，水源のかん養，災害の防止，生活環境の保全など，森林が発揮する様々な公益的機能の維持を図るために指定される．保安林は全部で 17 種類あり，特に指定面積が大きいのは水源かん養，土砂流出防備，保健の 3 つの保安林である（①②）．保安林に指定されると，木竹の伐採や落葉・落枝の採取，土石や樹根の採取，土地の開墾や形質の変更などが制限される．高度経済成長期以降，保安林に指定されていない民有林において，森林以外への土地利用の転用が各地で問題となった．そこで 1974（昭和 49）年に創設されたのが，森林の無秩序な開発を防ぐことを目的とした「林地開発許可制度」である．

脊梁山脈や奥山天然林の多くは国有林地帯となっているが，それらは貴重な生態系や動植物の生息地であることが多い．国有林では，こうした原生的な状態を維持している極めて自然度の高い森林や，学術的に貴重な森林，地域に固有の生態系や希少な動植物の生息地などを「保護林」に指定している（③）．保護林制度は 1915（大正 4）年に創設された．後述の国立公園（1931（昭和 6）年）や天然記念物（1919（大正 8）年）の先駆けとなる保護地域制度であり，現在，「森林生態系保護地域」などの 3 区分がある．また，保護林が分断されると野生生物の移動が妨げられ生物多様性が損なわれる恐れがあるため，これらをつないで生態系のネットワークを図る「緑の回廊」が 2000（平成 12）年に制度化されている．

一方，民有林では，都道府県や市町村条例などによって，所有者と契約を結び森林を保全したり買い取ったりする制度などもある．

近年広がりをみせている「森林認証」制度についても触れておきたい．これは，適切に管理され持続可能な森林資源の利用を図ることを目的に，一定の基準を満たした森林を独立した第三者機関が認証するものである．国内の場合，FSC 認証や SGEC 認証などがあり，森林環境や生物多様性の保全に配慮した森林施業の実践や区域の設定などの要件が課せられる．林業と森林保全の両立を目指した新たな取り組みといえるだろう．

① 保安林の種類

単位：千 ha

保安林種別	国有林	民有林	計
水源かん養保安林	5700	3555	9255
土砂流出防備保安林	1079	1536	2615
土砂崩壊防備保安林	20	41	60
飛砂防備保安林	4	12	16
防風保安林	23	33	56
水害防備保安林	0	1	1
潮害防備保安林	5	9	14
干害防備保安林	50	76	126
防雪保安林	–	0	0
防霧保安林	9	53	62
なだれ防止保安林	5	14	19
落石防止保安林	0	2	3
防火保安林	0	0	0
魚つき保安林	8	52	60
航行目標保安林	1	0	1
保健保安林	359	345	704
風致保安林	13	15	28
合計（延べ面積）	7275	5745	13020
合計（実面積）	6917	5344	12261
全国森林面積に対する比率（実面積）	27.6	21.3	48.9

注 1：「実面積」は，兼種指定されている保安林の重複を除いた面積．
注 2：当該保安林種が存在しない場合は「–」，当該保安林種が存在しても面積が 0.5 千 ha 未満の場合は「0」と表示．
（林野庁ウェブサイト[1]より）

② 住宅地を風害から守る防風保安林（八巻一成）

森を含む自然環境保全のための法や制度

森林を含む自然環境の保全を目的とした制度としては，まず「自然公園」があげられる．これは，優れた自然の風景地や生態系を保護するとともに，その利用を図ることを目的としたもので，「自然公園法」(1957（昭和 32）年）によって規定されている．自然公園には現在，国立公園を含む 3 種類が存在し，わが国を代表する傑出した自然の風景地が「国立公園」，国立公園に準ずる傑出した自然の風景地が「国定公園」，都道府県を代表する傑出した自然の風景地が「都道府県立自然公園」に指定される．自然公園では保護すべき重要度に応じてゾーニング（地種区分）が行われ，森林施業を含む人為的活動が制限される．土地の開墾や土石の採取などに加えて，木竹の伐採や損傷が規制されるほか，伐採方法，伐採率などにも制限が課される．また，高山植物などの採取や損傷，動物の捕獲や殺傷なども規制される．

極めて自然度の高い原生的な地域や優れた自然環境の保全を目的とするのが「自然環境保全地域」であり，「自然環境保全法」(1972（昭和 47）年）に基づいて指定される．このうち，ほとんど人の手の入っていない原生状態が保たれている地域は，「原生自然環境保全地域」に指定される．また，自然環境保全地域に準じる地域は「都道府県自然環境保全地域」に指定される．

鳥獣の保護や狩猟に関して定めた法律として「鳥獣の保護及び管理並びに狩猟の適正化に関する法律」がある．この法律では，鳥獣の保護を図るために「鳥獣保護区」が指定されるが（1950（昭和 25）に創設），このうち特に重要な場所として指定される特別保護地区では木竹の伐採が制限される．絶滅危惧種の保護を目的とした「絶滅の恐れのある野生動植物の種の保存に関する法律」(1992（平成 4）年）では，国内希少野生動植物の生息地を保護するために「生息地等保護区」が指定されるが，保護を図るために特に必要があると認められた区域は管理地区に指定し，木竹の伐採などの行為を制限している．また「文化財保護法」によって，学術的に価値の高い自然の名勝地や動植物の生息地などが「天然記念物」に指定されると，区域内での森林施業が制限される．

森を守るための国際的な取り決め

日本が批准する国際条約の中にも，森林の保護に大きく関わっているものがいくつかある．ユネスコの「世界の文化遺産及び自然遺産の保護に関する条約（世界遺産条約）」(1975 年発効）に基づいて，1993 年の白神山地，屋久島の登録に続いて，知床，小笠原諸島，奄美大島・徳之島・沖縄島北部および西表島が世界自然遺産に登録されている．これらの地域の多くが森林に覆われているが，世界遺産の管理は国内法制を用いながら行うこととされており，いずれも森林生態系保護地域，国立公園，自然環境保全地域といった地域に指定することで保護管理が図られている．

1992 年に開催された国連環境開発会議（地球サミット）の翌年に発効した「生物多様性条約」は，多様な生物の生息環境の保全とともに，その持続的な利用を目的としたものである．この条約に基づいて 2022 年に採択された「昆明・モントリオール生物多様性枠組」では，2030 年までに陸と海の 30% 以上について生態系の健全な保全を目指すことが目標となった．これに対応した国内での取り組みを推進するために「生物多様性国家戦略」が策定され，その中では生物多様性保全のための森林保全や持続可能な森林経営のあり方について，今後取り組むべき方向性が示されている．

森林は人間社会に対して様々な機能やサービスを提供している．多岐にわたる法制度は，社会が森林に求める役割の広がりを映し出している．〔八巻一成〕

③ 屋久島森林生態系保護地域（八巻一成）
国立公園でもあり世界自然遺産でもある．

【文献】

1) 林野庁，保安林の面積．https://www.rinya.maff.go.jp/j/tisan/tisan/con_2_2_1.html

⑱ 森林保全の費用負担

—お金を通じてつながる人と森, 地域

森林保全の費用を誰がどう負担するか

政府や自治体は, 森林を保全するために, 様々な公共政策を行っている. その多くは通常の税収などを財源としているが, 時に特定の自治体や団体などが, 通常とは異なる費用負担形態をとって森林保全に取り組むことがある. いったい誰がどのように森林保全のための費用を負担してきたのか, 歴史を振り返りながらみていきたい.

日本で古くからみられたのは, 河川の下流で暮らす人々が上流の水源林を保全するために, その費用を負担する動きである[1]. 例えば, 17世紀後半に, 現在の山形県内で, 水源保護に要する費用を下流の村々に負担させたという記録が残されている. 明治期以降, こうした動きは広がっていった. 最初は, 比較的小規模な水系で, 下流の農業水利団体や郡, 都市の水道事業体など地方団体による上流の水源林整備が展開した. その後, 大正末期からは中央政府の補助を受けた府県による造林などが広がり, 昭和40年代以降(1960年代後半以降)は造林公社, 昭和50年代以降(1970年代後半以降)は水源基金の設置による森林の造成や整備が広がるなど, 水源林保全の主体や費用負担の形態が多様化していった.

① 山梨県道志村の水源林(山口広子)

② 横浜市と山梨県道志村の位置

水道局による森林管理

日々の暮らしの中で水道の蛇口をひねるとき, その水が水源となる森までつながっていることを意識する人はどのくらいいるだろうか. 実は, 一部の自治体では, 水道局が水源保全のために直接森林を所有し管理している[2]. 中には, 明治期から100年以上にわたって, 水源林を管理し続けているケースもある.

横浜市水道局は, その1例である. 神奈川県横浜市では, 1887(明治20)年に日本で初めて近代水道が通水したが, 当時の上流の森林は荒廃していた. そこで, 横浜市は, 水道の安定的な給水を図るため, 山梨県道志村に広がる水源地一帯の森林を買収し, 水源林として経営するに至った(①②). 2022年現在, 横浜市水道局は, 山梨県の道志村内にある2873 haの水源林を管理している.

2006年からは, 横浜市水道局の事業会計予算だけではなく, 企業や団体, 個人からの寄付金が「横浜市水のふるさと道志の森基金」に積み立てられ,「道志水源林ボランティア事業」の資金として水源林保全のために活用されている. 2009年度には「水源エコプロ

ジェクト W-eco・p（ウィコップ）」が創設され，水源林と企業などをつなぐ新たな取り組みが始まった．これは，企業や団体が森林管理にかかる費用の一部を寄付で負担した場合に，その森林に名称をつけることなどができる仕組みである．こうした取り組みは，単に資金源となるだけではなく，水源としての森との関係を人々が実感できる機会も生みだしている．

本書第 1 部で紹介されている東京都水道水源林（第 1 部 41 参照）も同様に，明治期から現在まで続く水源林保全の取り組みにより成立した森林である．

基金方式による費用負担

基金方式による森林保全の費用負担は，特に高度経済成長期以降に各地で広がった動きである．ダム建設による水資源開発が進む一方で，都市住民の水源地域への関心は薄れていくといった状況が生じる中で，水源地域の側から，森林保全の費用負担を望む声があがってきたのである[3]．こうした基金方式による費用負担には，豊川水源基金，矢作川水源基金，福岡県水源の森基金などがある．

福岡水源の森基金は，1978（昭和 53）年の大渇水を契機に，翌 1979（昭和 54）年に福岡県，北九州市および福岡市により設立された基金である．ダム周辺地域を中心に「水源の森指定森林」を指定し，森林の造成や整備を助成するとともに，伐期の延長を求める森林造成整備事業などを行っている．自治体からの補助金や企業からの寄付金などにより運営されている．基金の設立の主眼は，「全県下を対象として水需要者が林業者に感謝する」ことにあるとされており，上流への「感謝のしるし」としての意味合いが強いとされる[3]．

1994 年には，愛知県豊田市が全国で初めて，水道使用量 1 m³ につき 1 円を積み立てるという方式で，「水道水源保全基金」を設立した．水道使用量に応じた費用負担であり，受益と負担の関係を明確化する仕組みだが，1980 年代に林野庁などが同様の形をとる水源税の創設を構想した際には実現に至らなかった方式であった．

森林環境税

2003 年度に高知県が森林環境税を導入して以降，地方自治体による独自の仕組みとして，追加的な税を徴収して森林環境保全のための施策の財源にあてる動きが広がっており，2019 年現在では 37 府県が導入している[4]．これらの府県による仕組みは，名称や負担額などは様々だが，一般に森林環境税と総称されている．その使途は，主に，森林整備や普及啓発，水質保全であり，中でも森林整備事業は森林環境税が導入されているすべての府県で実施されている[5]．

森林環境税を全国で初めて導入した高知県では，個人や法人が県民税に年間 500 円を上乗せして支払い，荒廃が懸念される森林の整備や希少野生植物などのシカ害からの保護といった取り組みにあてている．高知県が財源の確保以上に重視しているのは，森林環境税に関わる一連のプロセスを通じた，県民の森林保全に対する意識啓発や参加である．徴税の必要性から使途の検討，使用後のチェックまで，一連の過程に県民が参加する機会を積極的に設けることにより森林保全意識を高める「参加型税制」として，高知県の森林環境税は位置づけられている[6]．

2024 年度から，国民から森林整備などのための財源として 1 人あたり 1000 円を徴収する，国税としての森林環境税の徴収が開始されている．その税収は，森林環境譲与税として，一定の基準により市町村などに配分される．市町村などは，これらを用いて森林整備に関わる施策を実施し，使途をインターネットなどで広く国民へ公開することになっている．森林環境譲与税は，すでに 2019 年度より，各市区町村などへの配分が開始され，活用されている．

生態系サービスへの支払い（PES）

生態系サービスの受益者がそのコストを負担するための仕組みは，PES（payments for ecosystem services）と呼ばれ，昨今，世界的にも注目を集めている[7]．日本の森林で古くから展開してきた下流団体による上流の水源林保全や，支払いを通じて森林保全への参加意識を高める取り組みは，日本独自の形で発展してきた，広い意味での PES と捉えることができるかもしれない[8]．地方自治体による森林環境税など，地球温暖化対策や生態系保全といった目的にも支払いが行われる取り組みも広がっており，水源保全にとどまらず，より幅広い生態系サービスも含めた森林保全の費用負担が広がってきている．〔山口広子・石崎涼子〕

【文献】

1) 熊崎（1981）水利科学 25：1-24
2) 山口・興梠（2022）森林計画誌 56：1-11
3) 熊崎（1981）水利科学 25：33-54
4) 高橋（2021）森林環境税（森林学の百科事典．日本森林学会編，丸善出版）．574-575
5) 泉（2023）森と水から見る農山村再生入門 2023 年度版．森林計画学会出版局
6) 石崎（2010）水利科学 54：46-65
7) Wunder（2005）Payments for Environmental Services：Some Nuts and Bolts. CIFOR
8) Ishizaki and Matsuda（2021）Sustainability 2021 13：12846

19 サステナブルファイナンス
—金融システムのグリーン化と森林

環境対策をめぐる国際動向とファイナンス

2015年は環境対策を加速するための国際的な合意が採択された重要な年であった．9月には国連総会で持続可能な開発目標（SDGs）を含む「持続可能な開発のための2030アジェンダ」が採択され，12月には国連気候変動枠組条約第21回締約国会議で気候変動の国際枠組である「パリ協定」が採択されたのである．

社会システムの変革を求めた持続可能な開発のための2030アジェンダの採択を受け，多様なアクター（国際機関，国家・地方政府，民間企業，金融機関，非政府組織，市民他）がSDGs達成に向けて取り組みを始めた．また，パリ協定では，「世界全体の平均気温の上昇を産業革命以前と比べて2℃よりも十分低く保ち，1.5℃に抑える努力を，この努力が気候変動のリスクや影響を大幅に減少させることになることを認識しつつ，継続すること（2.1 (a) 条）」，「今世紀後半には人為的な温室効果ガスの排出量と吸収源による除去量の均衡を達成すること（4.1条）」が示され，「1.5℃目標」や「ネットゼロ」達成への機運が高まった．パリ協定の2.1 (c) 条には「温室効果ガスについて低排出型であり，気候に対してレジリエントな発展に向けた方針に資金の流れを適合させること」とあり，現在の官民の資金の流れを気候目標に向けていくことが求められている．パリ協定採択後，多くの国・自治体，企業，金融機関などがネットゼロ宣言を表明した．

2022年12月には，生物多様性条約の下で，企業や金融機関の取り組みにも言及した「昆明・モントリオール生物多様性枠組」が採択され，企業や金融機関などの生物多様性への関心も高まりつつある．

環境分野はこれまでは主に国連の枠組の下で議論されてきたが，現在はそれを超えた動きも活発化している．G20，G7，官民連携，サブナショナルや金融・企業のイニシアティブなどである．

その中で，森林分野は持続可能な開発（例：持続可能な森林管理），気候変動対策（例：途上国における森林減少・劣化に由来する温室効果ガス排出削減など[REDD+]），生物多様性保全などに幅広く関連する．森林を含む環境対策を推進するファイナンスに関する議論も活発に交わされている．国連の枠組みの下では，先進国などから途上国に資金的支援をする国際協力に関する議論が中心であったが，近年では，企業や金融機関に関するイニシアティブや取り組みが広がっている．その1つに金融システムのグリーン化の潮流がある．

広がる金融システムのグリーン化の流れ

森林分野を含む気候変動対策と生物多様性保全の推進に向けた取り組みには，パリ協定や昆明・モントリオール生物多様性枠組といった国連の枠組みだけでなく，気候関連財務情報開示タスクフォース（TCFD）やScience Based Target Initiativeといった企業や金融機関などの民間セクターの取り組みを促進するイニシアティブもある（①）．

中でも注目されているのが，金融システム安定化の観点から進められる，企業や金融機関の気候変動や自然関連リスクへの対応である．2015年12月にはTCFD，2021年6月には自然関連財務情報開示タスクフォース（TNFD）が発足し，企業や金融機関などに対して，気候変動や自然関連のリスクや機会に関する情報開示を促している．②は，自然関連リスクを示しているが，企業や金融機関は，気候関連のリスクだけでなく，自然関連のリスク，つまり物理的リスク（気候や地質関連現象の影響，生態系の均衡の広範囲にわたる変化などから自然システムが損なわれたときのリスク）や移行リスク（環境破壊に対処する規制や市場の取り組み強化などの持続可能社会への移行に伴うリスク）などへの対応を考える必要がある[2]．

また，TCFDやTNFDの流れを含めて，幅広い持続可能な社会を実現するためのファイナンス，サステナブルファイナンスの促進に関する

① 気候変動と自然の損失に関する取り組み（文献1より作成）

	気候変動	自然の損失
国連の枠組み	国連気候変動枠組条約 パリ協定	生物多様性条約 昆明・モントリオール生物多様性枠組
民間セクターの取り組みを促進するイニシアティブ（例）	気候関連財務情報開示タスクフォース（TCFD）	自然関連財務情報開示タスクフォース（TNFD）
	Science Based Targets	Science Based Targets for Nature
	Climate Action 100+	Nature Action 100

議論も高まっている．2006年に環境・社会・ガバナンス（ESG）の観点を機関投資家が投資活動に取り入れる，国連環境計画・金融イニシアティブと国連グローバル・コンパクトが連携した投資家イニシアティブ「責任投資原則」が発足し，ESGやリステナブルファイナンスの市場も拡大しつつある．

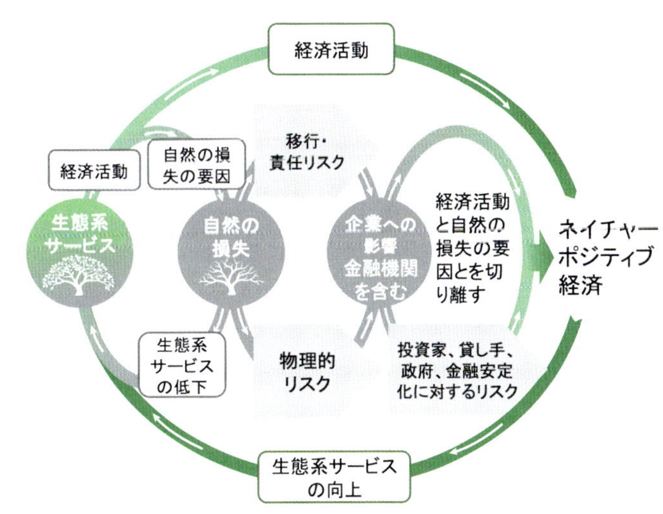

② 経済活動，自然，金融リスク間の関係性（文献2より作成）

サステナブルファイナンスと森林

サステナブルファイナンスの流れと並行して森林分野と関係してくる議論が，様々な社会的な課題を解決しながら同時に人間のウェルビーイング（Well-being）や生物多様性保全などを実現する「自然を基盤とした解決策（NbS）」（③）や，生物多様性の損失を止めて，反転させ，回復軌道に乗せる「ネイチャーポジティブ」，ネイチャーポジティブ経済実現の議論である．

③「自然を基盤とした解決策（NbS）」の事例（文献3より作成）

ただ，経済・金融と環境分野をつなげる流れがある中で，真に環境問題解決に貢献するサステナブルファイナンスを実現する上では，例えば現在の金融機関などが気候関連のリスクを過小評価している現状を変える必要があるなどの様々な課題がある[4]．また，サステナブルファイナンスと森林分野との関係性についてもまだわかっていないことが多い．Begemannら[5]は，欧州の専門家へのインタビューから，サステナブルファイナンスと森林の関係性についての5つのナラティブを見出した．(1) 民間（サステナブル）ファイナンスは，持続可能でない公的森林ファイナンスの問題を解決することはできない，(2) サステナブルファイナンスとは，金融セクターの気候変動リスクを軽減させることである，(3) 持続可能ではないファイナンスは森林を破壊する，(4) 公的ファイナンスは民間森林ファイナンスをより活用できるようにすべきである，(5) 森林は魅力的なアセットクラス，である．見方は一様ではない．

本項では，金融システムのグリーン化の流れを中心に，サステナブルファイナンスの議論などが森林分野にも関係してくることを示した．今後，この流れを真に森林を含む環境問題の解決につなげるには，金融分野と森林を含む環境分野に関わる科学者・実務者・政策決定者などが互いに学び合い，もっと連携していく必要がある．〔森田香菜子〕

【文献】

1) World Economic Forum：Putting Nature at the Heart of the Global Financial System.https://www.weforum.org/agenda/2022/05/nature-positive-net-zero-global-financial-system/
2) CISL (2021) Handbook for nature-related financial risks: key concepts and a framework for identification.
3) European Commission (2021) Evaluating the impact of nature-based solutions: A summary for policy makers
4) Kreibiehl et al (2022) IPCC Sixth Assessment Report WGIII Chapter 15 Investment and Finance.
5) Begemann et al. (2023) Journal of Environmental Management 326: 116808

20 社会全体で支える森づくり

—市民による森づくりへの参加

戦後の「国土緑化運動」

第二次世界大戦後，荒廃した国土の緑化を図る様々な社会運動が展開した.

1949年からは，文部省と農林省（いずれも当時）の連携による「学校植林運動」が開始され，児童・生徒や地域住民により「学校林」が造成された.

1950年には国土緑化推進委員会（現「国土緑化推進機構」）が設置され，以後今日まで，国土緑化のための各種行事や活動を行う全国的な運動，「国土緑化運動」が展開されてきた．そのシンボル的な行事として，天皇皇后両陛下がお手植えをされる「全国植樹祭」が開催されている．街頭などで寄付を募り，苗木などの配布や，地域組織・青少年団体などによる緑化活動への支援を行う「緑の羽根募金」（現「緑の募金」）もまた，1950年より開始され，国土緑化運動のシンボルとなっている.

さらに1969年からは，各地で「緑の少年団」が結成され，多様な学習活動・奉仕活動・レクリエーション活動が行われている.

「国民参加の森林づくり」の提唱

1970年代に入ると，熱帯雨林などの急激な減少や砂漠化などの進展，酸性雨などによる森林の減少・劣化などの国際的な森林問題が顕在化した．国連食糧農業機関（FAO）は1985年を「国際森林年」と定め，地球規模の森林問題への普及啓発を行った.

国内でも，都市化に伴う都市近郊林・里山の急速な減少，森林開発などに伴う原生的自然の消失などが社会問題化した．さらに，国産材価格の低迷などにより，戦後に植栽された人工林の多くで間伐などが遅れ，森林管理問題が深刻化した.

こうした中，国土緑化推進委員会は，これからの森林管理のあり方として，国民一人ひとりが森林を自分のものとして考え，それぞれの立場で，可能な方法で，森林づくりに参加する「国民参加の森林づくり」を提唱した．また，それを推進する財源として企業・団体などの寄付により「緑と水の森林基金」（現「緑と水の森林ファンド」）を創設し，非営利団体への助成を開始した.

「森林ボランティア」の広がり

このように国内外で様々な森林問題が顕在化する中で，各地で森林ボランティア活動が誕生した.

1967年には，岩手県田野畑村の山火事跡地の再生活動を行うため，早稲田大学の教授や学生などが中心となって「思惟の森の会」が設立された．1974年には，富山県大山町（当時）で，除草剤散布による水源や土壌の汚染への危惧の対案として，ボランティアによる草刈りを行う「草刈り十字軍」が誕生し，その活動は東京・神奈川や京都・滋賀などに広がった．1983年には，前述の「思惟の森の会」のメンバーが中心となって，「森を育てる」ことを通じて自然との触れ合いを体感することを目的とした「森林クラブ」を結成し，国有林との分収林契約による自立的に森づくり活動を開始した.

1990年代に入ると，1992年の「環境と開発に関する国連会議（地球サミット）」や1995年の「阪神・淡路大震災」を契機とした国民の環境問題・ボランティアへの関心が高まった．こうした中，各地で (1) 森づくり活動に関心をもつ者が森林ボランティア団体を結成する動きや，(2) 雑木林・里山，原生的な自然林で自然保護活動を行っていた団体などが，生態系保全などのための森づくり活動を開始する動き，さらには (3) 子どもの自然体験や都市山村交流などにより森林空間を活用する団体や，地域材や木質バイオマスなどの森林資源を活用する団体などによる森づくり活動が広がった.

特に，1988年からは，国庫補助事業により，都道府県レベルなどで「国民参加の森林づくり」の支援策・支援体制が構築され，1995年には「緑の羽根募金」が「緑の募金による森林整備等の推進に関する法律」として法制化された．広域的・全国的な森づくり活動や国際的な緑化活動などへの支援が拡充する中で，全国各地で森林ボランティア団体などの結成が進んだ（現在3671団体：①）.

「企業の森づくり」の広がり

製紙や木材産業といった木材を利用する企業が森づくり活動を行う取り組みは古くからみられたが，1990年代に入ると本業では森林資源を使用しない企業などが森づくりに参加する動きが広がった.

企業によるメセナ活動やフィランソロピー活動が広がる中で，国有林では，1992年に「法人の森林」制度が創設され，企業による森林の造成・育成や，社員・顧客とのふれあいの場などの設定が進んだ．また，

1995 年に法制化され改称された「緑の募金」では，顕彰制度が創設されるなど企業への働きかけも強化され，「ローソン緑の募金」などの多様な企業などによる活動が広がった．

さらに，2000 年代に入ると，消費者の環境意識の向上などに伴って「企業の社会的責任（CSR）」への要請が高まった．林野庁は 2006 年に「企業の森林整備活動に関する検討会」を設置するとともに，国庫補助事業で企業への普及啓発や全都道府県での「企業の森づくりサポート制度」の創設，環境貢献度などの評価手法の開発などを行った．その結果，2000 年代には飛躍的に「企業の森」の設定が進んだ（1768 か所：②）．

2008 年に環境省は，国内排出削減・吸収プロジェクトにより実現された温室効果ガス排出削減・吸収量をオフセット・クレジットとして認証する「J-VER 制度」（現「J- クレジット制度）を創設した．2009 年に「森林管理プロジェクト」が位置づけられ，森林におけるカーボン・オフセットの取り組みも広がった．

森づくり活動の多様化

2007 年には官民一体となり多様な森林づくりを推進する「美しい森林づくり推進国民運動」が開始された．その一環として 2008 年に創設された「フォレスト・サポーターズ」制度では，様々な人や企業などに，森づくりや森林とのふれあいなどへの参加を呼びかけ，異分野との連携や多様化・複合化を目指した取り組みを広げていった．

さらに，2013 年に林野庁が創設した「森林・山村多面的機能発揮対策交付金」は，地域の活動組織による里山林などの森林の保全管理，森林資源の活用，山村活性化などの取り組みへの支援を通じて，こうした動きを全国各地に広げる大きな役割を担った．これを活用して，間伐材などや特用林産物を活用したソーシャル・ビジネスの創出，森づくり活動を通した関係人口の創出などの地域づくりの取り組みから，自然公園などの景観整備やマウンテンバイカーによる古道再生などの観光分野の取り組み，保育所・幼稚園などの裏山整備や子どもたちの森林体験のフィールド整備などの教育分野の取り組み，ヘルスツーリズムのフィールド整備や認知症予防として森づくり活動などの健康分野の取り組みなど，各地で創意工夫を凝らした多様な「森づくり活動」が生まれた．

特に，2014 年に政府が提唱した，地域の特色を活かした持続可能な社会づくりを目指す「地方創生」や，2015 年に国連総会で採択された「持続可能な開発のための 17 の国際目標（SDGs）」への社会の関心の高まりも追い風となって，農山村地域が有する再生産可能な地域資源として，森林資源や森林空間の価値や意義が注目され，「森づくり活動」の担い手への異分野からの参入が進み，活動が多様化・複合化するとともに，その裾野が広がっていった．

このように，時代の要請を的確に捉え，多様な主体の参加を促す国民運動が展開され，支援策や支援体制が充実される中で，「社会全体で支える森づくり」は，着実に地域に根付き，活動を広げていった．

〔木俣知大〕

【文献】

1) 林野庁．令和 4 年度森林・林業白書

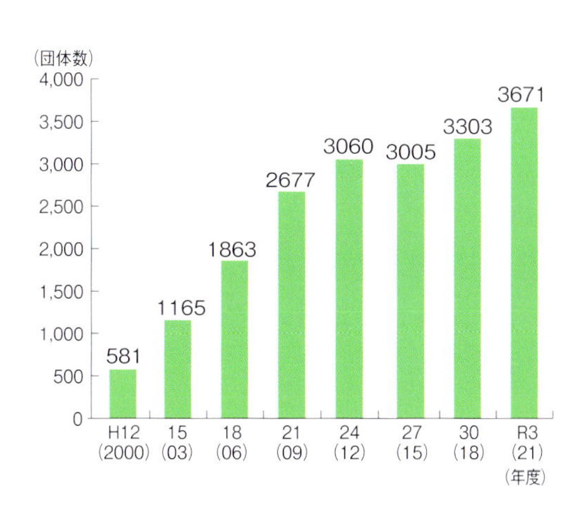

① 森林づくり活動を実施している団体の数の推移 [1]

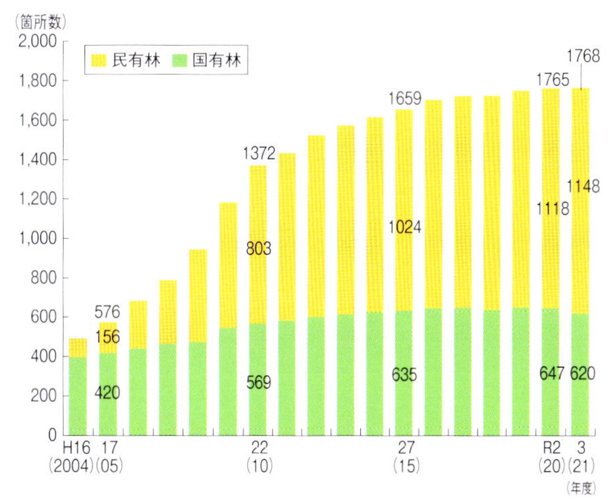

② 企業による森林づくり活動の実施箇所数の推移 [1]

コラム2 日本発！ 世界に広がるShinrin-yoku
—エビデンスの収集から社会実装へ

森林浴の始まり

森林浴は，「森林環境の自然が彩なす風景や香り，音色や肌触りなど，森林生態系の生命や生命力などに対して，五感を通じて感ずることによって，人々の心と身体の健康回復・維持・増進を図ること」として，1982 年当時，林野庁長官であった秋山智英が提唱したものである.

一言でいえば，森林の内部環境を利用して，心身ともにくつろぎ，活力を回復する効果（健康効果）を得るための手段，あるいは不自然に都市生活を強いられた人々が自然回帰する手段のことである．それ以降，新しく付加された機能として森林に対する国民の期待を高めることに貢献した.

一方，森林のもたらす健康効果の科学的な解明が本格的に行われたのは，今世紀に入ってからである．2004 年から開始された「森林系環境要素が人の生理的効果に及ぼす影響の解明（農林水産省先端技術を活用した農林水産研究高度化事業：2004～2006 年度）」において，本格的に森林浴が免疫，生理的，心理的にもたらす健康効果の調査が行われた．その結果，森林浴には，免疫細胞の増加・活性化，抗がんタンパク質の増加，血圧・脈拍の低下，自律神経系の改善，脳血流量・ストレスホルモンの減少，気分の改善，不安感の減少などの健康効果があることが科学的にわかった.

その後，それらの成果がエビデンスとして英語で発表・論文化されることで「森林浴」とその健康効果は世界中に広がった．現在では Tsunami（津波）などと同様に Shinrin-yoku（森林浴）として海外でも通用する国際語になり，今も世界中で研究および実践の取り組みが行われている（①).

世界に広がるShinrin-yokuと社会実装

Shinrin-yoku の 健 康・Well-being の効果についてのエビデンスが集積するにつれ，海外では，国や州政府レベルで，これまでに蓄積したエビデンスを森林や自然地の利用に積極的に結びつけようとする取り組みが行われている．例えば，オーストラリアのビクトリア州を発祥地として，近年，オセアニア・アメリカ・ヨーロッパなどに急速に広がる "Healthy Parks, Healthy People (HP × HP)" がそれである[1]．HP × HP は世界中の人々が公園や自然の中で過ごすことによる予防-回復的な健康や Well-being の恩恵を実感できるよう支援するグローバルな活動として提唱された．生物多様性を保全しながら恩恵を最大化するために，これまでに世界中で行われた Shinrin-yoku などに由来する健康効果などの成果に紐づけたプログラムやアクティビティの開発・提供を行って，ウェブサイトや現場で積極的に過去の研究成果を公開するなど，利用者へのわかりやすい情報提供が行われている.

また，カナダのブリティッシュコロンビア州では，2022 年から医療従事者が様々な疾患を抱える患者に対して自然を処方する PaRx（公園処方：A Prescription for Nature）といった取り組みが行われ，カナダ全土に広がりをみせている[2]．東アジアでも韓国にて「山林治癒」[3] という国レベルでの同様な取り組みが行われているなど，2020 年代に入って世界中で Shinrin-yoku が本格的に社会実装にされつつある段階にあるといえる.

一方，国内では，地域単位や林野庁・環境省などでエビデンスの活用を進める動きはあるが，国際的な動きにかなり遅れてしまっている．発祥の地として，国民の心身の健康維持 Well-being の向上，医療費の削減のためにも，国策として各省庁，医療機関，現場が有機的に連携し，Shinrin-yoku の社会実装進めて行く必要があるだろう． 〔高山範理〕

【文献】

1) Parks Victoria．https://www.parks.vic.gov.au/
2) PaRx．https://www.parkprescriptions.ca/
3) 韓国森林福祉振興院．https://www.fowi.or.kr/user/main/main.do

① 思い思いに Shinrin-yoku を楽しむ人々（高山範理）
森林浴発祥の地 長野県上松町赤沢自然休養林.

コラム3 関係の再考
―人新世における森林と人間

完新世から人新世へ

気温の上昇，生物多様性の喪失，土地や水利用の大規模な改変，オゾンホールなど，人類の活動は，局所的な環境問題を超えて，地球という惑星系に不可逆的な変化を引き起こしている．地球科学分野では，1950年代以降を人類が地球環境の変化要因となった新しい地質年代「人新世（アンソロポシーン）」といえるのではないかという論争が続いていた．2024年3月，国際地質科学連合は学術的に人新世を新たな地質年代と認めることについては否定したが，人新世というものの見方は引き続き広く共有されており，1950年代以降，人間活動が地球環境に及ぼす影響が加速化していることについては広範な合意がある．

森林生態系もまた，人間活動によって不可逆的に変化してきた．過去1万年の間，地球上の森林面積は60億haから40億haへと減少したが，この喪失面積の半分は前世紀のわずか100年間で失われた[1]．インターネットで衛星画像を検索すれば，アマゾンの熱帯雨林を切り開く農地開発，カナダの大規模な森林伐採，原生林と隣り合わせに広がるインドネシアのパームヤシプランテーションなど，人間活動が森林生態系に及ぼしている巨大な足跡を目の当たりにすることができる．

新しい経済システムの模索と森林への期待

人新世において人類は地球を改変するほど大きな力を持っている．環境に不可逆的影響を与えることなく経済活動を維持するためには，これまでのように探索，開発，利用から始まる経済を新たな形に変革しなければならない．

このような観点から現在，提唱されているのが，化石資源から生物資源への移行を目指すバイオエコノミーや，資源の使い捨てから完全循環への転換を目指すサーキュラーエコノミーだが，いずれの文脈においても森林は極めて重要な存在とみなされている．なぜなら，森林は再生可能な生物資源だからだ．

持続可能な森林管理という概念の確立は，乱伐を否定しつつ継続的な森林資源利用を可能にしている．

一方で木質科学技術の発達は，木質バイオマスが鉱物や化石資源の代替となる可能性を切り開いた．このような森林由来の材料への置換が進めば，現在の社会を大きく変えることなく持続可能性を高められる．これが森林を起点とする新たな経済の発想である．またこれを，山村地域の新たな機会と歓迎する見方もある．

森林にどのような価値を見出すか

しかし，本当にそうなのだろうか．資源の源を化石や鉱物から森林に切り替えさえすれば，持続可能な発展が約束されるのだろうか．

ある程度まではそうだろう．化石資源からの脱却は世界にとって緊急の課題であり，そのシフトに森林資源が貢献することは間違いない．

だが人新世のそもそもの始まりは，自然の速度を無視して加速してきた人間の社会経済システムにある．経済成長を第一優先として自然の速度を無視するこれまでの規範を改めなければ，新たな経済システムもいずれ破綻に見舞われるだろう．

そもそも日本の豊かな森林は，長い時間をかけて各地で先人が自然とともに築き上げてきたものである．現代の大量生産・大量消費・大量廃棄のライフスタイルを維持するための原料とするにはあまりに忍びない，と感じる人も多いのではないか．このような感覚，すなわち自然を単なる物質的な存在と見るのではなく，そこに愛着や畏怖を感じ敬意を払う姿勢こそが，人類が保有する巨大な力を飼いならすために必要なのではないだろうか．

人類が環境に及ぼしうる力は大きく，森林はもはや資源フロンティアではない．だからこそ改めて，森林がもたらすものを認識し，人と森林の関係を再考することが求められている．

〔田村典江〕

【文献】

1) Ritchie (2021) Published online at OurWorldInData.org. https://ourworldindata.org/deforestation

第 1 部に掲載している森林の基本情報

番号	森林名	地域	緯度 (N)	経度 (E)	標高 (m)
01	知床の森	北海道	44.1°	145.1°	150
02	パイロットフォレスト	北海道	43.1°~43.3°	144.7°~144.9°	2~103
03	ヤチダモ湿生林	北海道	43.9°	144.2°	1~5
04	阿寒のアカエゾマツ林	北海道	43.4°	144.0°	720
05	十勝平野の河畔林	北海道	42.4°~43.3°	142.8°~143.7°	5 ~ 300
06-1	奥入瀬渓谷の渓畔林	東北	40.5°~40.6°	140.9°~141.0°	210~403
06-2	カヌマ沢渓畔林	東北	39.1°	140.9°	450
06-3	日光千手ヶ原の山地河畔林	関東	36.7°	139.4°	1280
06-4	秩父山地の大山沢渓畔林	関東	36.0°	138.8°	1210~1530
06-5	芦生モンドリ谷の渓畔林	近畿	35.3°	135.7°	690~840
06-6	市ノ又風景林の渓畔林	四国	33.1°	132.9°	500
07	大雪山の針広混交林	北海道	43.3°	143.1°	1010
08	富良野の東京大学北海道演習林	北海道	43.2°~43.3°	142.4°~142.7°	190~1459
09	北海道のカシワ海岸林	北海道	44.9°	142.6°	5
10	野幌の森	北海道	43.0°	141.5°	76
11	北限のブナ林	北海道	42.5°~42.8°	140.2°~140.5°	15~700
12	ガルトネル・ブナ林	北海道	41.9°	140.7°	30
13-1	眺望山自然休養林	東北	40.9°	140.6°	60
13-2	大畑実験林	東北	41.4°	141.1°	100~350
14	野辺地防雪原林	東北	40.9°	141.1°	20
15-1	白神山地のブナ林	東北	40.4°~40.6°	140.0°~140.2°	300~1200
15-2-1	森吉山のブナ林	東北	39.9°~40.0°	140.4°~140.6°	600~1100
15-2-2	カヤの平のブナ林	中部	36.8°	138.5°	1380~1560
15-3	金目川のブナ原生林	東北	38.1°~38.2°	139.8°~139.9°	300~1400
15-4	美人林	中部	37.1°	138.6°	320
15-5	国上山のブナ林	中部	37.7°	138.8°	180
15-6	小谷村のあがりこ	中部	36.9°	137.9°	670
15-7	森宮野原駅前のブナ林	中部	37.0°	138.6°	300
15-8	牛伏寺のブナ林	中部	36.2°	138.0°	1000
16	秋田スギの天然林	東北	39.0°~40.4°	139.8°~140.8°	25~950
17-1	矢倉山スギ遺伝資源希少個体群保護林	東北	40.7°	140.2°	276
17-2	山之内スギ「幻想の森」	東北	38.8°	140.0°	241
17-3	牧の崎スギ遺伝資源希少個体群保護林	東北	38.3°	141.5°	29
17-4	愛鷹山ブナ・スギ群落林木遺伝資源保存林	中部	35.3°	138.8°	1062

番号	森林名	地域	緯度 (N)	経度 (E)	標高 (m)
17-5	青木ヶ原のスギ天然林	中部	35.5°	138.6°	1118
17-6	黒蔵谷森林生物遺伝資源保存林	近畿	33.8°	135.7°	470
17-7	千本山	四国	33.7°	134.1°	797
18-1	八幡平・秋田駒ヶ岳のオオシラビソ林	東北	39.8°～39.9°	140.8°～140.9°	1300～1600
18-2	立山のオオシラビソ林	中部	36.6°	137.6°	1800～2000
19	北上山地のシラカンバ林, ミズナラ林, ブナ・ウダイカンバ林	東北	39.5°～40.0°	141.3°～141.8°	500～1200
20-1	横沢山甲地松	東北	40.9°	141.2°	130
20-2	侍浜松	東北	40.3°	141.8°	170
20-3	北上山御堂松	東北	40.0°	141.3°	470
20-4	松森山御堂松	東北	39.9°	141.1°	280
20-5	東山松	東北	39.0°	141.4°	220
21-1	早池峰山のアカエゾマツ林	東北	39.6°	141.5°	1100
21-2-1	三之公川トガサワラ原始林	近畿	34.3°	136.1°	650
21-2-2	トガサワラ植物群落保護林	近畿	34.0°	136.1°	810
21-2-3	西ノ川山，魚梁瀬，安田川山のトガサワラ保護林	四国	33.6°	134.0°～134.1°	450～700
22-1	山形県の落葉広葉樹林	東北	38.1°～38.2°	139.7°～140.0°	250～430
22-2	阿武隈山地のコナラ林	東北	37.4°	140.7°	500
22-3	多摩丘陵の里山二次林	関東	35.6°	139.3°	200
23	青葉山の森	東北	38.3°	140.9°	60～150
24	只見生物圏保存地域	東北	37.1°～37.5°	139.2°～139.6°	380～1800
25-1	苗場山ブナ天然更新試験地	中部	36.9°	138.7°	1250
25-2	黒沢尻ブナ総合試験地	東北	39.2°	140.9°	500
26	足尾荒廃地	関東	36.7°	139.4°	745
27	高原山のイヌブナ自然林	関東	36.9°	139.8°	900
28	小川試験地	関東	36.9°	140.6°	610～670
29-1	八溝山のブナ林	関東	36.9°	140.3°	1020
29-2	三頭山のブナ林	関東	35.4°	139.0°	1310
29-3	加入道山のブナ林	関東	35.3°	139.0°	1390
29-4	天城山のブナ林	関東	34.9°	138.9°	940
29-5	筑波山のブナ林	関東	36.2°	140.1°	810
30	明治神宮の森	関東	35.7°	139.7°	40
31	真鶴半島のお林	関東	35.1°	139.1°	50
32	東京大学千葉演習林	関東	35.1°～35.2°	140.1°～140.2°	50～370
33-1	三宅島の溶岩上の森林	関東	34.1°	139.5°	400

番号	森林名	地域	緯度（N）	経度（E）	標高（m）
33-2	桜島の溶岩上の森林	九州・沖縄	31.5°～31.6°	130.6°～130.7°	0～600
34	御蔵島のスダジイ林	関東	33.9°	139.6°	240
35-1	久住山のノリウツギ低木林	九州・沖縄	33.0°～33.1°	131.2°～131.3°	1200～1700
35-2	小笠原の低木林	関東	26.5°～27.6°	142.1°～142.2°	200～300
36	佐渡島の森	中部	37.8°～38.3°	138.2°～138.6°	0～1172
37-1	三瓶小豆原埋没林	中国	35.2°	132.6°	220
37-2	魚津埋没林	中部	36.8°	137.4°	0～5
37-3	杉沢の沢スギ	中部	36.9°	137.5°	0～10
38	上高地のケショウヤナギ林	中部	36.2°	137.6°	1500～1600
39-1	豊口山亜高山針葉樹林	中部	35.5°	138.1°	1790
39-2	西岳フウキ沢ヤツガタケトウヒ 希少個体群保護林	中部	35.9°	138.3°	1850
40	木曽のヒノキ林	中部	35.6°～35.9°	137.3°～137.7°	600～1600
41	東京都水道水源林	中部	35.9°～35.7°	138.8°～139.1°	500～2109
42	富士山をとりまく森林	中部	35.2°～35.5°	138.5°～138.9°	900～2800
43	函南原生林	中部	35.2°	139.0°	550～850
44	能登半島のアテ林	中部	37.0°～37.5°	136.7°～137.3°	50～500
45-1	加賀海岸国有林	中部	36.3°	136.3°	0～100
45-2	大岐の浜海岸林	四国	32.8°	132.9°	0～100
45-3	湘南海岸砂防林	関東	35.3°	139.4°	0～100
46	熱田神宮社叢	中部	35.1°	136.9°	1～18
47	海上の森	中部	35.2°	137.1°	100～400
48	台場クヌギ	近畿	34.9°	135.5°	250～550
49-1	再度山	近畿	34.7°	135.2°	400
49-1	神戸市総合運動公園	近畿	34.7°	135.1°	100
50	万博記念公園の森	近畿	34.8°	135.5°	40～60
51	春日山原始林	近畿	34.7°	135.9°	200～500
52-1	金山杉	東北	38.8°	140.3°	250
52-2	北山杉ー台杉と短伐期一斉林	近畿	35.1°～35.2°	135.7°	200～600
52-3	吉野林業	近畿	34.3°～34.4°	135.8°～136.1°	300～900
52-4-1	三ツ岩オビスギ遺伝資源希少個体群 保護林	九州・沖縄	31.7°	131.3°	330
52-4-2	飫肥杉ミステリーサークル	九州・沖縄	31.7°	131.4°	320
52-5	佐白山の高齢ヒノキ人工林	関東	36.4°	140.3°	180～205
52-6	尾鷲ヒノキ	近畿	33.9°～34.3°	136.1°～136.4°	50～800
53	大台ヶ原の森林	近畿	34.1°～34.2°	136.0°～136.2°	1300～1695

番号	森林名	地域	緯度 (N)	経度 (E)	標高 (m)
K5	上高地徳沢の森	中部	36.3°	137.7°	1600
54	伊勢神宮宮域林	近畿	34.3°～34.5°	136.6°～136.8°	100～500
55	隠岐・島後のスギ林	中国	36.3°	133.3°	300～600
56-1	若杉天然林のブナ林	中国	35.2°	134.4°	950～1200
56-2	伯耆大山のブナ林	中国	35.4°	133.5°	900～1300
56-3	比婆山のブナ林	中国	35.1°	133.1°	1100～1250
56-4	石鎚山系のブナ林	四国	33.7°	133.2°	1450～1700
56-5	三辻山のブナ林	四国	33.7°	133.5°	1050
56-6	三郡山地のブナ林	九州・沖縄	33.5°～33.6°	130.6°	650～930
56-7	九州山地のブナ林	九州・沖縄	32.1°～32.9°	130.9°～131.5°	750～1700
56-8	紫尾山のブナ林	九州・沖縄	32.0°	130.4°	800～1060
57	指月山の萩城城内林	中国	34.4°	131.4°	0～150
58	弥山原始林	中国	34.3°	132.3°	60～535
59	小豆島アベマキ林	四国	34.5°	134.3°	200～500
60-1	久万複層林	四国	33.7°	132.9°	600
60-2	今須択伐林	中部	35.3°	136.5°	300
61	石鎚山のモミ・ツガ～シラビソ林	四国	33.8°	133.1°	700～1982
62	樵木林業	四国	33.7°	134.5°	110
63	上勝町高丸山千年の森	四国	33.9°	134.3°	800～1050
64	龍良山の照葉樹林	九州・沖縄	34.1°	129.2°	150～500
65	虹の松原	九州・沖縄	33.4°	130.0°	5
66-1-1	樫葉の照葉樹林	九州・沖縄	32.2°	131.1°	700～1000
66-1-2	市房山の照葉樹林	九州・沖縄	32.3°	131.1°	600～900
66-2	水俣の照葉樹林	九州・沖縄	32.2°	130.6°	400～600
66-3	紫尾山の照葉樹林	九州・沖縄	32.0°	130.4°	200～900
66-4	肝属山地の照葉樹林	九州・沖縄	31.1°～31.3°	131.0°～130.8°	100～900
67	綾生物圏保存地域	九州・沖縄	32.1°	131.2°	380～520
68-1	大浪池斜面のモミ・ツガ林	九州・沖縄	31.9°	130.8°	1050～1350
68-2	御池の照葉樹林とイチイガシ人工林	九州・沖縄	31.9°	131.0°	350～400
68-3	大幡山のヒノキ林	九州・沖縄	31.9°	130.9°	1200
69	屋久島の森	九州・沖縄	30.2°～30.5°	130.4°～130.7°	0～1936
70-1	奄美大島・徳之島の森林	九州・沖縄	27.7°～28.4°	128.9°～129.5°	100～694
70-2	沖縄島やんばる地域の森林	九州・沖縄	26.6°～26.9°	128.1°～128.3°	0～503
70-3	八重山諸島の森林	九州・沖縄	24.2°～24.4°	122.5°～124.3°	0～526

※緯度・経度は 10 進法.

あとがき

最後まで本書をお読みいただき，ありがとうございました．お楽しみいただけたでしょうか？

日本列島は，地球上の生物多様性のホットスポットの一つです．日本に暮らす人々は，その多様な森林から様々な恵みを得ながら，そして時には脅威も感じながら，今日まで生き抜いてきました．日本の森林を知る営みは，日本人の来し方を振り返り，よりよい行く末を志向する営みとなるはずです．本書はこれに応えることを目指して編集されました．

第1部は，70の項目と7つの解説で構成され，全国くまなく北から南まで，136の森林の姿を紹介しています．それは現在の姿だけではありません．それぞれの森林がなぜ今その姿でそこにあるのか，その背後にある自然環境の影響は何か，人々はどのように関与したのかなど，今の姿を形づくった背景の読み解きも試みました．

第2部では，森林に生息する多様な生き物の視点から，日本の森林をみていきました．これらの生き物は，森林を生活の場とするだけでなく，時に植物に利用され，時に植物に深刻な影響を与えることもありますが，いずれにしろ健全な森林生態系があり続けるうえでは，なくてはならない存在といえます．

第3部では，人や社会の側からみた森林，人々と森林との関わりやそのなかで培われてきた文化や制度について考えていきました．森林の姿や生き物だけではなく，森林をみる人々の視線や森林に対する想い，人々が築いてきた森林と社会との関係もまた，多様で豊かです．

本書では，著者それぞれの個性を大事にしました．一例として，「ブナ科樹木萎凋病」という正式名称を使う著者もいれば，その通称である「ナラ枯れ」を使う著者もいます．どちらも間違いではないですし，本書は厳密な意味での専門書ではありませんので，用語を無理やり統一することは避けました．こういった「表記の揺れ」については，どうかお気になさらず，それぞれの著者のテイストとしてお楽しみいただければ幸いです．

読者のなかには，「なぜあの森林がとりあげられていないのか？」，「あの生き物もいるのでは？」，「この視点が足りないのではないか？」といった疑問（苦情？）をいだく方もおられることでしょう．残念ながら，紙数の制約をはじめとするいくつかの事情があり，すべてを本書で取り上げることはできませんでした．何を隠そう編者らも読者と同じ疑問（苦悩？）をいだきながら，本書を編集しました．この点については，どうかご寛容いただけると幸いです．

本書を編集するにあたり，多くの方々のお世話になりました．第1部の森林や著者の選定にあたっては，垰田宏氏，鈴木和次郎氏，渡辺綱男氏，設楽拓人氏からご助言をいただきました．ほかにお世話になった方として，2021年8月に亡くなられた故・山本進一先生と2022年11月に亡くなられた故・島村誠先生のことを忘れるわけにはいきません．編者の一人である正木は，第1部で取り上げたい2～3の森林について著者の候補を山本先生にメールで相談し，有益なご助言をいただくことができました．しかしそのやり取りの1週間後，山本先生は急逝されてしまいました．また，第1部の「野辺地防雪原林」は，当初は島村先生が執筆してくださる予定でした．しかし，先生は執筆に着手される直前に急逝されてしまいました．「野辺地防雪原林」は島村先生のもとで鉄道林の維持管理手法の研究をされた増井洋介さんにお声がけし，正木も共著者となって執筆を引き継ぎ，原稿を完成させました．山本先生と島村先生の両先生に，本書を捧げたいと思います．

日本森林学会が本書を編集することになったきっかけは，朝倉書店からの1年8ヶ月に及ぶ粘り強いお誘いでした．そして，編者5名の作業を粘り強く支えてくださる頼もしいパートナーとなってくれました．120名を超える個性豊かな著者とのやり取りにも根気強く御対応いただきました．編者一同，心から感謝を申し上げます．

本書が森林と共に生きる私達の未来を考える一助となることを願っています．

2024年9月吉日

編者一同

索　引

さ 行

た 行

な 行

は 行

ま　行

や　行

ら　行

わ　行

図説 日本の森林
—森・人・生き物の多様なかかわり—　　定価はカバーに表示

2024年10月1日　初版第1刷
2025年3月25日　　第2刷

編集者　日本森林学会
発行者　朝倉誠造
発行所　株式会社 朝倉書店
東京都新宿区新小川町6-29
郵便番号　162-8707
電話　03(3260)0141
FAX　03(3260)0180
https://www.asakura.co.jp

〈検印省略〉

シナノ印刷・渡辺製本

ISBN 978-4-254-18065-7　C 3040　　Printed in Japan

森林・林業実務必携 第２版補訂版

東京農工大学農学部 森林・林業実務必携 編集委員会（編）

B6 判／ 504 ページ　ISBN：978-4-254-47063-5 C3061　定価 8,800 円（本体 8,000 円＋税）

林業実務に必要な技術・知識を簡潔にわかりやすく解説。公務員試験の参考書にも。第 2 版（2021）刊行後の法律・JIS 規格改正等を反映。〔内容〕森林生態／土壌／水文／保護／計測／経営／風致／造園／材木育種／育林／特用林産／鳥獣管理／山地保全／測量／生産システム／基盤整備／林業機械／木材流通／法律政策／木質系資源

森林生態学

石井 弘明（編集代表）

A5 判／ 184 ページ　ISBN：978-4-254-47054-3 C3061　定価 3,520 円（本体 3,200 円＋税）

森林生態学の入門教科書。気候変動との関わりから森林の多面的機能まで解説。多数の図表や演習問題を収録。〔内容〕森林生態系と地球環境／森林の構造と動態／森林の成長と物質生産／森林土壌と分解系／森林生態系の物質循環／保全と管理

森林病理学 ―森林保全から公園管理まで―

黒田 慶子・太田 祐子・佐橋 憲生（編）

B5 判／ 216 ページ　ISBN：978-4-254-47056-7 C3061　定価 4,950 円（本体 4,500 円＋税）

樹木および森林に対する病理を解説。〔内容〕樹木の病気と病原／病原微生物／診断／樹木組織の機能と防御機能／主要な樹木病害の発生生態と特徴／予防および防除の考え方と実際／森林の健康管理／グローバル化と老齢化・大木化の課題

図説 日本の樹木

鈴木 和夫・福田 健二（編著）

B5 判／ 208 ページ　ISBN：978-4-254-17149-5 C3045　定価 5,280 円（本体 4,800 円＋税）

カラー写真を豊富に用い，日本に自生する樹木を平易に解説。〔内容〕概論（日本の林相・植物の分類）／各論（10 科―マツ科・ブナ科ほか，55 属―ヒノキ属・サクラ属ほか，100 種―イチョウ・マンサク・モウソウチクほか，きのこ類）

図説 日本の植生 （第２版）

福嶋 司（編著）

B5 判／ 196 ページ　ISBN：978-4-254-17163-1 C3045　定価 5,280 円（本体 4,800 円＋税）

生態と分布を軸に，日本の植生の全体像を平易に図説化。植物生態学の基礎を身につけるのに必携の書。〔内容〕日本の植生概観／日本の植生分布の特殊性／照葉樹林／マツ林／落葉広葉樹林／水田雑草群落／釧路湿原／島の多様性／季節風／他

図説 日本の湿地 ―人と自然と多様な水辺―

日本湿地学会（監修）

B5 判／ 228 ページ　ISBN：978-4-254-18052-7 C3040　定価 5,500 円（本体 5,000 円＋税）

日本全国の湿地を対象に，その現状や特徴，魅力，豊かさ，抱える課題等を写真や図とともにビジュアルに見開き形式で紹介〔内容〕湿地と人々の暮らし／湿地の動植物／湿地の分類と機能／湿地を取り巻く環境の変化／湿地を守る仕組み・制度

上記価格は 2025 年 2 月現在